基于人工智能的城镇排水管网检测与评估

杜　红　代　毅　刘旭辉　彭国强　李　婷　黄会静　编写

中国建筑工业出版社

图书在版编目（CIP）数据

基于人工智能的城镇排水管网检测与评估/杜红等编写. —北京：中国建筑工业出版社，2022.1（2023.3 重印）

ISBN 978-7-112-27020-0

Ⅰ.①基… Ⅱ.①杜… Ⅲ.①市政工程-排水管道-管网-检测②市政工程-排水管道-管网-评估 Ⅳ.①TU992.2

中国版本图书馆 CIP 数据核字（2021）第 270040 号

责任编辑：石枫华 田立平
责任校对：党 蕾

基于人工智能的城镇排水管网检测与评估
杜 红 代 毅 刘旭辉 彭国强 李 婷 黄会静 编写

*

中国建筑工业出版社出版、发行（北京海淀三里河路 9 号）
各地新华书店、建筑书店经销
霸州市顺浩图文科技发展有限公司制版
北京建筑工业印刷厂印刷

*

开本：787 毫米×1092 毫米 1/16 印张：12¾ 字数：306 千字
2022 年 1 月第一版 2023 年 3 月第三次印刷
定价：**48.00** 元

ISBN 978-7-112-27020-0
（38661）

前　言

城镇排水管渠作为城镇稳定运行的重要基础设施，发挥着重要作用。改革开放以来，随着我国城镇建设的飞速发展，城镇排水管渠的稳定运行变得尤为重要。城镇排水管渠的稳定运行需要定期进行管网的检测与评估，而目前我国城镇排水管渠的检测与评估正处于快速发展阶段，需要快速推广专业的检测设备和检测方法进行排水管渠检测，同时随着人工智能技术的快速发展，将相关人工智能技术应用于排水管渠检测与评估工作中，可以进一步提升我国排水管渠检测评估水平，并辅助相关内业人员出具专业的检测评估报告。本书从城镇排水管渠检测与评估技术发展及应用出发，结合排水管渠理论基础、排水管渠信息化系统构建、人工智能技术、相关检测案例，系统全面地介绍了城镇排水管渠智能检测与评估技术和方法。

本书共 9 章。第 1 章讲述排水系统概论，主要包括排水系统体制以及排水系统的主要组成部分，介绍了合流制排水系统、分流制排水系统以及混流制排水系统的基本内容以及排水系统中污水排水系统、工业废水排水系统以及雨水排水系统，并介绍其主要组成部分及排水管渠的常见附属构筑物相关知识。第 2 章介绍了排水管渠建设现状及关键问题分析的相关内容，其中排水管渠运营管理，包括排水管渠建设现状、排水管渠运营管理问题现状以及排水管渠设施检查与维护进行介绍。排水管渠管材与管网问题分析，总结出不同管材对应的常见管网缺陷，最后对排水管渠施工与管网问题分析进行了介绍，指出施工中应注意的事项。第 3 章介绍了排水管道智能检测技术，包括排水管道检测技术的发展、国内外排水管道检测技术、传统检测技术、常规检测技术以及新型检测技术，最后介绍了排水管道检测多数据融合技术及其应用。第 4 章介绍了排水管道检测数据智能评估技术，包括排水管道检测评估标准以及标准解析，检测数据判读、分析参考示例、管网数据评估发展现状以及排水管道检测数据智能分析技术及相应的评估流程。第 5 章介绍了排水暗渠检测技术与安全评估，包括排水暗渠检测评估单元划分与安全等级划分、排水暗渠检测技术、排水暗渠功能性安全检测、排水暗渠结构性安全检测以及排水暗渠附属设施检查内容。第 6 章介绍排水管渠检测数据智能化管理，介绍了排水管渠检测数据在线管理需求分析、排水管渠地理信息系统、排水管渠检测数据管理以及排水管渠评估统计数据分析。第 7 章介绍了排水管渠在线监测与分析技术，包括在线监测需求分析、在线监测设备类型及参数、监测方案的制定以及监测诊断与管渠检测确诊。第 8 章介绍排水管渠检测案例，包括排水管渠常规检测技术的应用案例、排水管渠智能检测技术的应用案例、排水管渠检测数据智能分析应用案例以及监测诊断案例。第 9 章为排水管渠未来检测技术的展望，通过介绍不同新技术在排水管渠中的潜在应用，提出未来排水管渠全生命周期管理及新技术展望。

本书重点介绍了排水管渠智能检测与评估，同时介绍了排水管渠的信息系统建设，可供城镇排水管理部门、排水管渠公司、规划设计院、管网检测公司的外业以及内业人员参考，也可以作为给水排水和环境工程等相关专业的高等教育的高年级学生和研究生的教材或教学参考书。

本书编写过程中，作者参考了大量相关的文献资料，也获得各个单位的大力支持，借此机会向文献作者和各单位深表谢意。

本书由深圳市水务（集团）有限公司组织评审，张德浩为评审组组长，陈华、王佳音、李立丽为评审组成员，在此对各位评审人员表示诚挚谢意。

目　　录

第1章　排水系统概论

排水系统是城市基础设施的重要组成部分，是处理和输送城市污水和雨水的设施系统，其系统的运行质量对污水处理、水污染治理系统的运行状况和效率具有重要影响，在城市水污染控制和水环境保护体系中扮演着重要角色。城市居民生活和工业生产中，每时每刻都会产生大量的污水和废水，若不及时排除，则对人们的正常生活和生产活动产生严重影响；城市区域不透水地面占比较大，改变了原有自然降雨径流过程，如不及时排除，则对城市的交通产生影响，甚至造成城市内涝，引起交通中断等严重后果。

城市排水系统包括：管网，泵站，沟渠，起调蓄作用的湖塘、河道以及污水处理厂及相关设施，其中，排水管渠是核心组成部分，是收集、输送城市生活污水、工业废水和自然降水的一整套工程设施，起着至关重要的纽带作用。

1.1　排水系统体制

城市居民的生活污水、工业企业的工业废水和自然降水的收集与排除称为排水系统的体制。排水系统体制的选择是城市排水系统规划设计的重要问题，不仅影响排水系统的设计、施工与维护管理，而且对城市规划和水环境具有重大影响，同时对排水系统的工程建设、运行与维护管理费用起到影响，在选择排水系统体制时应在满足环境保护要求的基础上，根据当地实际情况合理选择。目前，排水系统体制主要分为：合流制排水系统、分流制排水系统和混流制排水系统。

1.1.1　合流制排水系统

合流制排水系统是将生活污水、工业废水与降水混合在同一套管网系统内排除的排水系统体制，主要分为三种形式：直排式合流制排水系统、截流式合流制排水系统、全处理式合流制排水系统。

1. 直排式合流制排水系统

城市的混合污水未经处理，直接就近排入水体的排水方式称为直排式合流制，国内外老城区的合流制排水系统均属此类。直排式合流制排水系统所转输的城镇雨污水及工业废水对环境造成的污染愈发严重，是引发水体黑臭的重要原因。直排式合流制出水口多且分散，是较难改造但又必须改造的旧合流制排水系统。在城区管网改造过程中多被改为截流式合流制排水系统或分流制排水系统。图 1-1 为直排式合流制排水系统示意图。

2. 截流式合流制排水系统

由于直排式合流制排水系统对水环境造成的冲击，在直排式合流制排水系统的基础上形成了截流式合流制排水系统。截流式合流制排水系统是指保留部分合流管，并沿城区周围水体埋设截流干管，对合流污水进行截流，并根据城市的发展，将排水系统改造为分流制。这种处理方式，工程量相对较小，节省投资，易于施工。

常见的截流式合流制排水系统，一般在临河的截流管上建设溢流井。晴天时，截流管以非满流状态将污水送至污水处理厂处理。当雨水径流量增加至混合污水量超过截流管的设计输水能力时，溢流井则开始溢流，并随着雨水径流量的增加，溢流量也逐渐增大。图1-2为截流式合流制排水系统示意图。

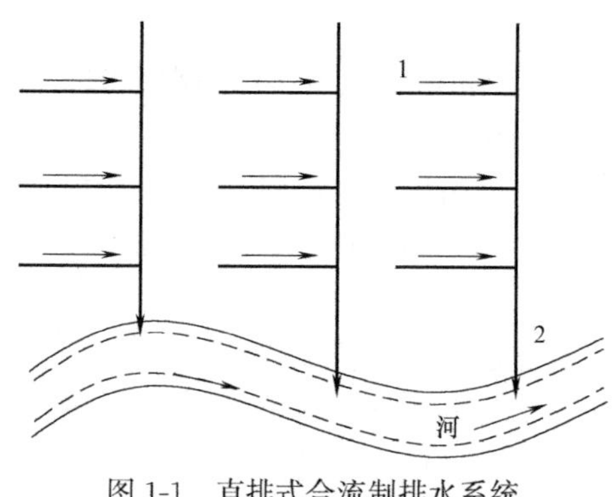

图 1-1　直排式合流制排水系统

1—合流支管；2—合流干管

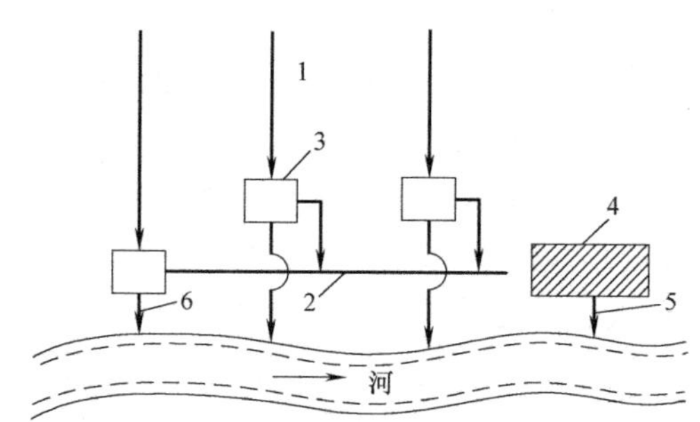

图 1-2　截流式合流制排水系统

1—合流干管；2—截流主干管；3—溢流井；4—污水处理厂；5—出水口；6—溢流出水口

采用截流式合流制排水系统应注意处理好以下问题：

（1）截流量的设定问题。截流量的大小对污水处理厂的规模及污水处理工艺的选择具有重要影响，在建设前期应综合考虑当地的实际情况，并考虑旱季、雨季的污水量、水体的承载能力以及污水处理厂的处理规模，经详细论证后确定截流量的大小。

（2）雨水设施的防臭问题。截流式合流制排水系统由于污水和雨水共用同一个管道系统，在旱季时臭气通过雨水口散出，严重影响周围空气和环境质量，所以在对合流制排水系统进行改造时，应该将雨水口同时进行改造，使雨水口具有防臭功能。

3. 全处理式合流制排水系统

在降水量很少的干旱地区，或对水体水质标准要求很高的地区，可以修建合流制排水管道将全部雨污水送至污水处理厂，在污水处理厂前设一个大型调节池，或在地下修建大型调节水库，将全部污水经过处理后再排至水体。除调节池外，该类合流制系统的布置形式均与污水管网类似。该种方式对环境和水质的影响最小，但是对污水处理厂的功能设计要求较高，并且成本较大。图1-3为全处理式合流制排水系统示意图。

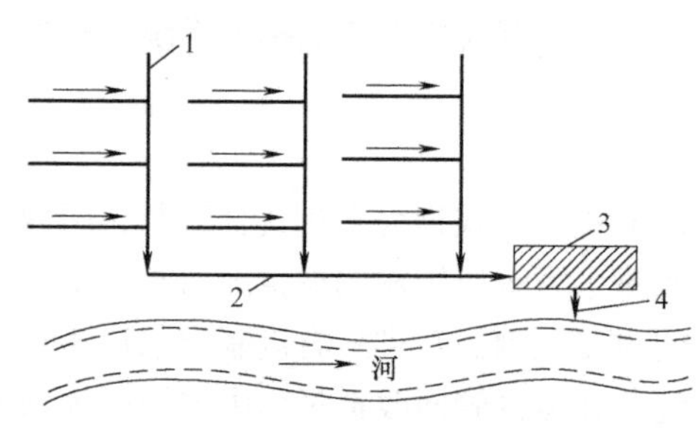

图 1-3　全处理式合流制排水系统

1—合流支管；2—合流干管；3—污水处理厂；4—出水口

1.1.2　分流制排水系统

分流制排水系统是将生活污水、工业废水和降水通过两个或两个以上独立的管渠内

排除的系统。污水经过污水管网收集后进入污水处理厂，雨水径流经过雨水排放系统收集后就近排入受纳水体。分流制排水系统根据雨水排除方式的不同，可分为完全分流制、不完全分流制和截流式分流制。

1. 完全分流制排水系统

完全分流制排水系统具备完整的污水排水系统和雨水排水系统，环保效益较好。新建的城市及重要的工矿企业，一般采用完全分流制排水系统。工厂的排水系统，一般采用完全分流制。性质特殊的生产废水，还应在车间单独处理后再排入污水管道。图 1-4 为完全分流制排水系统示意图。

2. 不完全分流制排水系统

不完全分流制排水系统只有污水排水系统，未建雨水排水系统。雨水沿地面、沟渠等原有雨水渠道系统排除，或者在原有渠道排水能力不足之处修建部分雨水管道，待后期再修建完整的雨水排水系统，逐步改造成完全分流制排水系统。图 1-5 为不完全分流制排水系统示意图。

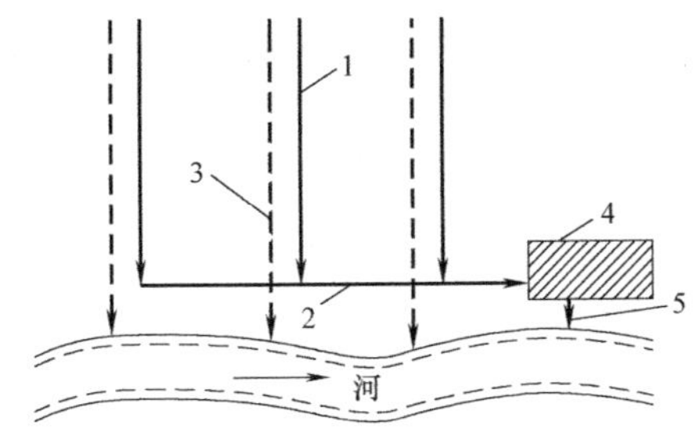

图 1-4　完全分流制排水系统

1—污水干管；2—污水主干管；3—雨水干管；4—污水处理厂；5—出水口

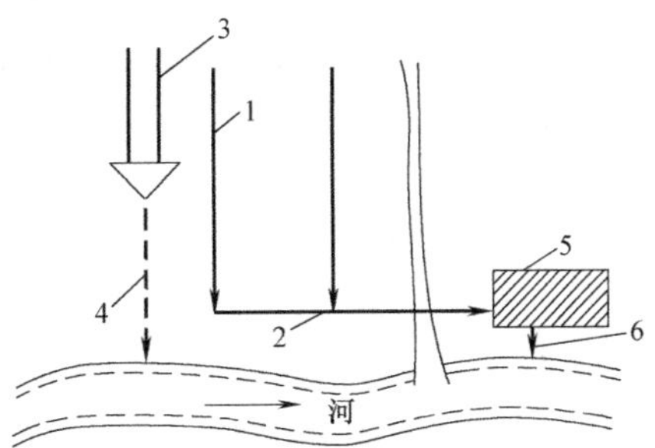

图 1-5　不完全分流制排水系统

1—污水干管；2—污水主干管；3—原有灌渠；4—雨水灌渠；5—污水处理厂；6—出水口

3. 截流式分流制排水系统

截流式合流制排水系统虽然减轻了初期雨水面源污染的程度，但在暴雨时会通过截流井将部分生活污水、工业废水排入水体，给水体带来一定程度的污染。而不完全分流制排水系统将城市污水送到污水处理厂，但初期雨水未经处理直接排入水体，对水环境保护也是不利的。

采用截流式分流制排水系统，污水经污水干管和截流管输送至污水处理厂处理后排放。初期雨水进入截流管输送至污水处理厂处理后排放，而降雨中期，当雨水径流量继续增加到超过截流井的承载能力时，受面源污染较小的雨水溢流后，直接排入水体。因此，截流式分流制可以较好地保护水体不受污染，同时，由于截流式分流制下的截流管仅接纳污水和初期雨水，其截流管的断面也小于截流式合流制，使得进入截流管内的流量和水质相对稳定，从而减少了污水处理厂和污水泵站的管理

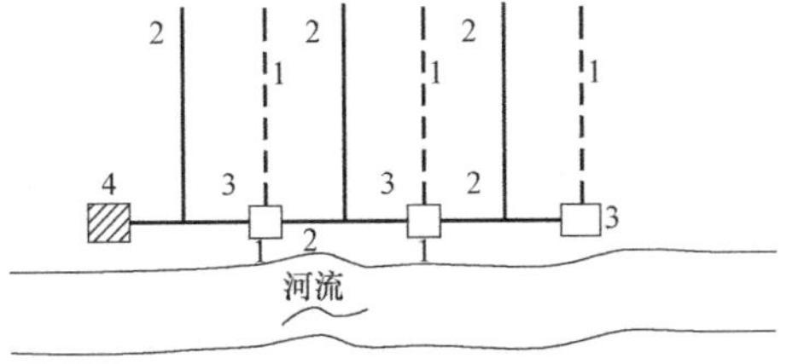

图 1-6　截流式分流制排水系统

1—雨水管；2—污水管；3—截流井；4—污水处理厂

费用，是一种经济效益和环保效能较高的新型排水体制。图 1-6 为截流式分流制排水系统示意图。

1.1.3 混流制排水系统

分流制与合流制各有利弊，许多城市会因地制宜在各区域采用不同的排水系统。既有分流制也有合流制的排水系统，称为混流制排水系统。

在老城区的分流制改造以及新城区的建设过程中，由于存在管网数据不清楚、管道私接等问题，雨污管网混接现象严重，造成许多城市污水管网具有典型的混流制特性，存在 CSO/SSO 超标、多源入流入渗等问题，尤其在雨季时，污水管网和污水处理厂的运行要面对巨大的挑战。

1.2 排水系统的主要组成部分

排水系统的作用就是及时排除城市区域内产生的生活污水、工业废水和雨水，保障城市安全稳定运作，以及给居民提供舒适的生活环境。下面按照城市污水排水系统、工业废水排水系统、雨水排水系统以及排水系统相关的重要附属构筑物分别加以介绍。

1.2.1 城市污水排水系统的主要组成部分

城市污水排水系统包括了排入污水管道中的生活污水和工业废水，其主要包括以下几个组成部分：

1. 室内污水管道系统

室内污水管道系统主要收集各种生活卫生设备产生的生活污水，并通过相关管网将其排送至室外污水管道中，一般在住户出户管与室外污水管道相连接点设置检查井，用于满足检查及清理需求。

2. 室外污水管道系统

室外污水管道系统主要是指分布在小区内及道路地面下的污水管网，用于接收小区等产生的污水，主要依靠重力作用，将污水收集并输送至污水处理厂进行处理。一般包括小区污水管道系统、街道污水管道系统以及相关的附属构筑物。

3. 污水泵站及压力管道

污水流输一般依靠重力作用，但是在一些受地形、地势影响的区域，往往需要污水泵站将污水从低处输送至高处，而用于输送此部分污水的管道称为压力管道。

4. 污水处理厂

污水处理厂主要用于处理、利用污水及污泥的一系列构筑物及附属构筑物的综合体，一般设置在河流的中下游地段，同时与居民点或者公共建筑物保持一定的卫生防护距离。

5. 出水口及事故排出口

出水口是指污水经处理后排入受纳水体的构筑物。事故排出口是指污水排入系统的中途用于处理突发事故状况下，紧急将污水排入水体的设备。

1.2.2 工业废水排水系统的主要组成部分

工业废水排水系统是指应用于工业企业运营中，收集和输送工业生产活动产生的工业

废水管网系统，一般由以下几个部分组成：

1. 车间内部管道系统和设备

其主要用于收集车间生产活动产生的工业废水，将其输送至车间外部的管道系统中。

2. 厂区管网系统

其用于收集从各个车间输送的工业废水，可根据情况设置成若干个独立的管道系统。

3. 污水泵站和压力管道

其用于处理在工厂中由于施工条件的影响，无法通过重力将工业废水输送至污水处理厂的设备。

4. 废水处理站

其用于收集和处理工业废水的场所，将处理达标后的废水进行再利用或者排入水体。

1.2.3　雨水排水系统的主要组成部分

雨水排水系统是收集降水并输送至受纳水体的管网系统，一般包括以下几个部分：

1. 建筑物的雨水管道系统

其用于收集公共、工业等屋面雨水，并将其输送至雨水管渠中。

2. 小区或工厂雨水管渠系统

其用于收集建筑物输送的雨水，并将其输送至街道雨水管网中。

3. 街道雨水管网系统

其用于收集小区或工厂雨水管渠排入的雨水，并将其输送至排水口。

4. 排水口

其用于将街道雨水管网收集的雨水排入受纳水体中的设备。

1.2.4　排水管渠常见附属构筑物

排水系统除了雨污水管道外，还需在管渠系统上设置相关附属构筑物，以保障系统的完整性。常见的附属构筑物有雨水口、检查井、连接暗井、跌水井、溢流井、水封井、倒虹管、冲洗井、防潮门、出水口等。本节主要介绍一些在排水管渠检测时常涉及的附属构筑物。

1. 雨水口

雨水口是在雨水管渠或合流管渠上收集雨水的构筑物，路面上的雨水经雨水口通过连接管流入排水管渠。雨水口可以收集道路径流雨水到排水管渠，能够截留一部分杂物避免进入排水系统。

雨水口的形式主要有立箅式、边沟式、平箅式和联合式。

（1）立箅式雨水口：具有不易堵塞的优点，但有的区域由于维修道路等原因，路面加高，造成立箅断面减小，影响收水能力。图 1-7 为立箅式雨水口。

（2）边沟式雨水口：一般位于路沿石边，箅子有一侧面是紧靠侧石或立缘石用于收集雨水。收水功能不如平箅式雨水口，施工也不如平箅式雨水口方便。图 1-8 为边沟式雨水口。

（3）平箅式雨水口：可以在马路中心或边，排水口比路面低一些，通过道路路面的坡度收集雨水。但在暴雨时容易被树枝、树叶等杂物堵塞，影响收水能力。图 1-9 为平箅式雨水口。

（4）联合式雨水口：同时依靠道路平面井和路缘石侧立面的井收集雨水。图 1-10 为联合式雨水口。

图 1-7　立箅式雨水口

图 1-8　边沟式雨水口

图 1-9　平箅式雨水口

图 1-10　联合式雨水口

2. 检查井

排水管道检查井是排水管道系统上为检查和清理管道而设立的窨井，同时还起连接管段和管道系统的通风作用。

检查井一般建设在管渠交汇、转弯、管渠尺寸或坡度改变、跌水等处，或者相隔一定距离的直线管渠上。检查井在直线管渠段上的最大间距，一般可按规范规定设计。图 1-11 为检查井结构示意图。

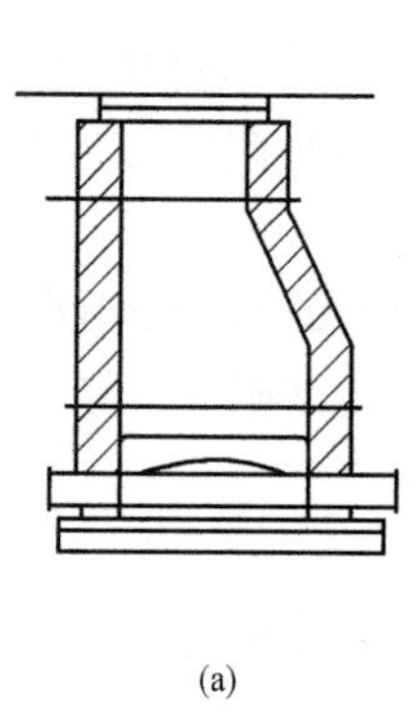
(a)

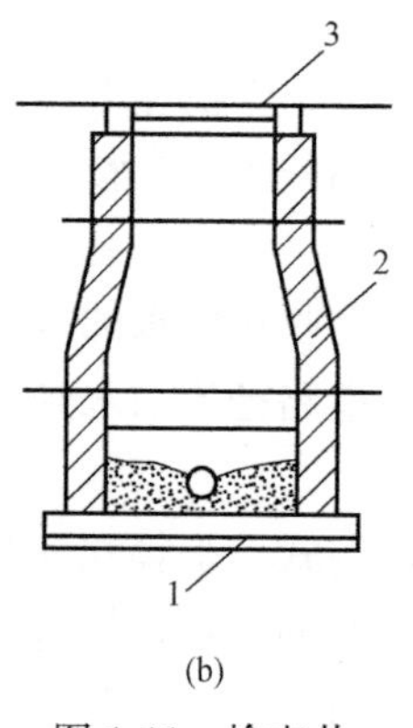

(b)

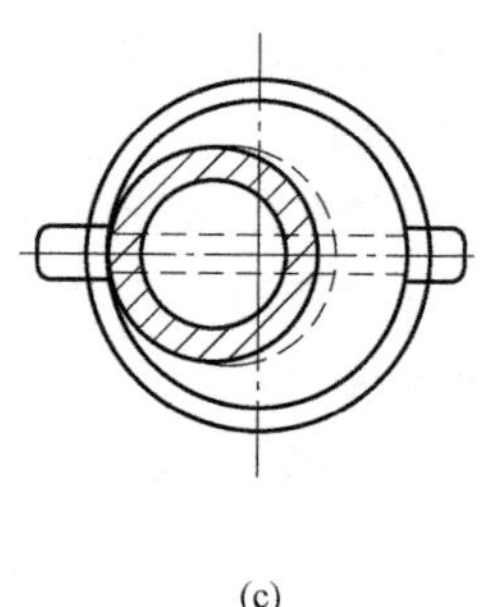
(c)

图 1-11　检查井
1—井底；2—井身；3—井盖

3. 倒虹管

当排水管道需要穿过河流、洼地或者建筑物时，不能按照常规的建设施工埋设管道，需要采用下凹折线的方式铺设管道，利用上下游的水位差来进行管渠运输，这种管道称为倒虹管。倒虹管由进水井、下行管、平行管、上行管和出水井等组成。

倒虹管的清理比一般管道困难得多，因此应定期对倒虹管进行检测，以防止管道内淤泥堆积过多。

4. 排水口

排水管渠排入水体的排水口的位置和形式，应根据水质、下游用水情况、水体的水位变化幅度、水流方向、波浪情况、地形变迁和主导风向等因素确定，出水口与水体岸边连接处应采取防冲、加固等措施。

为使污水与受纳水体混合较好，污水管渠出水口一般采用淹没式。淹没式出水口可分为岸边式和河床分散式两种。河床分散式出水口是将污水管道顺河底用铸铁管或钢管引至河心，用分散放水口将污水泄入水体。图 1-12 为淹没式出水口结构示意图。

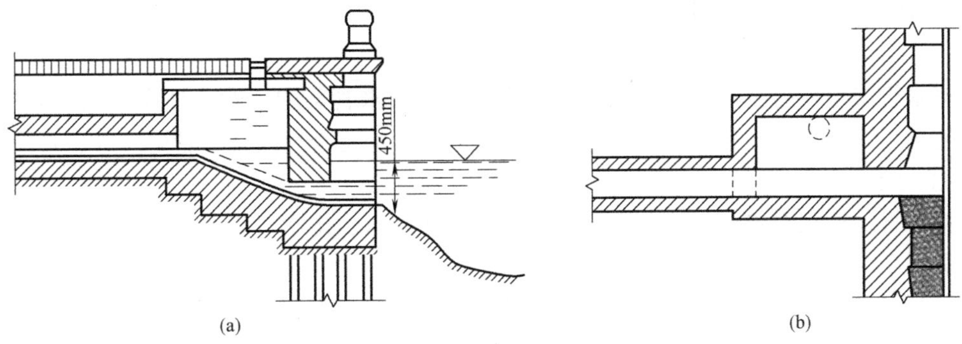

图 1-12　淹没式出水口

雨水管渠出水口可以采用非淹没式，其管底标高建议在水体最高水位以上，一般在常水位以上，防止倒灌。非淹没式出水口主要分为一字式和八字式出水口。当出水口标高比水体水面高出太多时，应考虑设置单级或多级跌水。图 1-13 为一字式出水口结构示意图，图 1-14 为八字式出水口结构示意图。

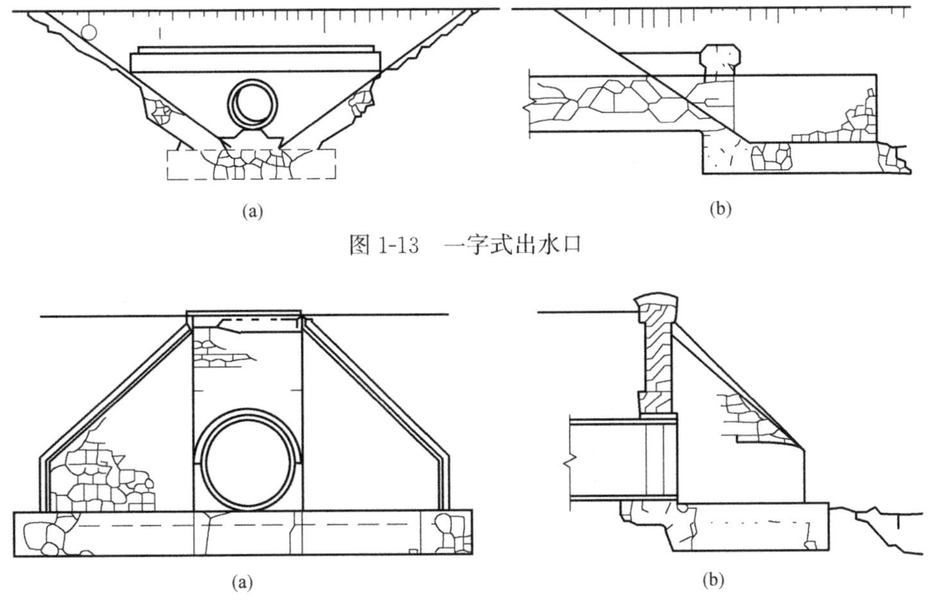

(a)　(b)

图 1-13　一字式出水口

(a)　(b)

图 1-14　八字式出水口

第2章 排水管渠建设现状及关键问题分析

2.1 排水管渠运营管理

排水管渠应保持良好的水力功能和结构状况，排水管渠的运营管理应包括下列内容：管网巡视、管网养护、管网污泥运输与处理处置、管网检查与评估、管网维修、管网封堵与废除、纳管管理。

排水管渠巡视对象应包括：管渠、检查井、雨水口、排水口。巡查周期建议管网外部设施每周至少一次，管网内部设施建议每年至少进行两次巡查。管网养护内容应包括下列内容：管渠和倒虹吸管的清淤疏通、检查井和雨水口的清捞、井盖及雨水箅更换。管渠检查应结合下列工作进行：管渠状况普查、移交接管检查、来自其他工程影响检查、应急事故检查和专项检查。

排水管渠设施日常运营管理系统主要是对管网日常巡查养护等工作进行信息化管理，主要功能包括：排水管渠档案信息收集、排水管渠档案电子化管理、排水管渠巡查养护管理、排水管渠检测管理、排水管渠监测管理等。

2.1.1 排水管渠建设现状

根据住房和城乡建设部2019年统计年鉴数据显示，近几年，全国排水管渠建设长度逐年增加，2019年全国排水管道长度达到74.32万km，体现了我国对于排水管渠基础设施建设的投入力度，保证了排水管渠建设水平能够满足城市快速发展需求。图2-1为2014—2019年我国排水管道长度统计数据。

随着排水管渠建设长度的增长，以及城市人口的快速增长，我国污水处理厂建设数量也逐年递增，2019年全国污水处理厂达2471座。图2-2为2014—2019年我国污水处理厂

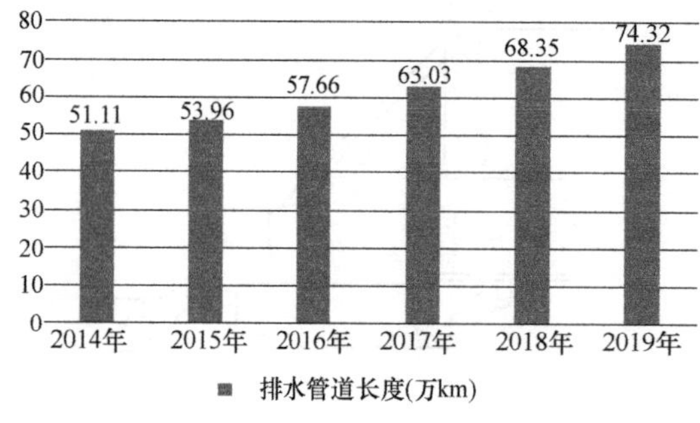

图2-1 2014—2019年全国排水管渠建设统计

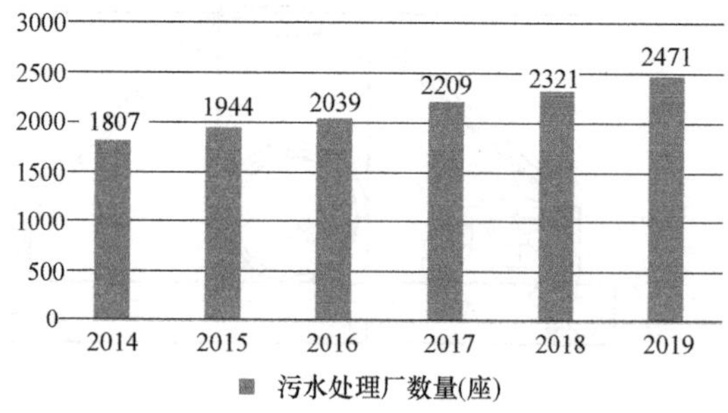

图2-2 2014—2019年全国污水处理厂建设统计

数量统计数据。

随着排水管渠建设的不断加强，排水管渠检测的任务更加紧迫，与此同时已有排水管渠由于建设年代久远，大部分排水管渠长时间未进行有效检测，存在各种缺陷和安全隐患，而通过传统的人工下井检测，无论从检测效率以及检测安全性，都无法满足现有国内排水管渠检测的实际需求。因此近几年，通过专业化、智能化排水管渠检测设备代替人工进行排水管渠普查和专项检测已逐步得到应用。通过智能的排水管渠检测设备能够将排水管渠存在的安全隐患及时排除，保障管网运行安全，切实保障城市安全稳定运行以及维护人民群众生活质量。

2.1.2　排水管渠运营管理问题现状

1. 管道运行中产生的缺陷成因

排水管道及其构筑物，在使用过程中由于各种原因不断损坏，如水流冲刷破坏构筑物、污泥沉积淤塞管道、污水腐蚀管道及其构筑物以及外荷载损坏结构强度等。

1）污泥沉积淤塞

排水管道中各种污水水流含有各种固体悬浮物，在这些物质中，相对密度大于1的固体物质属于可沉降固体杂质。流速小、流量大而颗粒相对密度与粒径大的可沉降固体，沉降速度快、沉降量大、管道污泥沉积快。因为管道中的流速实际上并不是不变的理想不沉流速或设计流速，同时管道及其附属构筑物中存在着局部阻力变化，这些变化越大，局部阻力越大，对降低水流流速影响越大。因此，管道污泥沉积淤塞是不可避免的，问题的关键是沉积的时间与淤塞的程度，它取决于水流中悬浮物含量大小和流速变化情况。

2）水流冲刷

水流的流动将不断地冲刷排水构筑物，而一般排水工程水流是以稳定均匀无压流为基础的，但有时管道或某部位出现压力流动，如雨水管道瞬时出现不稳定压力流动，水头变化处的水流及养护管道时的水流都将改变原有形态，尤其是在调整紊流情况下，水流中又会有较大悬浮物，对排水管道及构筑物冲刷磨损更为严重。这种水动压力作用结果，使构筑物松动脱落而损坏，这种损坏一般从构筑物的薄弱处，如接缝、受水流冲动部位开始而逐渐扩大。

3）腐蚀

污水中各种有机物经微生物分解，在产酸细菌作用下，即酸性发酵阶段有机酸大量产生，污水呈酸性。随着CO_2、NH_3、N_2、H_2S的产生，同时在甲烷细菌作用下，CO_2与H_2O作用生成CH_4，此时污水酸度下降，此阶段称为碱性发酵阶段。这种酸碱度变化及其所产生的有害气体，腐蚀着水泥混凝土为主要材料的排水管道及构筑物。

4）外荷载

排水管道及构筑物强度不足，外荷载变化（如土地强度降低、排水构筑物中水动压力变化而产生的水击、外部荷载的增大而引起的土压力变化），使构筑物产生变形并受到挤压而出现裂缝、松动、断裂、错口、深陷、位移等损坏现象。

综上所述，为了使排水系统构筑物设施保持完好状态、排水通畅、不积水和淤泥、充分发挥排水系统的排水能力，必须对排水系统进行检测、维护工作。检测的目的是查看排水系统是否具有正常排水能力并正常使用；设施运行养护的目的是保障排水系统的正常排水能力。设施检测是日常养护、附属构筑物的整修和翻建、有毒有害气体的监测与释放、突发事件的处理等的必要条件。

2. 管道检测及数据中常见问题

目前管道运行过程中存在诸多问题，如管道破损等原因造成的地面塌陷，工业、商业等活动产生的污水偷排到管道中，雨污混接造成的进厂水浓度过低，南方存在的树根穿入管道造成管道破损以及管道堵塞问题。针对以上问题，各地区采用了多种方法进行处理，但是当前管网检测及数据管理依然存在以下问题：

1）检测覆盖率较低

虽然我国很多区域已经开展排水管渠检查工作，但是受经济发展等因素的制约，管网检测的覆盖率依然远低于国外发达国家水平。同时在已开展管网检测的城市，由于技术手段受限等原因，很多管道依然无法进行有效检测。

2）检测技术手段落后

由于我国开展管网检测时间较晚，很多区域对于管网检测依然以人工入管检测为主，检测效率低，安全隐患大。

3）数据管理方式落后

目前对于管网数据管理，很多区域还未建立系统化管理平台，部分城市依然采用纸质文件进行管网的数据管理，系统化、信息化、智慧化的管理模式尚未形成。

2.1.3 排水管渠设施检查与维护

1. 雨水口与检查井检查与维护

雨水口日常巡视、检查的内容应符合表 2-1 的规定，雨水箅更换后的过水断面不得小于原设计标准。

雨水口巡视检查的内容 **表 2-1**

部位	外部巡视	内部检查
内容	雨水箅丢失	铰或链条损坏
	雨水箅破损	裂缝或渗漏
	雨水口框破损	抹面剥落
	盖、框间隙	积泥或杂物
	盖、框高差	水流受阻
	孔眼堵塞	私接连管
	雨水口框突出	井体倾斜
	异臭	连管异常
	其他	蚊蝇

检查井日常巡视检查的内容应符合表 2-2 的规定。

井盖和雨水箅的选用应符合表 2-3 中的标准规定。

在车辆经过时，井盖不应出现跳动和声响。井盖与井框间的允许误差应符合表 2-4 的规定。

检查井巡视检查内容 **表 2-2**

部位	外部巡视	内部检查
内容	井盖埋没	链条或锁具
	井盖丢失	爬梯松动、锈蚀或缺损
	井盖破损	井壁泥垢
	井框破损	井壁裂缝
	盖、框间隙	井壁渗漏
	盖、框高差	抹面脱落
	盖框突出或凹陷	管口孔洞
	跳动和声响	流槽破损
	周边路面破损	井底积泥
	井盖标识错误	水流不畅
	其他	水质超标、浮渣等

井盖和雨水箅执行标准 **表 2-3**

井盖种类	标准名称	标准编号
铸铁井盖	铸铁检查井盖	CJ/T 3012
混凝土井盖	钢纤维混凝土井盖	JC 889
塑料树脂类井盖	再生树脂复合材料检查井盖	CJ/T 121
塑料树脂类水箅	再生树脂复合材料水箅	CJ/T 130

井盖与井框间的允许误差 **表 2-4**

设施种类	盖框间隙(mm)	井盖与井框高低差(mm)	井框与路面高低差(mm)	路面与井盖间的高低差(mm)
检查井	<8	+5，−10	+15，−15	+15，−15
雨水口	<8	0，−10	0，−15	0，−15

铸铁井盖和雨水箅宜加装防丢失的装置，或采用混凝土、塑料树脂等非金属材料的井盖。井盖的标识必须与管道的属性相一致。雨水、污水、雨污合流管道的井盖上应分别标注“雨水”“污水”“合流”等标识。发现井盖缺失或损坏等事故后，排水管渠维护管理单位应当在事故发生或接到投诉 2h 内到达现场，组织抢修，必须及时安放护栏和警示标志，并应在 8h 内恢复（养护时间另计）。检查井、雨水口的清掏宜采用吸泥车、抓泥车等机械设备。

排水管渠模型在巡查养护管理方面的应用主要体现在为巡查养护方案制定提供更加详细的管网信息，帮助用户针对性地制定巡查养护管理计划，对重点区进行更加详细的巡查养护，及时解决存在的隐患，确保巡查养护达到预期目的。

2. 管道检查与维护

管道检查项目可分为功能状况和结构状况两类，主要检查项目应包括表 2-5 中的内容。

管道状况主要检查项目　　**表 2-5**

检查类别	功能状况	结构状况
检查项目	管道积泥	裂缝
	检查井积泥	变形
	雨水口积泥	腐蚀
	排放口积泥	错口
	泥垢和油脂	脱节
	树根	破损与孔洞
	水位和水流	渗漏
	残墙、坝根	异管穿入

注：表中的积泥包括泥沙、碎砖石、固结的水泥浆及其他异物。

以功能状况为主要目的，普查周期宜 1～2 年一次；以结构状况为主要目的，普查周期宜 5～10 年一次。管龄 30 年以上的管道、施工质量差的管道和重要管道的普查周期可相应缩短。移交接管检查应包括渗漏、错口、脱节、积水、泥沙、碎砖石、固结的水泥浆、未拆清的残墙、坝根等。应急事故检查应包括渗漏、裂缝、变形、错口、脱节、积水等。管道检查可采用人员进入管内检查、反光镜检查、电视检查、声呐检查、潜水检查或水力坡降检查等方法。各种检查方法的适用范围宜符合表 2-6 的要求。

管道检查方法及适用范围　　**表 2-6**

检查方法	中小型管道	大型以上管道	倒虹管	检查井
人员进入管内检查	—	√	—	√
反光镜检查	√	√	—	√
电视检查	√	√	√	—
声呐检查	√	√	√	—
潜水检查	—	√	—	√
水力坡降检查	√	√	√	—

注："√"表示适用。

对人员进入管内检查的管道，其直径不得小于 800mm，流速不得大于 0.5m/s，水深不得大于 0.5m。人员进入管内检查宜采用摄影或摄像的记录方式。以结构状况为目的的电视检查，在检查前应采用高压射水将管壁清洗干净。采用声呐检查时，管内水深不宜小于 300mm。采用潜水检查的管道，其管径不得小于 1200mm，流速不得大于 0.5m/s。从事管道潜水检查作业的单位和潜水员应持证上岗。进入管道检查的工作人员以及潜水员发现情况后，应及时向地面报告，并由地面记录员当场记录。

水力坡降的检查方法及要求如下：

（1）水力坡降检查前，应查明管道的管径、管底高程、地面高程和检查井之间的距离等基础资料。

（2）水力坡降检测应选择在低水位时进行。泵站抽水范围内的管道，也可从开泵前的静止水位开始，分别测出开泵后不同时间水力坡降线的变化；同一条水力坡降线的各个测点必须在同一个时间测得。

(3) 测量结果应绘成水力坡降图，坡降图的竖向比例应大于横向比例。

(4) 水力坡降图中应包括地面坡降线、管底坡降线、管顶坡降线以及一条或数条不同时间的水面坡降线。

倒虹管的养护方法及要求如下：

(1) 倒虹管养护宜采用水力冲洗的方法，冲洗流速不宜小于 1.2m/s。在建有双排倒虹管的地方，可采用关闭其中一条，集中水量冲洗另一条的方法。

(2) 过河倒虹管的河床覆土不应小于 0.5m。在河床受冲刷的地方，应每年检查一次倒虹管的覆土状况。

(3) 在通航河道上设置的倒虹管保护标志应定期检查和油漆，保持结构完好和字迹清晰。

(4) 在检修过河倒虹管前，若需要抽空管道，必须先进行抗浮验算。

压力管的养护方法及要求如下：

(1) 应定期巡视，及时发现和修理管道裂缝、腐蚀、沉降、变形、错口、脱节、破损、孔洞、异管穿入、渗漏、冒溢等情况。

(2) 压力管养护应采用满负荷开泵的方式进行水力冲洗，至少每 3 个月一次。

(3) 应定期清除透气井内的浮渣。

(4) 应保持排气阀、压力井、透气井等附属设施的完好有效。

(5) 应定期开盖检查压力井盖板，发现盖板锈蚀、密封垫老化、井体裂缝、管内积泥等情况应及时维修和保养。

除了以上管网设施需要进行检查与维护之外，还需要对其他管网设施，如明渠、盖板渠、防潮闸、截流设施以及排放口进行检查与维护，以确保排水系统的稳定运行。

2.2 排水管渠管材与管网问题关系分析

排水管渠建设所采用的管材多种多样，随着技术的发展，排水管渠管材已发展出多种类型。排水管材一般可分为混凝土管、HDPE 聚乙烯管、塑料排水管以及金属管几种类型。其中混凝土管包括钢筋混凝土管、预应力钢筒混凝土管、预应力混凝土管等；HDPE 聚乙烯管包括钢带增强聚乙烯螺旋波纹管、聚乙烯（HDPE）塑钢缠绕排水管、HDPE 聚乙烯中空壁缠绕管、内肋增强聚乙烯（PE）螺旋波纹管等；塑料排水管包括硬聚氯乙烯管和硬聚氯乙烯双壁波纹管等；金属管包括镀锌铁管、铸铁管、不锈钢管、球墨铸铁管等。每种管材可适应的建设场景不同，同时每种管材由于其自身的材料特性，所对应的常见问题也有所不同，以下详细介绍每种管材的特性以及其对应的常见管网缺陷，以帮助在排水管渠建设过程中有效选用相应的管材。

2.2.1 混凝土管及其常见管网问题分析

混凝土管是城市排水管渠建设过程中应用最早的一种管材，早期混凝土管管壁内不配置钢筋骨架，而钢筋混凝土管内部配有单层或多层钢筋骨架。混凝土管不受地底温度的影响，具有刚度强，受载荷时变形量小的优点，但是其存在生产效率低、密封性差、运输困难等缺点。混凝土管道按照连接方式的不同可分为柔性接头管和刚性接头管，其中柔性接

头管按接头型式的不同又可分为承插口管、钢承口管、企口管，而刚性接头管又可分为平口管、承插口管。图 2-3 为钢筋混凝土管以及管道内部结构图。

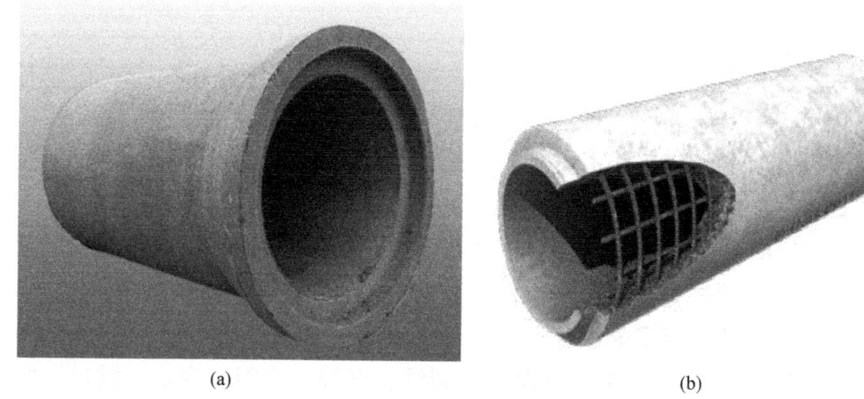

(a) (b)

图 2-3　钢筋混凝土管

混凝土管由于其材料特性以及接头连接方式的特点，一般其常见的管网缺陷包括破裂、腐蚀、结垢、错口、脱节等。图 2-4 为混凝土管常见的管道缺陷。

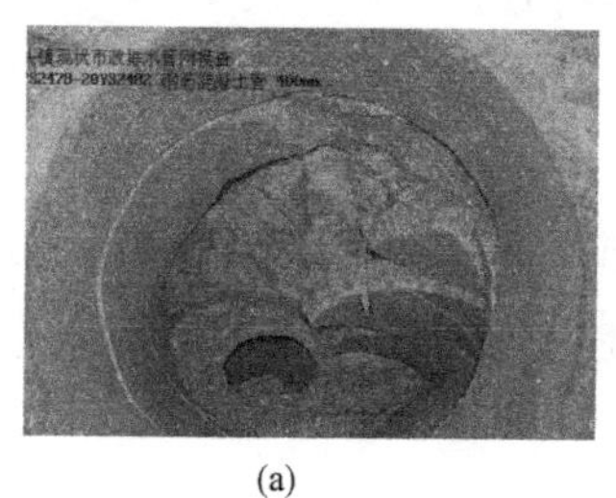

(a)

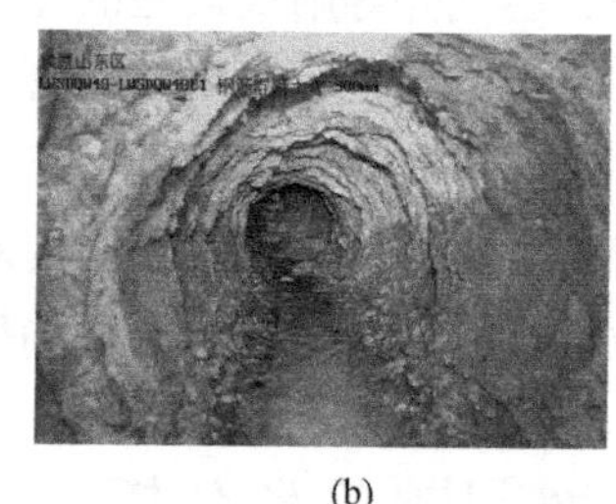

(b)

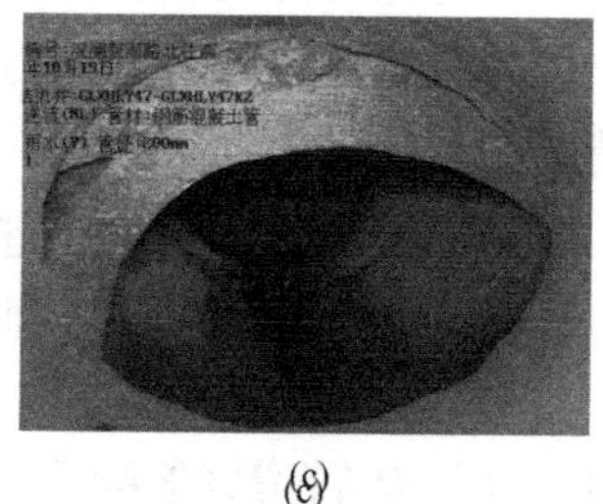

(c)

图 2-4　混凝土管常见管道缺陷

2.2.2　HDPE 聚乙烯管及其常见管网问题分析

1. 聚乙烯（HDPE）塑钢缠绕排水管

聚乙烯（HDPE）塑钢缠绕排水管是由钢带与聚乙烯通过挤出方式成形的塑钢复合带材，经螺旋缠绕焊接（搭接面上挤出焊接）制成的塑钢缠绕管。

聚乙烯（HDPE）塑钢缠绕排水管具有环刚度等级较高、内壁光滑、摩擦系数小、耐腐蚀、使用寿命长、质量轻、接头少、安装方便等优点。但是管道如果焊接处理不好，很容易造成整根管材开裂，单壁熔接管道发生渗漏概率较大。常见的连接方式分为：卡箍式弹性连接方式和电热熔带连接方式，热熔连接受到温度影响很容易拉裂接口。管材有效长度一般为 6m、8m、10m，颜色一般为黑色。图 2-5 为聚乙烯（HDPE）塑钢缠绕排水管及其管道内部结构图。

2. 钢带增强聚乙烯（PE）螺旋波纹管

钢带增强聚乙烯（PE）螺旋波纹管是以高密度聚乙烯（HDPE）为基体，表面涂敷粘结树脂的钢带，制作成型为波形，作为主要支撑结构，并与内外层聚乙烯材料缠绕复合成整体的钢带增强螺旋波纹管。具有环刚度等级较高、连接方式简单、抗腐蚀性能良好等

(a)

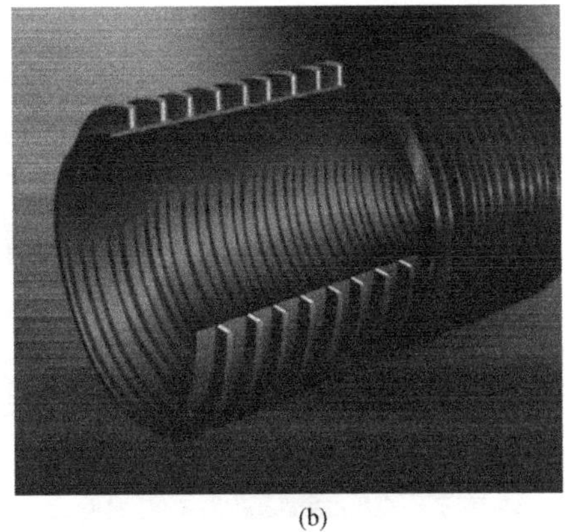

(b)

图 2-5　聚乙烯（HDPE）塑钢缠绕排水管

优点。但此类管材生产工艺复杂、价格贵、工程成本较高，适用于输送介质温度不大于45℃的雨水、污水等埋地排水管道。广泛用于市政地下排水、排污、雨水收集、输水、通风等，亦可用作铁路、高速公路等道路工程的排水管。管材按端口形式可分为螺旋形端口和平面形端口。连接方式包括热熔挤出焊接、电热熔带焊接、热收缩管（带）连接。管材长度一般为 6m、9m、10m、12m，颜色为黑色，结构为内壁平直外部呈波纹状。图 2-6为钢带增强聚乙烯（PE）螺旋波纹管及其内部结构图。

(a)

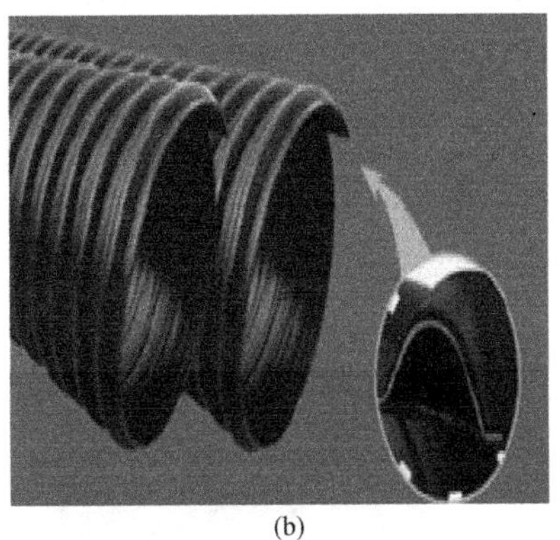

(b)

图 2-6　钢带增强聚乙烯（PE）螺旋波纹管

3. HDPE 聚乙烯中空壁缠绕管

HDPE 聚乙烯中空壁缠绕管是以高密度聚乙烯（HDPE）为原料，采用特殊挤出工艺在热熔状态下缠绕焊接成管，内外壁之间由环行加强肋连接成型的结构壁排水管材，除了具有普通塑料管的耐腐蚀好、绝缘高、内壁光滑、流动阻力小等特点以外，因其采用了特殊的中空“工”字形结构，所以具有优异的环行刚度和良好的强度与韧性、重量轻、冲击性好等特点，是市政排水、排污、家用给水、低压给水、工业给水、排污的优秀管材。具有较好的柔韧性、抗震性能好，HDPE 是高分子聚合物，属于黏塑性材料，具有很好的韧性，能较好地适应沉降从而提高管道的抗震能力。管道连接方式包括不锈钢卡箍式连接、承插电热熔连接方式、电热熔带连接方式等。图 2-7 为 HDPE 聚乙烯中空壁缠绕管及其内部结构图。

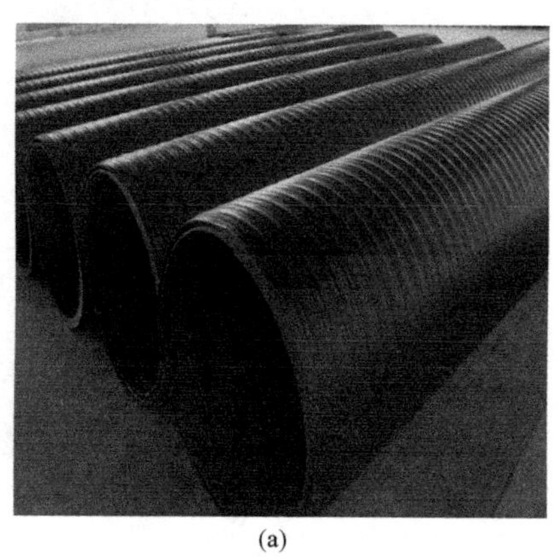

(a)

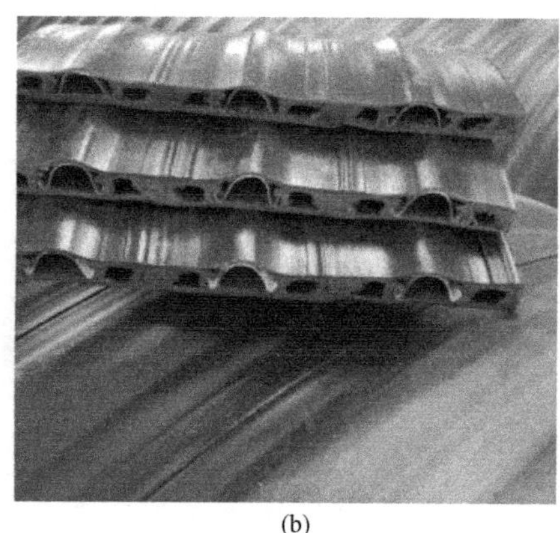

(b)

图 2-7 HDPE 聚乙烯中空壁缠绕管

4. 内肋增强聚乙烯（PE）螺旋波纹管

内肋增强聚乙烯（PE）螺旋波纹管是目前市场上一种比较新的全塑内肋增强缠绕波纹管，管材以高密度聚乙烯（HDPE）为原材料，管材具有大的外表面积，形成管土共同抗压，熔接效果好，增强缝的拉伸强度，内肋结构，有利于提高环刚度的稳定性。管材缠绕波纹结构合理，有利于扩大与土壤的接触面以及填入管道波谷的回填土和管道本身共同承受周边土壤的压力，形成管土共同作用。管材连接采用承插电热熔连接、不锈钢卡箍式连接。图 2-8 为内肋增强聚乙烯（PE）螺旋波纹管及其内部结构图。

(a)

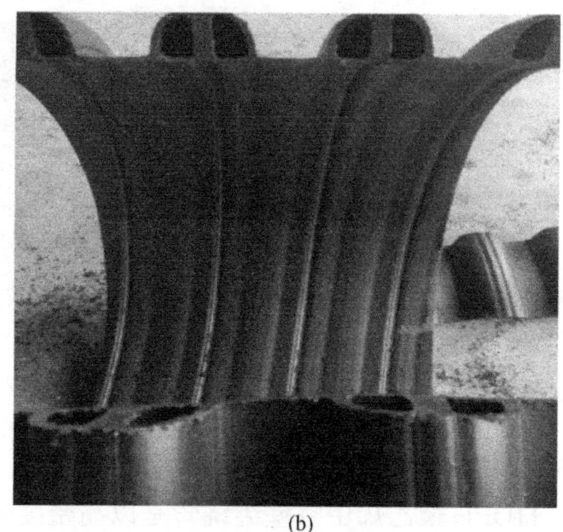

(b)

图 2-8 内肋增强聚乙烯（PE）螺旋波纹管

以上几种常见的 HDPE 聚乙烯管，由于其材料特性，常见的管网缺陷主要包括管道变形、破裂、起伏等。图 2-9 为 HDPE 聚乙烯管道常见缺陷中的变形缺陷图。

2.2.3 塑料排水管及其常见管网问题分析

1. 硬聚氯乙烯（PVC-U）管

硬聚氯乙烯（PVC-U）管具有良好的耐老化性，能长期保持其理化性能，阻燃性好，

图 2-9 HDPE 聚乙烯管管道变形

耐腐蚀性强，使用寿命长，用于排水工程中具有不结垢、质轻、绝缘性能较好等特点，但是也存在耐热性能差、管道及配套的伸缩节承压能力低、排水噪声大、遇火时发烟大、易变形、粘结时工艺相对复杂等缺点。按照其连接形式的不同可分为胶粘剂连接型管材和弹性密封圈连接型管材，管材长度一般为 4m 或 6m，颜色一般为灰色或白色。图 2-10 为硬聚氯乙烯（PVC-U）管。

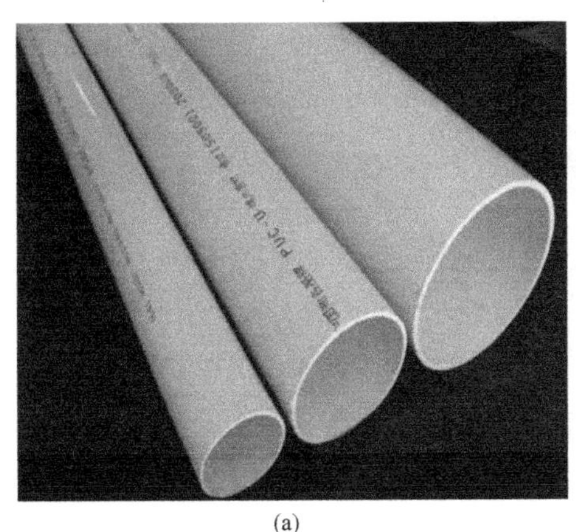

(a)

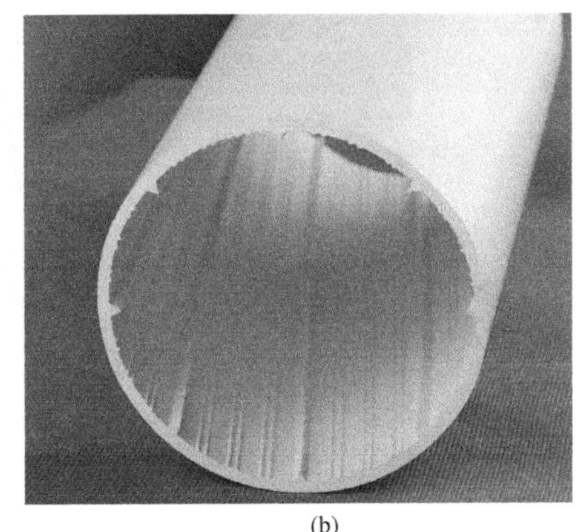

(b)

图 2-10 硬聚氯乙烯（PVC-U）管

2. 硬聚氯乙烯（PVC-U）双壁波纹管

硬聚氯乙烯（PVC-U）双壁波纹管以聚氯乙烯树脂为主要原料，经内、外分别挤出成型的双壁波纹管材，适用于无压市政埋地排水、建筑物外排水、农田排水用管材，也可用于通信电缆穿线用套管，考虑到材料的耐化学性和耐温性后亦可用于无压埋地工业排污管道。

埋地排水用硬聚氯乙烯（PVC-U）双壁波纹管抗老化性好、耐腐蚀性能优良、不易堵塞、养护工作量少、抗冰冻性能优良、重量轻、搬运便捷、施工方法简单方便、安装工效高、具有独特的结构壁设计、具有较高的环刚度，管道具有优良的抗压能力及适应复杂环境的能力，但埋地排水用硬聚氯乙烯（PVC-U）双壁波纹管的管材强度低、性质脆、抗外压和冲击性差。埋地排水用硬聚氯乙烯（PVC-U）双壁波纹管长度一般为 6m。图 2-11 为硬聚氯乙烯（PVC-U）双壁波纹管及其内部结构图。

(a)

(b)

图 2-11　硬聚氯乙烯（PVC-U）双壁波纹管

目前塑料排水管由于其材料特点，一般常见的管网缺陷包括变形、破裂、起伏等。图 2-12 为塑料管起伏缺陷图。

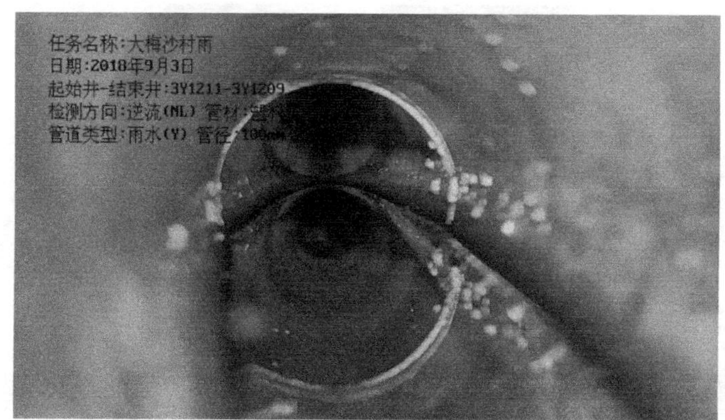

图 2-12　塑料管起伏缺陷

2.2.4　球墨铸铁管在排水管道建设中的应用

由于现有排水管渠采用钢筋混凝土管以及塑料管存在问题，采用铸铁管作为排水管渠的管材得到一定应用，其中球墨铸铁管由于其具有强度高、耐腐蚀等优点，已应用于排水管渠建设，并在部分地区中统一推广应用，如常州市新建的排水管渠中管径在 DN600 以下的管道统一采用球墨铸铁管；福州五城区，管径在 DN800 以内的新建排水管渠需采用球墨铸铁管。

球墨铸铁管的制作过程是在普通铸铁管的原材料中添加了镁、钙等碱土金属或稀有金属铸造而成。球墨铸铁管的铸造工艺有连续铸造法、热模铸造法和水冷离心铸造法，其中水冷法为当今世界最先进工艺。球墨铸铁技术性能与普通铸铁管对比，不仅保持了普通铸铁管的抗腐蚀性，而且具有强度高、韧性好、壁薄、重量轻、耐冲击、弯曲性能大、安装方便等优点。图 2-13 为球墨铸铁管及采用水泥内衬处理的管道结构图。

(a)

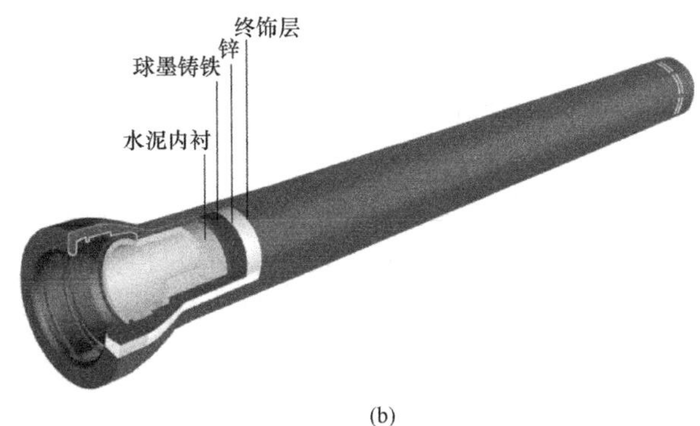

(b)

图 2-13　球墨铸铁管

2.3　排水管渠施工与管网问题关系分析

排水管渠的施工与质量控制是关系到排水管渠后期能否稳定运行的重要保障，其主要内容包括施工前期调查、施工过程中的关键点控制、功能试验等。

1. 施工前期调查

排水管渠属于隐蔽工程，施工前需要施工单位根据设计图纸的路线走向，实地考察放样，对施工沿线的建筑物，地上地下涉及的管线进行详细调查，明确其与新建的排水管渠在空间位置上的关系。同时若发现问题，应及时向设计单位反馈意见，及时修正。针对施工人员，需要明确岗位职责，持证上岗，制定完善的施工流程，保障施工质量。

2. 施工过程中的关键点控制

1）基坑开挖

基坑开挖施工由于受交叉管线、场地限制等因素影响，施工过程比较复杂。首先需测量放样，用标志桩和石灰线标示出管线位置，根据设计图纸要求，确定排水沟槽开挖底宽、开挖深度，同时需根据不同土质选择相应的坡比。开挖到位后需通过触探试验检测基底承载力，并组织参建单位和监督单位进行验收。合格的基底才能保障管道在使用过程中不会发生沉降，从而避免出现由于沉降造成的管道开裂、管道接口错口漏水，以及管道坡度变化造成的管道起伏、沉积问题的发生。图 2-14 为排水管道建设过程中的基坑开挖作业现场。

2）管道安装

管道基础施工完成后，则进入管道安装流程，其中质量控制的关键在于管材质量，管道安装的线型、标高、接口处理、管墙结合部等，在确认水流方向和标高正确的前提下才能下管。

图 2-14　基坑开挖

管道接口紧密性关系到管道漏水隐患的消除以及后续闭水试验的

顺利进行。一般管道吊装完成后需用垫块固定管身，平接口管道需用麻絮捻缝密实后，再用防水砂浆填平抹光。企口管道有橡胶圈密封，接口可直接用防水砂浆填实抹光。图 2-15 为排水管道建设过程中的管道安装作业现场。

3）基坑回填

基坑回填是目前管道施工过程中出现问题较多的部分，材料选择和回填的密实度是关系管道施工质量的关键点。传统的回填材料一般是级配砂砾或者中粗砂，但是其存在管道接口漏水时容易被水流冲走形成脱空的缺点。所以回填土的选择需要根据现场的地质情况进行选择，灰砂土或者轻质混凝土都可以采用，同时回填要及时，要抽干积水，分层回填，并碾压密实，合格后方可进行下一层的回填。回填至管顶后暂停回填，待闭水试验合格后再进行。图 2-16 为排水管道建设过程中的基坑回填作业现场。

图 2-15　管道安装

图 2-16　基坑回填

3. 功能试验

当管道铺设回填完毕后，需进行管道闭水试验，检测管道是否存在漏水情况，闭水试验从上游至下游进行，分段测试，管道两端需进行封堵，如果封堵采用砖砌，需养护 3～4d 后，再进行注水实验，一般试验的水位需达到试验段上游管内顶以上 2m，若井高不足 2m，则将水位接近上游井口高度，确保管内水位在规定时间内下降变化值满足要求。图 2-17 为排水管道建设过程中的闭水试验作业现场。

图 2-17　闭水试验

如果情况允许，基坑在 5m 以上的管道，最好经过一个雨季沉降后再施工路基，如发现问题可及时进行返工或注浆加固处理。

排水管道的施工质量控制对于管道后续能够安全稳定运行至关重要，因此需不断加强管道施工过程中的质量管控，避免因其施工问题造成的管网缺陷。

第3章 排水管道智能检测技术

城镇排水管道作为地下管网的重要组成部分，其运行状态的稳定对于城市发展至关重要，排水管道的检测技术随着社会的发展一直在不断进步，从早期的人工检测，到现代的专业管道设备检测，满足了管道检测的不同需求，能够更加全面地检测管道的运行状态，为管道的运营与维护提供专业的数据支撑。

本章从各种检测技术进行介绍，包括国内外检测技术发展综述、传统人工检测技术、常规设备检测技术以及智能检测技术，同时介绍了管网检测过程中多种数据融合相关技术。

3.1 排水管道检测技术发展综述

3.1.1 排水管道检测技术的发展

最早的排水管道只是为了防涝，管道的功能只是将大部分雨水排入就近的水体。随着城市的发展、人口数量不断膨胀和现代化水平不断提高，污水要收集起来集中处理，地上地下建（构）筑物密度增大，排水管道的重要性越来越显现。它除了要保证不间断运行外，还要保证在运行过程中对城市其他公共设施不构成破坏以及对人民生命财产不构成威胁，这就为新建管道或使用中的管道提出了检测的要求，特别是污水管道作为生活和工业废水收集处理的重要组成部分，其结构的严密性至关重要。管体足够的强度、管材抗疲劳抗腐蚀的耐久力、施工质量的把控，都是保持管道严密性的因素。

3.1.2 国外排水管道检测技术

20 世纪 50 年代的欧洲，伴随着电子技术的兴起，电视开始走向人们的生活，电子工程师和排水界合作研究用视频获取管道内壁影像这项技术的早期形态为水下电视摄像技术，德国在 1955 年开始进行研究。1957 年德国基尔市的 IBAK Helmut Hunger GmbH Co. KG 公司生产出第一台地下排水管道摄像系统，该系统经水务和航海部门授权在德国西部城市杜伊斯堡和瑞典使用，该系统设计采用三个摄像镜头，安装于浮筒装置上，通过拖拉的方式进行操作。该设备体积大，在操作之前需要移开保护玻璃，且拖拉距离按照水域的平均宽度设计仅为 10m。美国 CUES 公司于 1963 年设计生产出了该国第一台摄像检查系统，1964 年 12 月 18 日英国的托基市首次报道在城市下水道中使用闭路电视检测设备（CCTV，Closed Circuit Television）检测下水道的结构性和功能性缺陷。早期的设备体积较大，镜头易碎并且显得笨重，有些镜头的尺寸为 680～760mm，直径为 150mm，很难进入小于600mm直径的管道，使用距离一次仅50m，并且当时CCTV获得的图像并不完美，但与传统检测技术相比已经进步了很多。1970年英国给水排水运作体系重组后，针对全国的给水排水资源的状况开展了一系列的调查工作。英国水研究中心（简称WRC）为此于20世纪80年代初期出版了《排水管道修复手册》（SRM）第一版，发行了世界上第一部专业的排水管道CCTV检测评估专用的编码手册。欧洲标准委员会（CEN）在2001年也出版发行了市政排水管道内窥检测专用的视频检查编码系统。日本于2003年12月颁布了《下水道电视摄像调查规范（方案）》。

3.1.3 国内排水管道检测技术

我国早期的管道检测手段简单落后，主要以人员巡查、开井检查和进入管道内检查为主要手段，辅以竹片、通沟牛、反光镜等简单工具，对于管径小于800mm人员无法进入的管道基本不检查，大口径管道也只是发生重大险情时才派人员深入到管内检查，常常因管内的有毒有害气体造成人员伤亡事故。在技术标准制定方面，排水管道检测自改革开放以来，长期处于空缺，对运行中排水管道只在“通”和“不通”、“坏”和“不坏”、“塌”和“没塌”中做简单评价。小病不治，大病难医，粗放式的管理必然导致事故发生。

我国香港特别行政区早在20世纪80年代就开始对排水管道用电视手段进行检测，2009年发布了《管道状况评价（电视检测与评估）技术规程》第4版，基本参照英国模式，中国台北市也于20世纪90年代中期利用CCTV对排水管道进行检测，2003年初英国的电视和声呐检测设备被引进中国上海，上海市长宁区率先开始用CCTV对排水管道进行检测，2004年上海市排水管理处着手制定上海市排水管道电视和声呐检测技术规程，于2005年由上海市水务局发布试行，经过3年多的试行，在2009年，再组织专家修订，由上海市质量技术监督局将此标准升格成为上海市地方标准：《排水管道电视和声呐检测评估技术规程》DB31/T 444—2009，规程中对管道视频检测出现的各种图片进行了分类和定级，首次确立了评估方法和体系（后来已被全国采用）。这是国内首部排水管道内窥检测评估技术规程，这部地方标准的出台，为我国城镇排水管道检测技术的发展和应用做出了不可磨灭的贡献。后来广州、东莞等城市都相继发布了地方规程。2012年12月1日，住房和城乡建设部发布了《城镇排水管道检测与评估技术规程》CJJ 181—2012，为各地开展城镇排水管道检测提供了技术依据。

排水管道发生事故的可能性随着运行时间的增长而增加，我国很多管道已使用了几十年，到了事故高发期，必须尽快采取有效措施，以最大限度减少事故的发生。自2003年开始，我国已有很多城市利用CCTV等先进设备对排水管道进行检查，不但查出了非常多的结构性“病害”，也查出了城镇排水养护运营单位诸多养护不到位的问题。实践证明，通过先进检测技术开展管道状况调查，及时准确掌握管道运行现状，并对存在严重缺陷的管道进行维修和改善，可以有效避免事故的发生，同时也能延长管道寿命。

3.2 排水管道传统检测技术

在早期没有专业的排水管道检测设备用于排水管道检测之前，对排水管道的检测主要采用人工地面巡检（包括检查井、雨水口的检查）以及采用一些简易的设备对排水管道进

行检测。人工检测具有经济、方便、操作灵活等特点，至今在我国部分地区仍旧采用以人工检测为主的排水管道检测方式。

3.2.1 人工巡检法

人工巡检是指通过人眼观测为主的检测方法，一般通过地面巡视或者直接进入检查井甚至进入管道内进行查看的方式对管道进行检测。这部分检测主要依赖于检测人员自身的技术素养，检测结果具有很大的主观性，同时由于人员进入管道中具有一定的危险性，检测人员需要专业的特种作业操作证，以及规范的作业流程。

1. 地面巡检

地面巡检主要对管道相关的检查井、井盖、雨水篦和雨水口进行观测，判断其完好程度，是否存在损坏的情况，需要巡检的内容包括：

（1）检测管道上方的路面是否存在塌陷、裂缝等情况。

（2）判断管道井盖、雨水篦是否完好无损，是否被移动。

（3）判断检查井、雨水口内部是否存在积水、淤泥等情况。

2. 入管检测

入管检测是检测人员通过直接进入管道内进行查看的方式对管道进行检查，检查管道是否存在淤堵、破裂、错接、偷排等问题。

由于管道中可能存在有毒有害气体，当需要进入检查井或者管道中进行检测时，检测人员需要获得相关的作业证书，具备专业的管道环境内作业技能。图 3-1 为有限空间作业操作证。

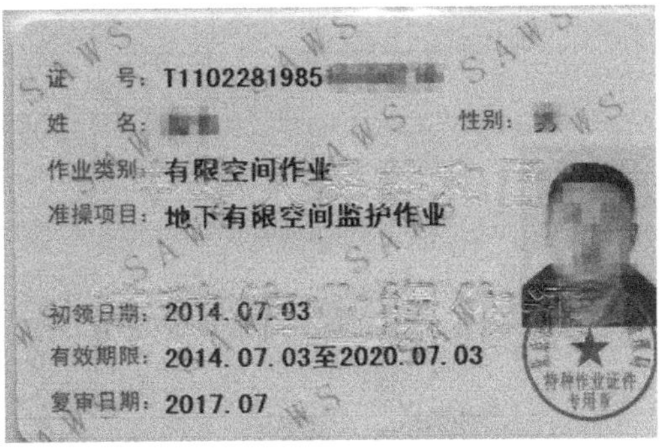

检测人员进入管道内检测需要按照操作流程作业，以保护检测人员的安全，图 3-2 为入管作业基本的检测作业流程。

图 3-1 有限空间作业操作证

3. 潜水检查

潜水检查是针对大管径排水管渠，由潜水员潜入管道内部进行管道检查的方法。当大管径排水管渠水位较高甚至满水时，为了急于了解管道是否存在问题，在没有专业水下检测设备的情况下，可以通过人工潜水进入管道内部的方法进行紧急检查。

潜水检查时，通常潜水员需要沿着管壁向管道深处触摸行走，通过潜水员手摸管道内壁判断管道是否存在堵塞、错位、变形等缺陷，待返回地面后再向相关人员进行汇报。

该种方法具有一定的盲目性，不但费用高，人员安全危险大，而且潜水员主观判断占有很大的因素，无法有效对管道内的状况进行正确、系统地评估，无法满足排水管渠的检测需求。图 3-3 为潜水检测现场作业图。

3.2.2 简易设备检测

为了配合人工对管网进行检测，人们设计制造了多种简易的管网检测设备，包括反光镜、潜水设备、量泥斗等，方便了检测人员对管网进行检测。

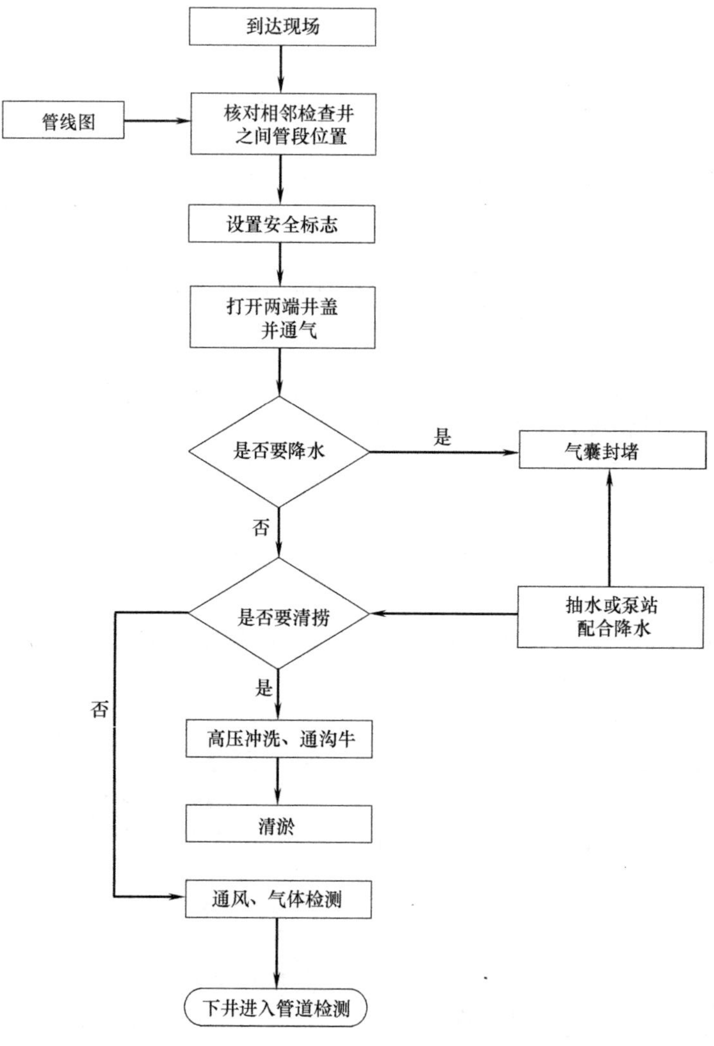

图 3-2　入管检测作业流程图

1. 反光镜检查

反光镜检查是通过反光镜反射日光进入管道以进行观察的方法。检查时打开管道检查井井盖，放入反光镜，通过反光镜把日光折射到管道内，观察管道内的情况。

在管道中没有水或水位低于管道三分之二时，可以采用潜望镜的方式对管道进行检查，查看管道内部是否存在变形、塌陷、堵塞等情况，这种方法在我国北方一些城市使用较多。传统的潜望镜是采用玻璃反光的光学原理对管道进行检测，由于光线强度等原因，对管道的检测只局限于管道靠近检查井很短的一段距离，一般用于井口或者距离比较短的支管检测。图 3-4 为反光镜检测设备。

2. 量泥斗检测

量泥斗检测是通过检测检查井内的淤泥深度来判断管道内部是否存在沉积，以此来判断管道功能是否存在异常的一种检测方法。设备主要由操作手杆和漏斗组成，操作手杆一般是钢管，漏斗的高度有 5cm、7.5cm、10cm、12.5cm、15cm、17.5cm 和 20cm 多种尺

图 3-3　潜水检测

图 3-4　反光镜检测设备

寸。量泥斗的形状一般有直杆形量泥斗和“Z”字形量泥斗，使用时应注意保持漏斗水平，保证测量的精准度。图 3-5 为“Z”字形量泥斗检测设备。

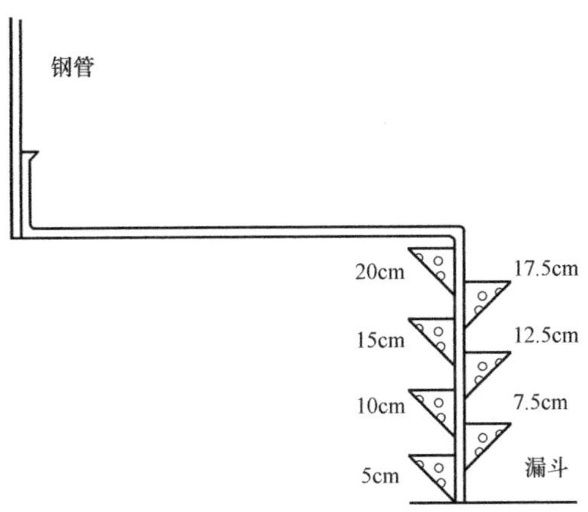

图 3-5　“Z”字形量泥斗检测设备

3.3　排水管道常规检测技术

人工检测方法相对来说比较简单、方便，但对于检测人员的专业素养具有很高的要求，在实际操作过程中也有一定的危险性，并且对于管道内部的很多区域无法实现检测。由于通过人工检测存在局限性，伴随着科技发展，管网检测技术也在不断改进，通过视频、声呐传感器采集管网内部状态数据的设备逐渐应用于排水管渠检测。20 世纪 50 年代，通过机器人搭载摄像头进入管道检测的技术最早开始在英国开展应用，用于代替人工入管对管道进行检查。

常规的排水管渠检测设备主要包括轮式管道检测机器人、管道潜望镜（QV，Quick View）、声呐漂浮阀检测设备等。

3.3.1　轮式管道检测机器人检测技术

轮式管道检测机器人检测技术是采用轮式行进方式，通过机器人搭载图像采集装置代替人工进入管道内部进行检测，采集清晰的管道内部图像，为管道检测评估提供专业的检

图 3-6 轮式管道检测机器人

测数据，是对下水道、排水沟和管道内部状况的非破坏性评估，目前已经成为应用最普遍、技术最成熟、检测最高效的排水管道检测方法。图 3-6 为轮式管道检测机器人。

1. 检测原理

轮式管道检测机器人采用的是闭路电视检测系统（CCTV）进行管道内图像数据采集，其检测是通过远程的摄像装置采集相关图像并经过有线或者无线的方式将图像信号传送到相关的显示设备上进行观察分析的检测方法。该种检测最早可追溯至 20 世纪 50 年代，经过几十年的发展演进，20 世纪 80 年代已经基本成熟，目前已应用于不同的检测领域，包括排水管渠检测、工业管道检测、汽车、灾害救援等场景。

检测系统一般包含三个主要部分：前端设备、监控主机、显示设备。其中随着技术的发展，监控主机与显示设备也可集成在一个设备中。图 3-7 为常见的轮式管道检测机器人数据传输系统组成示意图。

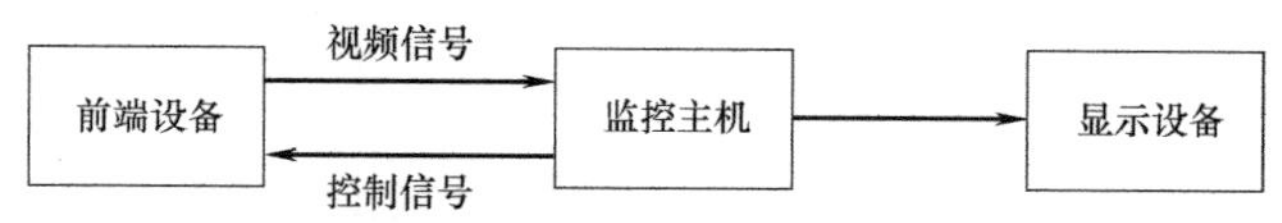

图 3-7 数据传输系统组成

前端设备包括摄像机、定焦或变焦镜头，实现摄像机上下左右扫描的云台、保护摄像机的防护罩等。

监控主机是系统的核心，接收所有的视频信号，并显示在显示器上，同时把所有的视频信号记录下来。另外监控主机还可以控制云台的上下左右转动，镜头光圈、聚焦和变焦的改变，查看已经记录的视频等。

显示设备可以把监控主机处理过的信号显示出来，根据监控主机的不同，可以使用专业控制终端、电脑显示器，也可以用电视机来显示图像。

2. 轮式管道检测机器人组成

1）管道检测机器人

管道检测机器人是将 CCTV 技术应用于管道检测中的专用检测设备，一般由三个主要部分构成：检测机器人车体、线缆车、控制终端。检测机器人车体与线缆车通过线缆进行连接，控制终端通过线缆车控制机器人在管道内进行检测。运用检测机器人对管道内部进行检测，类似于医院的胃镜检测，可以获取相对于传统人工检测而言，更为清晰的管道内部图像，可准确判断管道内是否存在缺陷。操作人员在地面通过控制器操控管道检测机器人在管道内部行走，并控制摄像设备采集管道内部图像，图像通过线缆或 WiFi 无线网络传输到控制终端设备上，工作人员可清晰地查看管道内部情况，录取管道检测视频，并

可截取缺陷图像。后期相关人员可通过获取的检测信息（视频、图像等）依据相关检测评估标准对管道情况进行综合评定，对出现问题的管道提出专业的修复、养护建议。

一般管网的管径范围为DN100～DN3000，目前市面上的管道检测机器人一般都可根据不同的管道管径大小，快速更换不同的轮组适应管径，如若遇到更大的管道则可通过增加增强底盘等方式满足管道检测的业务需求。如果排水管直径不大于150mm，则建议采用一体式爬行器进行管道检测。

表3-1是目前市场上常见轮式管道检测机器人一般具有的功能特性。

常见轮式管道检测机器人功能说明　表3-1

模块名称	项　目	功能特性
检测机器人	适用管径	DN100～DN3000
	防护等级	IP68，防尘，防水，防爆
	镜头旋转	360°轴向旋转；180°径向旋转；可一键归位，保持水平
	镜头处理	加热除雾功能，防止设备在管道内由于起雾不能检测
	远、近灯照明	高亮LED冷白光源
	驱动	多电机驱动，可差速控制，可前进后退
	爬坡能力	大于30°
	转向	可原地360°转向
	机身升降	电动升降架，可拆卸，拆卸后爬行器可与镜头直接连接使用
	激光测量	平行激光束标定裂缝宽度
	外壳材料	防腐蚀，防氧化
线缆车	搬运方式	设置万向轮和拉手，方便移动，前后设置提手，方便线缆车的搬抬
	电池	内置大容量电池，续航时间8h以上
	计米功能	计米传感器，精度±0.05m
	线材性能	超强抗拉伸，防水，防油，耐磨和耐腐蚀
	线缆保护	伸缩式进口放线滑轮，防止刮花线缆
	结构防护	线缆车防水等级IP65
控制终端	人机控制方式	提供人工控制软件，最好可支持触控控制
	电池续航	至少续航8h以上
	外接接口	可插入U盘等外部存储设备
	WiFi	具备WiFi连接功能

检测机器人经过几十年的改进，设备技术水平不断升级，已经从原有的模拟摄像头提升为网络数字高清摄像头，灯光从寿命比较短的热光源灯组提升为寿命更长、能耗更低的LED冷光源灯组，通信线缆从一般的通信电线演变为专业的抗拉耐磨专用通信线缆，机身采用模块化设计，以提高设备的稳定性以及维修的便捷性。

一般的检测机器人车体主要包括车身、云台、LED灯组、升降架（适应不同管径）以及不同尺寸的轮组，图3-8为一般轮式检测机器人的结构示意图。

（1）高清摄像云台，满足360°轴向旋转，同时具备一定角度的径向旋转，可以满足拍摄管道中各个角度的管道图像，尤其是在拍摄管道接口位置时，可以采集完整的接口位

图 3-8　轮式检测机器人结构示意图

置图像，以提高检测数据的完整性，方便数据分析人员对管道状况进行准确评估。

（2）LED 灯组，一般包含前置远光灯组、近光灯组以及后视灯组，可以保证云台拍摄时画面的清晰度，同时也可帮助地面控制人员控制机器人行走。

（3）升降机构，根据相关检测标准，检测机器人在管道中进行检测时，云台位置应处于管道的中心位置，以保证检测视频获取完整的非失真的管道图像，为了满足这一要求，一般检测机器人会配备升降机构，从而可以将云台根据不同管径的大小调整到管道的中心位置。

（4）机器人底盘，一般包含电机、控制电路系统、信号处理系统等，是机器人的核心部分，目前的检测机器人一般配备了多个电机组，支持差速控制，既能满足机器人前进后退的行走需求，也可以满足机器人原地转弯等特殊操作需求。

（5）轮组，由于不同的管道其管径大小不同，所以需要检测时根据不同的管径大小采用不同的轮组，以满足检测的需求。目前的检测机器人一般配备了多种尺寸的轮组，并采用快拆设计，保证更换方便。

2）线缆车

线缆车作为机器人与控制器连接的桥梁，具有重要的作用，目前线缆车一般由线缆、里程计、收放线控制系统、电源系统、通信系统等组成。一般线缆车采用的线缆是抗腐蚀、抗拉材质的特殊材质线缆，既能够满足传输信号、机器人供电的需求，同时能够在机器人遇到故障时将机器人拖拽回管井。图 3-9 为常见线缆车结构示意图。

图 3-9　线缆车

（1）收线模块。一般线缆车采用几种收线方式，手动收线、电动收线、全自动收线。手动收线即通过摇杆等方式将线缆收回；电动收线则通过按动线缆车上收线开关由线缆车内部的电机进行收线或通过控制终端控制收线；全自动收线是收线控制系统根据机器人回退的速度自动调整收线电机的收线速度，从而将线缆自动收回。

（2）通信模块。线缆车一般可通过有线通信与无线通信两种方式与控制终端进行通信。一般有线通信方式主要采用外接通信线方式将线缆车与控制终端进行连接；无线通信方式是技术更为先进的通信方式，控制终端能够通过无线方式通过线缆车控制机器人并获取机器人采集的图像视频信息。

（3）里程计模块。线缆车通过配备里程计模块，可以准确计算出机器人在管道中行走的距离，从而能够准确定位缺陷所在的位置，同时可以计算出管道的长度，方便工程量计算以及项目验收。

3）控制终端

随着技术的发展，检测机器人系统的控制终端已经从原来的笨重的工程控制机，演变为智能、轻便的触控平板，控制方式从以前的鼠标控制转换为可触控与手柄控制等多种控制方式，满足了不同使用场景下控制方式的需求。图 3-10 为采用平板电脑的控制终端。

图 3-10 控制终端

采用平板电脑作为控制终端，极大地提高用户的工作效率，同时也提升了用户的使用体验。控制软件一般包含机器人行走控制、云台控制、视频采集以及机器人相关状态信息显示，图 3-11 为控制终端软件界面图。

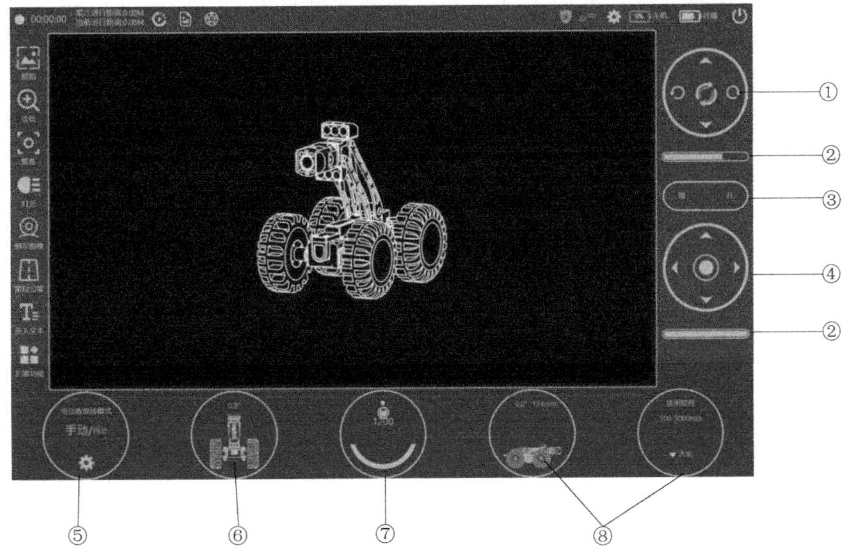

图 3-11 专用触控终端触摸屏界面

① 调节云台俯仰、旋转，中间键为一键复位。

② 调节速度（云台升降速度或车身移动速度）。

③ 车身云台升降。

④ 车身左右移动、前后移动。

⑤ 收放线模式：自动/手动收放线模式。自动收放线即随着机器人的前进后退，线缆车自动放线收线；手动收放线即通过手动按键实现收放线。

⑥ 车身姿态模拟：实时显示机器人俯仰角度和车身高度。

⑦ 云台姿态模拟：实时显示云台姿态。

⑧ 管径适应：根据选定的车轮类型适应环境。

3. 轮式管道检测机器人检测流程及方法

虽然采用检测机器人进行检测能够极大地降低检测人员的危险，但是检测人员也应配齐个人防护装备，并且需经过系统化的培训，能够正常使用防护设备，以保障检测人员的安全，常规防护设备包括安全背心、手套、吊绳、手持式气体探测器等。

根据项目检测需求，若需要进行封堵抽水检测作业，则在进行管道封堵和抽水作业时，应注意以下安全事项：

（1）将气囊塞入管道进行封堵时，气囊位置的管道要保证无石块、淤泥等障碍物，防止封堵后刺破气囊或气囊滑动。

（2）气囊封堵时，气囊内气压要保证在安全气压值范围内，防止气压过大造成气囊损坏。

（3）气囊封堵完成后，要注意与气囊连接的绳索的固定，最好固定在地上部分。

（4）作业过程中要注意气囊有无漏气发生，防止意外发生。

（5）封堵后，最好用污水泵抽取管内污水。

外业检测现场施工时，首先一定要注意道路交通安全以及设置好安全保障，检查井内环境是否符合安全作业要求，如需下井，则需提前检测管道内气体浓度，如气体浓度超过安全界限，则需要采取通风等相关措施，以保证检测安全。严禁将设备置于超过 10m 水深的环境场所检测，防止设备损坏。使用污浊设备时一定要戴手套并注意卫生，防止对皮肤造成伤害。要求在－20°～50℃范围以内的温度下使用，或者设备可以承受的温度范围内使用。必须严格禁止在检查井附近使用明火或吸烟，以避免任何火灾引发的爆炸和事故。检测机器人必须具有相关防爆认证，以防止发生意外爆炸事故。在进行检测时，需要事先制定好检测流程，按照流程规范实施管道检测，图 3-12 为常规检测流程图，图中 d 表示管径尺寸。

根据检测流程，采用轮式检测机器人对管道进行检测主要包含三个阶段：检测前准备工作、检测机器人操作、检测结果交付。

1）检测前期准备

（1）检测计划制定及人员装备准备

在检测开始之前，为确保检测过程的顺利和安全，应具备相应的检测计划、稳定的检测设备和专业的检测人员。

检测人员应根据需求合理安排检测任务，保证检测按计划有序进行。检测人员需制定应急预案，以备出现意外问题时能够及时有效解决，保证检测进度。表 3-2 为通常管道检测周期表。

在开始检测之前，检测人员应尽可能地获取检测项目信息，如：项目中的管道分布地图、管道大小、管道材料和类别、检查井深度等，制定合理的检测计划。准备检测结果记录表，检测成果应保存在检测操作人员的作业记录中，以方便后续检测评定人员编制检测报告。

检测前应根据检测任务需求携带相应的轮组，以确保机器人能够满足不同管径管道的检测需求。为防止管道入口对线缆的磨损，需要携带滑轮组以保护线缆，同时提高机器人行走距离。

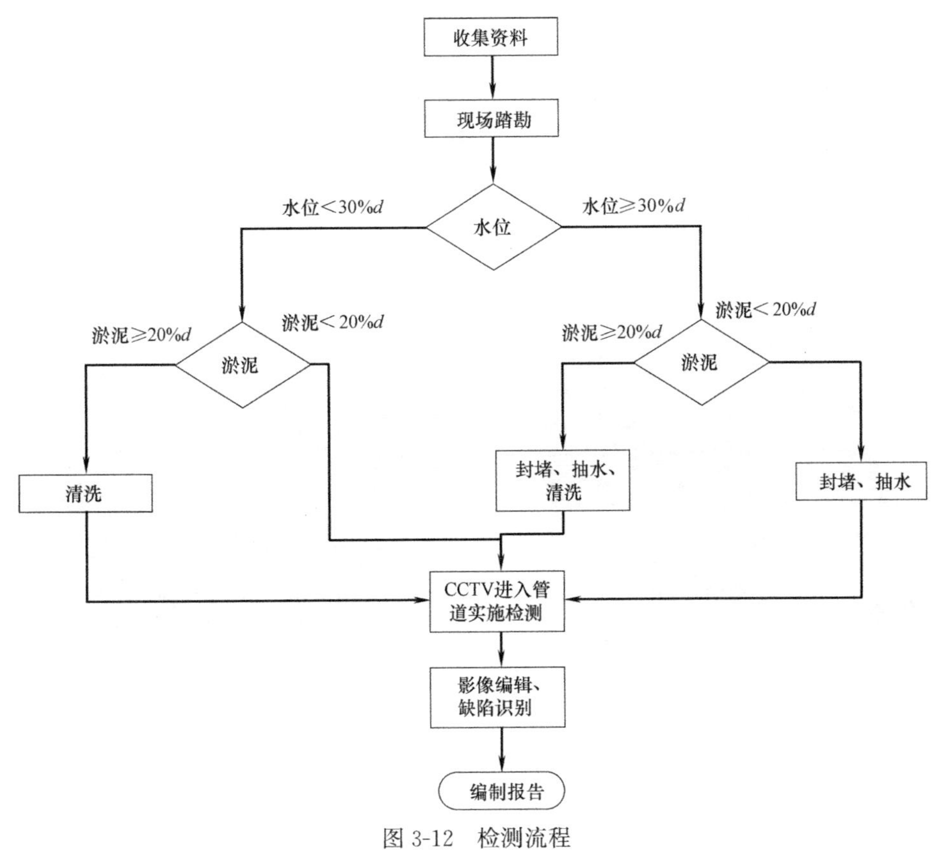

图 3-12 检测流程

管道检测周期表 **表 3-2**

检查类型	分类		周期(年)
功能性	重力流	中小型管道	2
		大型及以上管道	5
	压力流		10
结构性	非流沙地区	管龄<30 年	10
		管龄≥30 年	7
	流沙地区	管龄<30 年	7
		管龄≥30 年	5

(2) 管道冲洗准备工作

如果需要对排水管道进行全面的结构性缺陷检测，则需要对排水管道进行清洁，其目的是去除淤泥、油脂和碎屑沉积物来暴露排水管道的内部结构，以便在检查期间准确、全面地观察管道特征，获得准确的评估。如果条件允许，可使用高压水喷射等方法清洁排水管道，以保证管道清洁，检测结果满足检测需求。尽管先进行清洁再检测会获得比较好的检测结果，但应综合考虑项目的整体规划，包括资金、进度的安排，合理规划排水管道清洁处理工作。另外，在不清洁排水管道的情况下也可以通过检测排水管中积聚的沉积物或油脂来追踪非法排放污染物的源头，以此实现污染物溯源的目的。

(3) 管道封堵和抽水

采用轮式管道检测机器人检测时，管道内的积水深度一般不应超过管径的 20%，以实现现场检测时能够清晰地拍摄管道内部图像，保证检测结果的可靠性。当待检测管道积水过深时，可采用封堵管道并抽取积水的方式以降低管道内的积水，满足检测要求。目前普遍采用的封堵方式是采用充气气囊封堵两端管道，并用抽水泵将管道内的积水抽出。图 3-13 为常见的管道封堵气囊及其现场使用图。

(a)

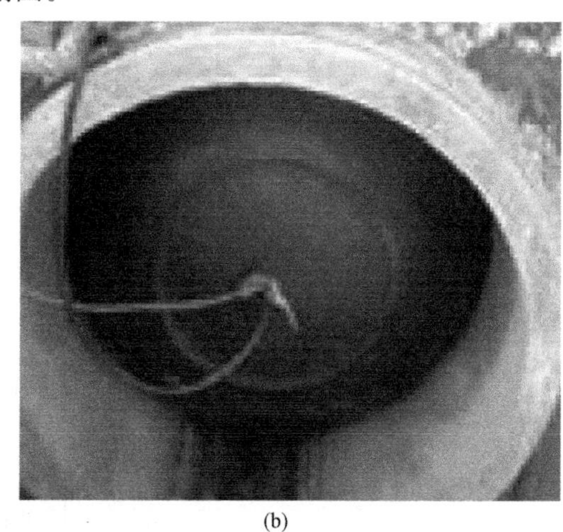
(b)

图 3-13 封堵气囊

2) 检测机器人准备工作

检测作业前，管线检测人员应检查检测机器人云台的功能是否正常，是否能够通过云台运作拍摄管道内不同角度，清楚地采集管道内部和管道连接部位的图像，以满足检测数据的质量需求。线缆车是否能够保持稳定，避免线缆车在检测时走动掉入检查井中。图 3-14 为采用轮式检测机器人现场作业示意图。

(a)

(b)

图 3-14 轮式检测机器人现场使用示意图

(1) 机器人状态检测

在检测作业前，应对检测设备状态进行检查，以保证设备能够正常使用。表 3-3 为机

器人状态检测表。

状态检测表　　表 3-3

序号	检测项内容	检测结论	检测要求
1	前进后退，左右拐弯	□正常 □不正常	
2	爬行器姿态	□正常 □不正常	
3	升降控制	□正常 □不正常	两个极限位置测试
4	灯光控制	□正常 □不正常	
5	云台上下左右控制	□正常 □不正常	俯仰两个极限位置

（2）机器人气压状态检测

机器人下井作业前还应注意检查充气情况，在易燃易爆危险场所使用时必须按照防爆要求充入惰性气体（如氦气），在有防水要求的情况下，可充入氦气或干燥的空气，使用的充气装备必须具备限压装置，并把最大限压值调整至不大于 15PSI；充气时，将设备后盖的充气盖拧开，用带有气压表的充气装置接入气嘴，充气过程中应将摄像组件视窗面垂直于桌面，视窗与桌面保持接触，切勿将视窗对准人，以免发生意外造成人身伤害；充入规定要求的 8PSI～15PSI 气体，在充气装置和摄像组件保持连接的状态下观察气压表的读数有无明显的变化，气压表保持规定数值 5min 以上为基本正常，超过 20min 无异常为合格；摄像组件壳体内部气压低于或高于规定范围，控制系统将会发出告警提示，用户需及时切断摄像组件电源，保证设备和人员的安全。

（3）镜头检查及校准

在检查中获得的信息在很大程度上取决于采集到的图像质量，因此必须在检测任务进行前检查镜头以确保图像不模糊、不失真等。

首先需检测镜头是否存在雾气、水珠、泥浆等影响检测图像质量的基本情况，为确保摄像机处于正常状态，在检测作业开始前，可以进行以下测试操作以检测摄像机的状态：

① 将摄像机对准专有的测试图，查看采集的图像是否存在失真情况；

② 检查灰度范围是否可以清楚地看到所有种类的灰色阴影，如需要可调整显示器亮度和对比度；

③ 通过查看线楔和线条来检查分辨率，可调整摄像机焦距以获得最佳视图；

④ 检查颜色条，可以清楚地看到蓝色、红色、品红色、绿色、青色和黄色部分，边缘没有着色或颜色重叠，如需要可调整控制终端颜色或色度级别。

（4）线缆校准

在检测开始前，需要检测线缆车距离计量系统的准确性，以保证测量距离的数值满足检测精度需求，推荐校准流程如下：

① 确保线缆完全缠绕在线缆卷筒上，线缆末端穿过测量轮；

② 将显示器上的计米器数值设置为零；

③ 将线缆从线缆车中拉出，直到计数器指示正好 10m；

④ 用皮尺测量从滚筒上拉下的线缆长度，并将该长度记录在记录表中；

⑤ 重复步骤③和步骤④四次，每次从线缆盘上拉 10m，总共记录长度 50m；

⑥ 检查距离测量误差是否在规范允许的公差范围内（通常为±1%或 0.3m，以较大

者为准）；

⑦ 将检测结果记录在记录表中。

3）检测机器人操作规范

检测人员在进行检测作业时，应考虑到地下管线的复杂性，在检测时应小心避免检测对其他管道造成损坏，同时应注意安全操作，防止发生意外事故（如井盖跌落检查井对设备或管道造成损坏等）。一般检测现场应配备一名监督人员，对现场安全操作进行规范化管理，以保障检测任务顺利进行。

（1）检测方法

① 在对每一段管道拍摄前，必须先拍摄看板图像，看板上需写明道路或被检对象所在地名称、起点和终点编号、管径以及检测时间等相关信息。

② 爬行器的行进方向宜与水流方向一致。

③ 管径不大于 200mm 时，直向摄影的行进速度不宜超过 0.1m/s；管径大于 200mm 时，直向摄影的行进速度不宜超过 0.15m/s。

④ 检测时摄像镜头移动轨迹应在管道中轴线上，偏离度不应大于管径的 10%。当对特殊形状的管道进行检测时，应适当调整摄像头位置并获得最佳图像。

⑤ 将载有摄像镜头的爬行器安放在检测起始位置后，在开始检测前，应将计数器归零。当检测起点与管段起点位置不一致时，应做补偿设置。

⑥ 每一管段检测完成后，应根据电缆上的标记长度对计数器显示数值进行修正。

⑦ 直向摄影过程中，图像应保持正向水平，中途不应改变拍摄角度和焦距。

⑧ 在爬行器行进过程中，不应使用摄像镜头的变焦功能，当使用变焦功能时，爬行器应保持在静止状态。当需要爬行器继续行进时，应先将镜头的焦距恢复到最短焦距位置。

⑨ 侧向摄影时，爬行器宜停止行进，变动拍摄角度和焦距以获得最佳图像。

⑩ 管道检测过程中，录像资料不应产生画面暂停、间断记录、画面剪接的现象。

⑪ 在检测过程中发现缺陷时，应将爬行器在完全能够解析缺陷的位置至少停止 10s，确保所拍摄的图像清晰完整。

⑫ 对各种缺陷、特殊结构和检测状况应作详细判读和量测，并填写现场记录表，记录表的内容和格式应符合相关规程的规定。

（2）检测精度保证

当机器人放置到井口位置时，应通过控制终端将计米器数值归零，在机器人前进后计时器立即开始记录。当检测任务完成后，应统计测量长度，测量偏差应在总长度的 1%或 0.3m 范围内，以较大者为准。

除了使用线缆校准装置之外，测量检查井口之间的地面距离是另一种校准方法。检测人员应使用其中一种或两种方法校准，并将数据记录在册。如果检测结果未能达到精准度标准，则需要对这段管道重新检测，以满足项目需求。

圆形或规则形状的排水管道中，检测时摄像机应放置在管道的中心位置，以避免图像失真。在椭圆形/卵形排水管道中，摄像机镜头应定位在排水管道高度或垂直尺寸的 2/3 处，定位公差应为垂直管道尺寸的±10%。在所有检测情况下，摄像机镜头应沿着管道轴线定位。如果管道非常大，应安装增强底盘或者通过其他方式以保证摄像机处于合适

位置。

(3) 录制视频的相关规范

在开始录制视频前，应尽量显示以下信息（可根据实际需求增减相关信息，显示时间应尽量不少于 15s，所显示数据的位置和大小应以不干扰图像中的重要图像信息为准）：

检测日期、检测开始时间、检测地点、爬行器行进方向、管道分类（雨水管道/污水管道/雨污混合管道）、检查单位/公司和检测人员姓名、项目名称、井口编号、管道材料、管径大小。

(4) 操控爬行器的基本规范

首先检查爬行器车轮是否紧固，下井前检查各功能是否正常，用挂钩挂住爬行器后，缓慢吊放入井中，并通过线缆调解后端平衡，同时避免线缆挂住管道内障碍物或缠绕车轮，最终使爬行器平卧在井底管口位置，正中朝向被检测的管道延伸方向；爬行器进入管道之初，要将行进速度调至缓慢，先观察管道情况；严禁将爬行器尾部的连接电缆作为吊绳使用；爬行器受阻时，可拖拽线缆对爬行器助力。

4) 检测结果交付

检测人员在检测完成后应提供一份完整的检测资料，检测资料一般包括检测图纸、检测记录表、检测视频图像以及检测报告。检测记录表应记录被检测管道的基本信息内容。检测报告应包含管道的编号、尺寸、位置以及管道的状况，如管道存在问题，应采集相关图片并在检测报告中体现，以方便后期问题处理。对存在无法检测的情况，应予以说明。

4. 轮式管道检测机器人适用范围及优缺点

根据《城镇排水管道检测与评估技术规程》CJJ 181-2012 中第 4 章 4.1.1 规定，使用轮式管道机器人进行检测时，管道水位不大于管道直径的 20%，所以轮式管道检测机器人一般适用于管内环境较好的情形，图 3-15 为轮式管道检测机器人现场检测拍摄的管道内部图像。

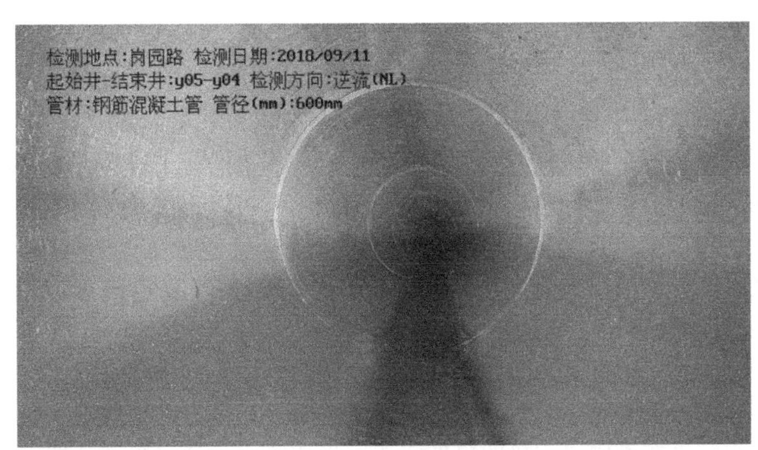

图 3-15　轮式管道检测机器人检测场景图

采用轮式管道机器人进行检测时，其具有成像稳定，记米准确，检测长度较长，可以完整地检测管道内出现的缺陷的优点；同时也存在检测条件要求较高的情况，如水位较高则需要对管道进行预处理，将管道的水位降低至规定要求；或者管内淤泥过多，需要对管道进行清淤处理，效率较低，成本较高。

3.3.2 潜望镜（QV）检测技术

潜望镜（QV）是最早引进我国的专业管网检测设备，潜望镜通过专业的高清晰度摄像装置配合辅助光源，能够快速对管道内部进行视频检测。一般需要两人进行操作，一个人负责将设备放入检查井中，一人使用控制终端进行数据采集录取。目前 QV 设备一般检测距离在 80～100m，同时配备激光测距设备，可以对缺陷位置进行精准定位。图 3-16 为常见的无线潜望镜设备图。

图 3-16 QV 检测设备

1. QV 检测原理

QV 主要是通过主机中的高清可变焦摄像头采集管道内部图像，操作员通过控制终端调节摄像头自由旋转、镜头拉伸，拍摄和观察可同步进行，并将原始录像资料保存在控制终端里，以供做进一步的分析。通过设备配备辅助光源（通常辅助光源包含近光灯与远光灯）解决管道内光源不足的缺点；通过 QV 配备的激光测距模块，可以精准测量缺陷的位置。

地面检测人员通过控制终端采用录像的方式对管道内部的沉积、管道破损、异物穿入、渗漏、支管暗接等缺陷进行检测和拍摄，清晰查看并记录管道内部的状况，视频通过无线或者有线通信方式传到控制终端并将数据保存。由专业人员对所有的录像资料进行分析，系统全面地了解管道的内部情况，确定排水管道质量及运行情况，出具专业的管道检测报告，为管道的维护和修复提供可靠依据。

2. QV 检测系统组成

随着技术的发展尤其是通信技术的发展，目前市场上成熟的 QV 产品主要采用无线通信的方式进行信号传输，以提高检测效率。目前的 QV 检测系统主要由防爆摄像主机、专用触控终端、中继器、高强度伸缩杆组成。

1）防爆摄像主机

图 3-17 为常见 QV 主机的结构示意图，主要包含以下几个部分：

（1）套管：用于固定伸缩杆，通过此装置可方便快捷的将主机与伸缩杆连接。

（2）电池：目前潜望镜普遍采用可更换电池，这样可以实现长时间检测的需求，同时单个电池重量不会过重，方便用户使用。

（3）远光灯：为远端提供光源补偿，一般采用 LED 灯光，可覆盖的距离在 100m 左右，能够满足管道快速检测需求。

（4）近光灯：为近端提供光源补偿，能够使图像画面更加清晰。

（5）除雾装置：镜头起雾时快速除雾，由于检查井口底部与地面温差较大，并且管道中湿气较大，很容易在潜望镜主机的摄像镜头上形成雾气，通过除雾装置可以快速地去除雾气，满足视频检测要求。

（6）摄像头：高清摄像头，采集管道图像。目前一般采用网络高清摄像头，同时具备数字变焦与光学变焦功能。

（7）激光测距仪：探测缺陷位置距离，一般激光测距仪的有效测试距离在 100m 左

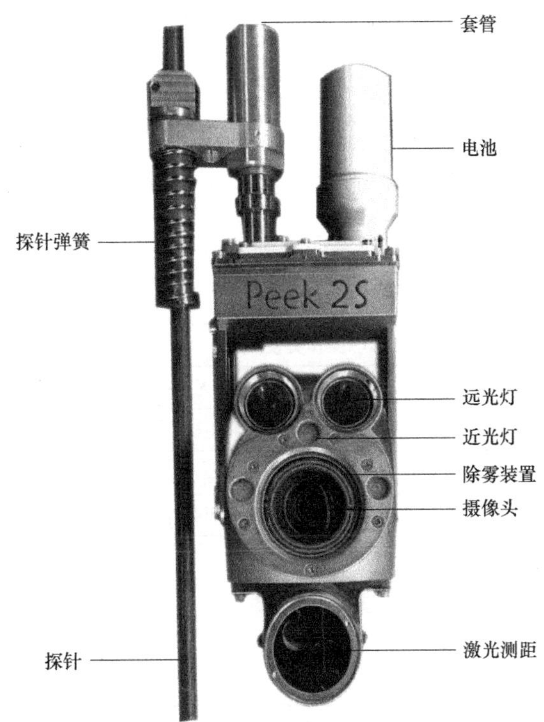

图 3-17　QV 主机结构图

右，精度在厘米级误差范围内。

（8）探针弹簧：缓冲减震，保护主机免受冲击。

（9）探针：支撑和保护摄像机，调节摄像机高度，可使摄像头中心位置处于待检测管道中心位置。

2）无线中继

图 3-18 为 QV 配置的无线中继模块。由于控制终端与摄像主机之间采用的无线通信方式，在较深检查井中进行检测时，使用中继能够实现更长距离的信号传输，确保信号传输的稳定性。

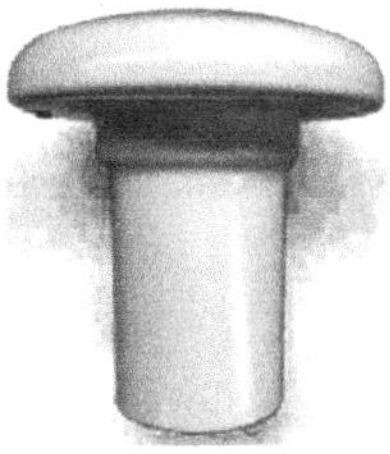

3）控制终端

目前 QV 的控制终端已经从以前的小屏幕有线控制终端演变为专业的触控控制平板，不仅显示器屏幕尺寸增加，同时控制方式也升级为无线控制方式，真正实现了快速检测的目标。

图 3-18　无线中继

4）伸缩杆

图 3-19 为常见的 QV 设备配备的碳纤维伸缩杆，这种材质具有良好的硬度，同时质量轻便，能够有效减轻 QV 设备重量。表 3-4 为常见的 QV 主要技术参数。

图 3-19　伸缩杆

QV 技术参数一览表 **表 3-4**

主机	环境要求	能适应直径 100mm 以上管道
	远光灯、近光灯	LED 灯
	续航时间	单块电池正常时间≥3h
	俯仰角度	俯仰可调范围 110°，仰视 20°，俯视 90°
	工作温度	−15～55℃
	自动水平检测	让主机镜头始终保持水平状态，可在特殊工况方便使用，在软件控制界面有控制开关按键
通信	无线通信	无线传输方式，操作更便捷
		高频无线，适应任何作业场景，无卡顿，无延迟
	无线中继放大器	放大主机的发射的信号，提高主机信号接收范围
摄像机组	分辨率	最高分辨率 1920×1080
	镜片除雾功能	带加热除雾功能，软件控制界面有控制开关按键
伸缩杆	长度	≥8m
	材料	快速插拔接口，高强度碳纤维
激光测距	测距参数	最远距离 100m 以上，误差±0.5cm
	防护等级	IP68
控制终端	控制单元	可控制主机的方向抬升、下降；远近灯光亮度调节；镜头自动水平、调焦、变倍、除雾、录像、抓拍、无线频段切换、暂停等
	存储	内置固态硬盘，支持控制器和 SD 卡存储方式
	信息显示	可实时显示环境视频、日期时间、府仰角等信息和潜望镜内部压力信息，气体信息并可通过功能键设置这些信息的显示状态
	检测分析	管道缺陷分析，终端手动截取缺陷图

3. QV 检测流程及方法

1）检测前准备工作

（1）人员及设备准备

在 QV 检测开始之前，为确保检测过程的顺利和安全，应准备详尽的检测计划、稳定的检测设备和专业的检测人员。检测人员应根据需求合理安排检测任务，保证检测按计划有序进行。检测人员需制定应急预案，以备出现意外情况时能够及时有效解决，保证检测进度。

此外，虽然采用 QV 设备进行检测能够极大地降低检测人员的危险，但是检测人员应配齐个人防护装备，并且需经过系统化的培训，能够正常使用防护设备，以保障检测人员的安全。常规防护设备包括安全背心、手套、吊绳、手持式气体探测器等。

检测人员在进行检测任务时，应考虑到地下管线的复杂性，在检测时应小心避免检测对其他管道造成损坏，同时应注意安全操作，防止发生意外事故，如井盖跌落检查井对设备或管道造成损坏。一般检测现场应配备一名监督人员，对现场安全操作进行规范化管理，以保障检测任务顺利进行。图 3-20 为 QV 现场检测示意图。

（2）镜头校准

在 QV 检查中获得的信息在很大程度上取决于采集到的图像质量，因此必须在检测任

图 3-20　QV 检测示意图

务进行前检查镜头以确保图像不模糊、不失真等。需检测镜头是否存在雾气、水珠、泥浆等影响检测图像质量的基本情况。为确保摄像机处于正常状态，在检测作业开始前，应进行以下测试操作以检测摄像机的状态：

① 将摄像机对准专有的测试图，查看采集的图像是否存在失真情况；

② 检查灰度范围上是否可以清楚地看到所有种类的灰色阴影，如需要，可调整显示器亮度和对比度；

③ 通过查看线楔和线条来检查分辨率，调整摄像机焦距以获得最佳视图；

④ 检查颜色条，可以清楚地看到蓝色、红色、品红色、绿色、青色和黄色部分，边缘没有着色或颜色重叠，如需要，可调整控制终端颜色或色度级别。

2）QV 检测操作

（1）检测时注意事项

① 设备安装完成后，下井前，在地面对设备进行连接调试，保证设备状态正常；

② 确认设备连接安全后缓缓将设备投送至井内，保持伸缩杆与地面基本垂直，保持摄像机高于水面 150mm 距离，摄像机尽量保持在管道中央；

③ 根据图像情况，调整摄像头高低位置达到最佳位置；

④ 根据图像角度情况，调整摄像组件俯仰角达到最佳角度；

⑤ 根据图像效果将灯光调至最佳亮度；

⑥ 根据图像效果将焦距放大到合适倍数；高倍焦距时，需要使用手动对焦功能，调整图像清晰程度。

注：圆形或规则形状的排水管道中，检测时摄像机应放置在管道的中心位置，以避免图像失真。在椭圆形/卵形排水管道中，摄像机镜头应定位在排水管道高度或垂直尺寸的 2/3 处，定位公差应为垂直管道尺寸的±10%。

（2）视频录制注意事项

在开始录制视频前，应尽量显示以下信息（可根据实际需求增减相关信息，显示时间应尽量不少于 15s，所显示数据的位置和大小应以不干扰图像中的重要图像信息为准）：

检测日期、检测开始时间、检测地点、爬行器行进方向、管道分类（雨水管道/污水管道/雨污混合管道）、检查单位/公司和检测人员姓名、项目名称、井口编号、管道材料、管径大小。

（3）激光测距正确使用方法

激光测距原理：传感器发射出的激光被测物体的反射后又被传感器接收，传感器记录激光往返的时间 t、光速 c 和往返时间 t 的乘积的一半，就是传感器和被测量物体之间的距离。

由于地下管道的环境比较复杂和恶劣，在这种环境下使用激光测距传感器，必须了解管道的管径、直线情况、内壁的污染程度及内部污水的高度等。激光测量时应注意以下事项：

① 激光测距启用时，不要将激光照射人眼以免造成身体伤害；

② 在管道中应用激光测距功能时，当管道内障碍物表面与激光光路垂直且障碍物尺寸大于激光光斑时，测距效果非常理想，测量距离能达到 30m 以上；如果管道内壁并无障碍物，激光远距离斜打在管道内壁上，测距效果有时会不理想，尤其是小直径管道；

③ 为了增加反射面的面积以提高回光信号，可在检测时从管道内壁的一侧测向另一侧，以此提高发射光与目标物的夹角，从而加大反射强度；

④ 管道内目标测量物小于光斑尺寸时，检测的距离有可能不准确；

⑤ 小管径的管道（400mm 以下）通常在 10m 范围内测量效果比较理想；

⑥ 管内潮湿，有飞溅水滴、蜘蛛网时，激光会被反射消耗，导致传感器的接收信号减弱，无法测得有效数据；

⑦ 目标物受到明亮的照射时，也会影响测量数据。

3）检测结果交付

检测人员在检测完成后应提供一份完整的检测资料，检测资料一般包括检测图纸、检测记录表、检测视频图像以及检测报告。检测记录表应记录被检测管道的基本信息内容。检测报告应包含管道的编号、尺寸、位置以及管道的状况。如管道存在相关问题，应采集相关图片并在检测报告中体现，以方便后期问题处理。对存在无法检测的情况，应予以说明。

4）检测完毕后续工作

（1）检查完毕，首先关闭专用触控终端软件并关机。

（2）将摄像组件移至井外，拆卸设备，清理摄像组件外壳水渍、污浊。

（3）现场探测工作结束后，将消毒液按比例与清水混合后，用软布沾湿擦拭控制器及潜望镜，再用干燥的毛巾擦干后放入专用包装箱。切勿让潜望镜及控制器受到挤压、碰撞或冲击，造成不必要的损伤，切勿对 QV 设备进行浸泡式冲洗。

（4）在设备不继续使用时，需关闭电源。

（5）长时间不使用时，建议三个月内给电池充放电一次，超过六个月未使用时要对摄像组件的密封性进行检查。

（6）由于镜头旋转轴处存在一定间隙，使用过程中及使用后，应注意保持该部分的清洁。

4. QV 检测的适用范围及优缺点

潜望镜检测一般适用于对管道内部状况进行初步判定，同时检测时，管道内水位不宜大于管径的 1/2，管段长度不宜大于 50m。图 3-21 为 QV 检测场景图。

图 3-21 QV 检测场景图

潜望镜具有携带方便、操作简单、成像快等优点，同时由于检测时，潜望镜只能放置于管口位置对内进行拍摄，其光源不足，对管道内细微结构性问题不能提供很好的成果，检测距离较短。

3.3.3 声呐漂浮阀检测技术

1. 声呐检测原理

声呐是英文缩写“SONAR”的音译，其中文全称为：声音导航与测距（Sound Navigation And Ranging），是一种利用声波在水下的传播特性，通过电声转换和信息处理，完成水下探测和通信任务的电子设备。它有主动式和被动式两种类型，属于声学定位的范畴。声呐是利用水中声波对水下目标进行探测、定位的电子设备，是水声学中应用最广泛、最重要的一种装置。

1）发展变革

由于电磁波在水中衰减的速率非常的高，无法作为探测的信号来源，因此通过声波探测水下成为运用最广泛的技术手段。图 3-22 为声呐检测示意图。

2）工作原理

由于在水中光、电磁波存在探测距离短、信号强度衰减快等缺点，而声波在水中传输时其衰减很小，声波信号甚至可以传输上万公里。因此在水中进行测量和观察，采用声波是最为有效的技术手段。

图 3-22 声呐检测示意图

将声呐技术应用于管道检测中，可以检测的管道问题包括水平面以下淤泥沉积、沉积物厚度、垃圾堵塞、堵塞物大小、管道变形、接口错位。

声呐检测除了能够提供专业的扫描图像，对管道断面进行量化外，还能结合计算确定管道淤泥程度、淤泥体积、淤泥位置，计算清淤工程量和提供清淤地点，并且可以计算管道的现有过水能力，分析发生道路积水或路面冒水等极端情况的可能性。

声呐检测时管道内的水深应大于 300mm。当探头无法行进或被埋入泥沙时，应停止检测。声呐检测可与 CCTV 检测同步进行。声呐检测的轮廓图不宜作为结构性缺陷的最终评判依据，应用电视检测方式予以证实或以其他方法判别。图 3-23 为声呐检测软件数据分析界面。

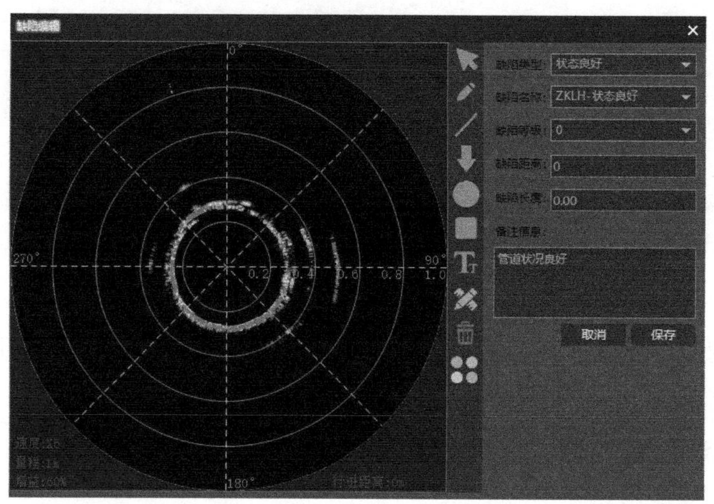

图 3-23　声呐检测软件界面图

2. 声呐漂浮阀检测设备组成

声呐漂浮阀检测设备采用漂浮桶搭载声呐设备，并通过线缆将信号传送到控制终端上。漂浮桶形式的声呐检测设备主要依赖管道中水流动力顺着水流的方向行走或者通过预先穿线缆拖拽行走，通过漂浮桶上的声呐设备对管道进行检测，检测出管道中存在的淤泥、变形等情况。图 3-24 为声呐漂浮阀检测设备。

图 3-24　声呐漂浮阀检测设备

3. 声呐检测流程及方法

1）检测前期准备

检测资料准备，现场管道情况调查，制定检测计划及方案，声呐设备调试、测试。

2）声呐检测方法及流程

（1）检测方法

声呐检测设备通过线缆与线缆车连接，将声呐设备通过检修井放入管道中，通过水流或设备自身动力装置驱动声呐检测设备前进，控制终端实时显示设备采集的声呐图像。图 3-25 为声呐漂浮阀现场检测示意图。

（2）检测流程

通过前期收集资料、现场勘查，确定管道水位是否满足声呐检测要求。确定水位满足

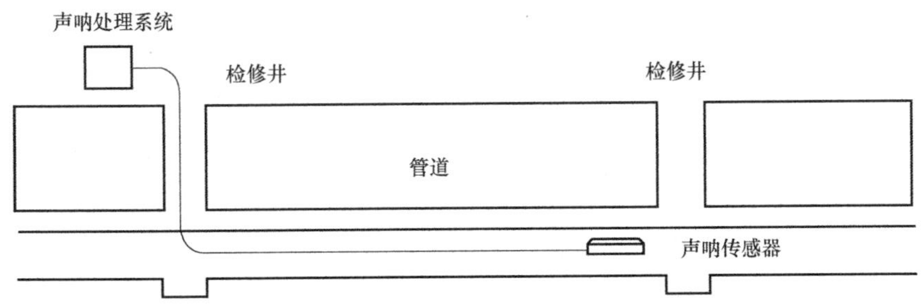

图 3-25　声呐检测示意图

要求后，穿牵引绳索，通过绳索牵引声呐设备，获取检测数据后，编制检测报告。图 3-26 为声呐检测流程图。

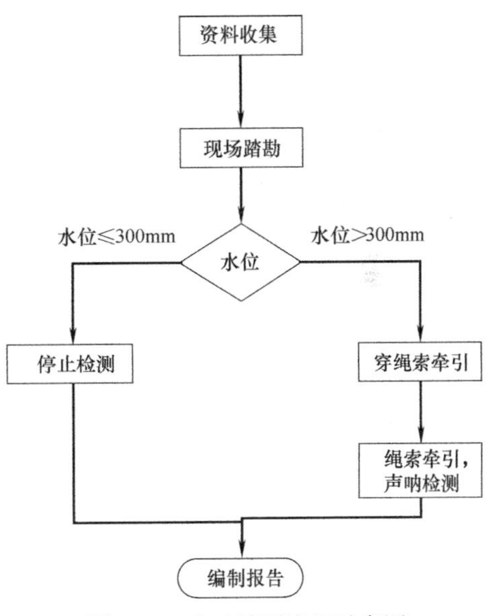

图 3-26　声呐检测流程示意图

4. 声呐检测的适用范围及其优缺点

声呐检测一般适用于管道内积水较多，无法通过降水的方式降低水位的情形，一般要求管内水深应大于 300mm。图 3-27 为声呐检测现场场景图。

声呐检测具有能够检测水面以下的管道缺陷功能，能够辅助检测人员检测管道内淤积、变形等缺陷问题，同时由于目前的声呐数据主要是通过纵断面图进行展示，无法有效地判读出缺陷详细信息，一般需要采用 CCTV 等方式进行核实或以其他方式检测评估。

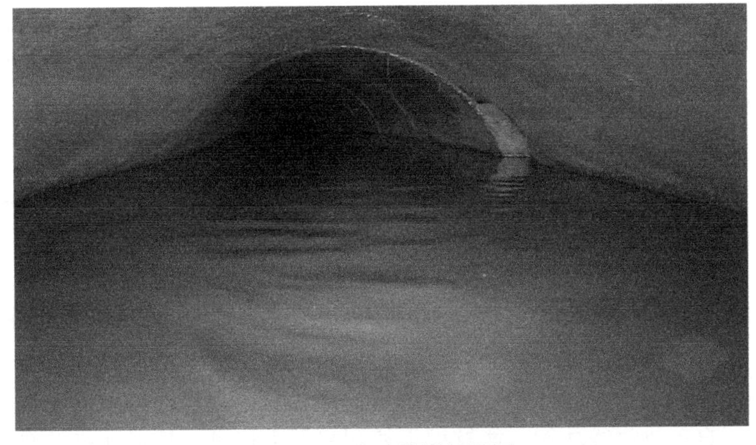

图 3-27　声呐检测场景图

3.4　排水管道新型检测技术

早期的智能管道检测设备由于技术缺陷，适用的检测范围具有局限性，如轮式检测机器人和潜望镜主要应用于管道环境较好工况，或者管网容易清理降水的情况；声呐漂浮阀主要应用于顺流、短距离工况下的管网检测。这些设备只能满足部分场景的检测任务需求，复杂工况下的管网检测一直缺少相关技术手段。随着技术的发展，可适用于复杂工况的排水管渠智能检测设备相继研发成功，如适用于高水位、多淤泥情况下采用螺旋推进方式的全地形管网检测机器人，可解决早期轮式检测机器人在复杂工况下无法检测的缺点。针对高水位逆流及满水管网的检测，通过采用自带动力的声呐动力检测机器人进行声呐检测，能够有效弥补常规漂浮式声呐检测设备的应用局限性。同时管网检测不仅需要对管道内部的运行状况进行检测，同时也需要对管道外部周边的土壤情况进行检测，以探测并消除如管道破损造成的土壤流失形成的空洞，以及土壤密实度较低造成的地面凹陷等问题出现。以下介绍几种新型管网智能检测技术：

3.4.1 全地形管网检测机器人技术

1. 全地形管网机器人技术原理

全地形管道检测机器人能够适应积水较多、淤泥较多的复杂环境下管道、长距离箱涵、河道等情形下的检测服务需求，能够通过携带的高精度声呐检测模块，准确检测出管道水面以下存在的淤泥、沉积情况，并配合高清检测摄像头检测出水面以上的管道中存在的各种缺陷信息，实现全方位、多角度检测的需求。

全地形检测机器人使用螺旋式推进方式作为动力轮，该设备应用在管道检测行业，解决了管道检测领域中对于复杂场景下普通 CCTV 检测机器人由于自身重力以及驱动轮结构的劣势。机器人自带可以更换的电池组，通过电池更换，可以实现不间断的工作。特殊设计的推进方式，使得机器人在越糟糕的工况中，表现越出色。通过零浮力线缆与终端连接，在淤泥环境中有效检测距离可达到 300m，箱涵环境下最远可检测 1000m。图 3-28 为全地形管网检测机器人设备图。

图 3-28 全地形管网检测机器人

2. 全地形管网机器人组成

全地形管道检测机器人由检测机器人、线缆车、平板控制终端三部分组成。检测机器人配备高清摄像云台、可拆卸式声呐检测装置、前后辅助摄像、灯光辅助系统。图 3-29 为全地形管网检测机器人各组成部分。

高清镜头可水平 360°旋转，实现管道内部多方位多角度检测，同时镜头具有防刮、防凝水功能，能够在积水较深环境下稳定工作，保证采集图像的清晰度。

线缆车采用自动收放线功能，能够根据检测机器人行进、后退速度，自动调整收放线速度，实现收放线全程自动操作，提高检测作业人员检测效率。同时线缆车搭配 300m 普通线缆以及 1000m 光纤，可根据实际的检测需求，选用不同长度的线缆。表 3-5 为全地形管网检测机器人爬行器相关技术参数。

3. 全地形管网机器人操作流程

1）检测前准备

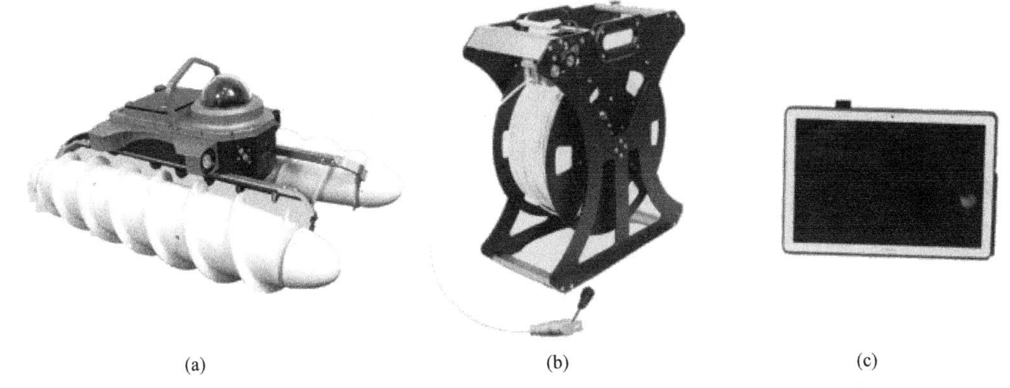

(a)　(b)　(c)

图 3-29　全地形管网检测机器人组成部分

(a) 爬行器；(b) 线缆车；(c) 平板终端

全地形管网检测机器人爬行器相关技术参数　**表 3-5**

尺寸	760mm×460mm×300mm
	825mm×460mm×335mm(带载声呐)
重量	14kg
适用管径	≥DN600
防护等级	IP68 防尘、防水、防爆
速度	静水速度 0.5m/s，逆水速度≤0.5m/s
转向	可原地 360°旋转
续航时间	2h，配备 2 个电池
图像	云台、前视摄像头 200 万像素，后视 130 万像素

(1) 开箱确认设备配置完整性，检查全景摄像头保护罩是否密封。

(2) 上爬行器电池，确认电池周边密封圈安装到位，拧紧紧固螺栓。

(3) 线缆车侧边线缆转盘解锁。

(4) 将线缆车与爬行器尾部进行连接。

(5) 打开爬行器开关保护盖，按下后有无灯光自检查，确认好后将开关键用密封盖盖上，防止进水。

(6) 打开线缆车电源。

(7) 打开控制终端，等待设备 WiFi 出现后，使用控制终端连接上线缆车 WiFi。观察控制终端软件里的“设备连接状态”，确认线缆与爬行器连接是否正常，确认爬行器电池电量。

2) 现场操作流程

(1) 把管口直角滑轮保护器悬空放置在管道边缘处，调整好方向。

(2) 用下井吊绳将全地形机器人吊入井下，下井的时候注意摄像头朝上，保护镜头。

(3) 全地形机器人打开灯光，线缆车收紧多余线缆，平板点击计米归零。

(4) 点击录像功能，编辑版头信息，开启录像。机器人前进时，根据工况适当调整速度，必要时可打开前置摄像头，观察工况，确保操作安全。

(5) 机器人在作业时，需要手动拉出线缆，缓慢放线，配合机器人行进。在机器人回

退时，需打开后视摄像头，保证线缆不能被卷入螺旋轮中，务必保持机器人尾部线缆处于拉直的状态。机器人回退，需要配合手动拉回线缆，或使用线缆车电动收线，拉回线缆。线缆回收的过程中，需关注线缆盘绕线情况，手动左右移动排线器，均匀排布线缆。

（6）在线缆车运输过程中，或者线缆车需要充电等情况下，需要使用止动锁住缆盘，避免缆盘的转动。

3）检测完成后操作

（1）关闭灯光，关闭爬行器电源。

（2）拔出机器人尾部航插。

（3）航插复位，启动缆车电源，按点动收线收紧后关闭线缆车电源。

（4）清洗机器人，确保机器人上异物清除。

4. 全地形管网机器人适用场景及优缺点

全地形管网检测机器人由于采用特殊的行进方式，能够有效解决复杂场景下管网检测需求，如高水位逆流管道，沉积淤泥较多的管道、箱涵、明渠、河道等工况。图 3-30～图 3-33 为全地形管网检测机器人可适用检测的场景图。

图 3-30　高水位逆流管道场景图

图 3-31　机器人在沉积淤泥较多情况下使用

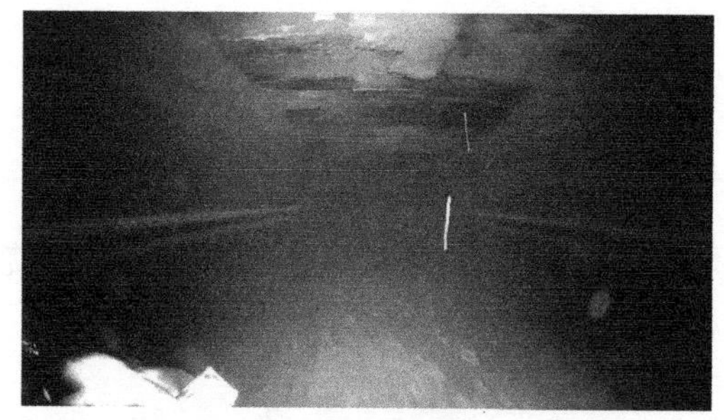

图 3-32　机器人在箱涵情况下使用

图 3-33　机器人在明渠、河道情况下使用

同时全地形管网检测机器人也对管网中水流的速度有一定要求，流速不能过快。

3.4.2　动力声呐检测机器人技术

目前对于高水位及满水管网的水下检测，现有的检测方法主要有采用漂浮声呐阀或者潜水员入管检测，这两种方式均存在一定的局限性，如漂浮声呐阀主要适合水流较慢，同时需要预先穿入牵引绳用于检测时拖拽漂浮阀，工作操作难度大；而采用潜水员入管检测，则存在一定的作业风险，同时可获取的缺陷数据量较少。

通过采用动力声呐检测技术，能够解决以上复杂场景中无法有效进行检测的缺点，实现对该种工况下管网的沉积、破裂、错口、支管暗接等情况的有效检测。

1. 动力声呐检测机器人的技术原理

动力声呐检测是通过设备前端镂空搭载的声呐探头，在高水位或满水管道中进行声呐检测的一种方式。动力声呐检测机器人最大的特点是，依靠自身主动式的推进力在管道中前行，扫描得到待测管道截面声呐数据，目前主要应用于排水管道中降水困难导致的高水位或者满水管段的检测。图 3-34 为动力声呐检测机器人设备图。

图 3-34 动力声呐检测机器人

动力声呐检测机器人技术特点主要是两个方面，一个方面是适用于排水管道检测的小型声呐探头，另一方面是针对排水管道复杂水体场景下设计的螺旋推进方式。

动力声呐检测机器人使用的是单波束机械扫描式声呐。这种声呐由机械驱动的一组换能器组成，它按照设计的一定步进角度向周围发射一束一束的声波脉冲，通常是 360°的扫描范围，因此也叫单波束扫描声呐。在管道中使用时，用来扫描管道内壁，返回的声呐数据形成管道截面图。在检测过程中，根据声呐数据形成的管道截面图来检测管道的淤积、变形、破损、暗接等运行状态。

动力声呐检测机器人的水中推进方式使用的是在管网检测中最新应用的螺旋滚筒推进方式。它对比于水下推进器，最大的优点是，更不容易被管道水中杂物缠绕，并且整体功耗远远小于水下推进器，同时也为机器人输出了有效的前进动力。

2. 动力声呐检测机器人的组成

动力声呐检测机器人一般由三个部分构成：机器人本体、线缆车、控制终端。机器人本体通过线缆与地面端的线缆车连接，实时接收地面控制终端发出的指令，同时实时上传采集到的声呐数据。线缆车主要使用存储连接线缆，同时可对放出的线缆长度进行记录，数据上传到控制终端。控制终端集成人机交互界面、声呐数据显示、声呐数据存储于一体。

1）动力声呐检测机器人

动力声呐检测机器人是由声呐漂浮筏检测设备的升级，采用了专门针对管道检测设计的双频声呐探头，可有效地检测管道沉积、变形、破裂、支管暗接、脱节、错口等缺陷。机身自带可拆卸电池，方便持续工作时更换电池，增加工作时长和效率。动力声呐检测机器人动力由两侧螺旋滚筒旋转产生，螺旋滚筒的动力方式有着更低的功耗和在管道中有着更强的生存能力。图 3-35 为动力声呐检测机器人结构图。

2）线缆车

线缆车在满足工作条件下，更为轻便和稳定。线缆具有抗拉、抗腐蚀、零浮力特性，使得动力声呐检测机器人在管道中工作时，受到更小的阻力。图 3-36 为动力声呐检测机器人配置的线缆车。

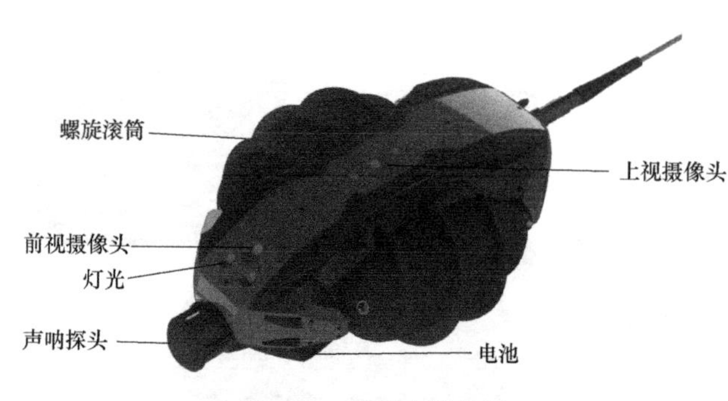

图 3-35 机器人结构图

图 3-36 线缆车

3）控制终端

控制终端为轻便稳定的触控平板电脑，主要作为控制机器人的人机交互入口。同时，以采集到的管道声呐截面图形为主要输出信息，方便实时监测分析管道内部结构的变化。图 3-37 为动力声呐检测机器人控制软件界面图。

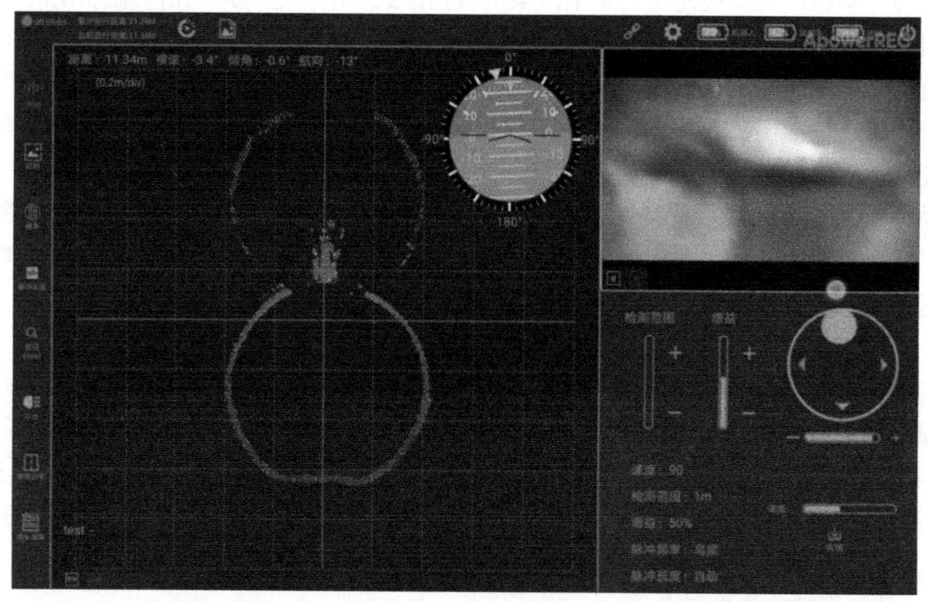

图 3-37 控制界面

3. 动力声呐检测机器人的操作流程

1）检测前准备

（1）开箱确认设备配置完整性，检查声呐探头是否正确安装。

（2）上爬行器电池，确认电池周边密封圈安装到位，拧紧紧固螺栓。

（3）线缆车侧边线缆转盘解锁。

（4）将线缆车与爬行器尾部进行连接。

（5）打开爬行器开关保护盖，按下后有无灯光自检查，确认好后将开关键用密封盖盖上，防止进水。

（6）打开线缆车电源。

（7）打开控制终端，等待设备 WiFi 出现后，使用控制终端连接上线缆车 WiFi。观察控制终端软件里的“设备连接状态”，确认线缆与爬行器连接是否正常，确认爬行器电池电量。

2）现场操作流程

（1）把管口直角滑轮保护器悬空放置在管道边缘处，调整好方向。

（2）用下井吊绳将声呐机器人吊入井下，下井的时候注意保护声呐探头。

（3）线缆车收紧多余线缆，平板点击计米归零。

（4）点击录像功能，编辑版头信息，开启录像。机器人前进时，根据工况适当调整速度，必要时可打开前置摄像头，观察工况，确保操作安全。

（5）机器人在作业时，需要手动拉出线缆，缓慢放线，配合机器人行进。在机器人回退时，需注意线缆不能被卷入螺旋轮中，务必保持机器人尾部线缆处于拉直的状态。机器人回退，需要配合手动拉回线缆，或使用线缆车电动收线，拉回线缆。线缆回收的过程中，需关注线缆盘绕线情况，手动左右移动排线器，均匀排布线缆。

（6）在线缆车运输过程中，或者线缆车需要充电等情况下，需要使用止动锁住缆盘，避免缆盘的转动。

3）检测完成后操作

（1）关闭灯光，关闭爬行器电源。

（2）拔出机器人尾部航空插头。

（3）航空插头复位，启动缆车电源，按点动收线收紧后关闭线缆车电源。

（4）清洗机器人，确保机器人上异物清除。

4. 动力声呐检测机器人的适用场景及优缺点

动力声呐检测机器人既可以浮在水面也可以悬浮在管道中间位置工作，解决了管道检测过程中存在高水位及满水情况下检测难题。该类型设备的主要优点是，自带推进动力，可实现满水管道的声呐检测，并且有着极高的检测效率。其缺点是，因为工作在水下尤其是在污水管网中，较难获取清晰的视频数据。

3.4.3 地质雷达检测机器人技术

目前我国城市地下管网存在运行时间较长，由于没有得到有效维护，造成地下空洞以及由此引发的地面塌陷问题频繁发生，已造成多起严重事故，给居民生产生活造成严重影响。对于地下空洞检测已经变得十分迫切，目前对于地下空洞检测主要依赖地质雷达检测技术，但是受管道埋深以及土壤中介质对电磁波传输的影响，地面地质雷达检测技术并不能有效检测地下存在的空洞缺陷。同时由于地下空洞主要成因是由地下管网破损造成周边土壤流失而引起，因此通过管道内向管道周边进行空洞检测更加有效。

1. 地质雷达检测技术原理及应用

探地雷达（Ground Penetrating Radar，简称 GPR）是利用频率介于 106～109Hz 的无线电波来确定地下介质的一种地球物理探测仪器。随着微电子技术和信号处理技术的不断发展，探地雷达技术被广泛应用于工程地质勘察、建筑结构调查、公路工程质量检测、地下管线探测等众多领域。图 3-38 为探地雷达基本原理图。

发射天线将高频短脉冲电磁波定向送入地下，电磁波在传播过程中遇到存在电性差异

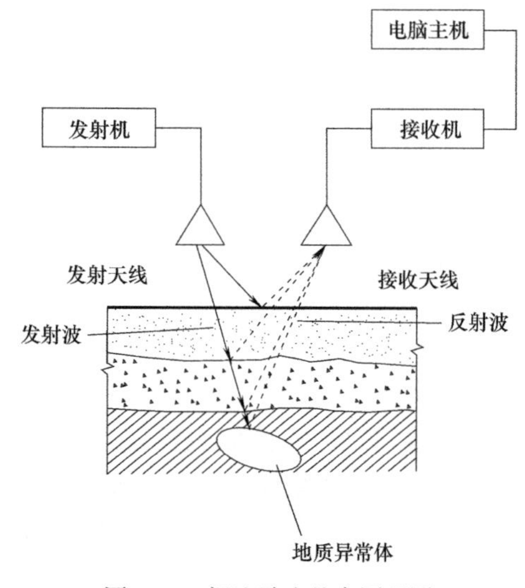

图 3-38 探地雷达基本原理图

的地层或目标体就会发生反射和透射，接收天线收到反射波信号并将其数字化，然后由电脑以反射波波形的形式记录下来。对所采集的数据进行相应的处理后，可根据反射波的旅行时间、幅度和波形，判断地下目标体的空间位置、结构及其分布。探地雷达是在对反射波形特性分析的基础上来判断地下目标体的，所以其探测效果主要取决于地下目标体与周围介质的电性差异、电磁波的衰减程度、目标体的埋深以及外部干扰的强弱等。其中，目标体与介质间的电性差异越大，两者的界面就越清晰，表现在雷达剖面图上就是同相轴不连续。可以说，目标体与周围介质之间的电性差异是探地雷达探测的基本条件。

2. 管中地质雷达检测技术

管中地质雷达检测技术将地质雷达与管网检测机器人技术相结合，实现了从管内对管道周边空洞、土壤密实度及其他地下病害体的有效检测。同时机器人搭载的摄像采集模块又可以对管道内部进行内窥式影像数据的采集，实现管内管外数据同时采集的效果，有效提升管网状况评估的综合效果。

3. 管中地质雷达检测机器人的组成

管中地质雷达检测机器人系统由机器人本体、线缆车、地面控制终端三部分组成。机器人本体通过线缆与地面线缆车进行通信，同时线缆车通过线缆给机器人供电。线缆车与地面控制终端进行通信，并将机器人采集的数据实时传送至控制终端进行显示。图 3-39 为管中地质雷达检测机器人设备图。

图 3-39 管中地质雷达检测机器人

机器人具有以下特点：

（1）机器人采用多管径自适应设计。轮组支撑机构能够根据管径大小，自适应调整，以满足机器人在管道内正常行进。

（2）管内与管外数据同时采集。机器人通过自身携带的摄像采集设备，对管道内部缺陷进行数据采集，同时通过携带的地质雷达对管道外部环境进行有效检测。

（3）管道外部多频率、全空间检测。机器人携带的地质雷达天线能够快速更换，实现对不同探测深度和探测分辨率的要求，同时机器人可沿管道轴向以及管道径向检测，借助后端处理软件，可对管道外部进行三维切片分析。

4. 管中地质雷达检测操作流程

1）检测前准备

（1）开箱确认设备配置完整性，检查摄像头、地质雷达是否安装正确。

（2）上爬行器电池，确认电池周边密封圈安装到位，拧紧紧固螺栓。

（3）线缆车线缆转盘解锁。

（4）将线缆车与爬行器尾部进行连接。

（5）打开爬行器开关保护盖，按下后有无灯光自检查，确认好后将开关键用密封盖盖上，防止进水。

（6）打开线缆车电源。

（7）打开控制终端，等待设备 WiFi 出现后，使用控制终端连接上线缆车 WiFi。观察控制终端软件里的“设备连接状态”，确认线缆与爬行器连接是否正常，确认爬行器电池电量。

2）现场操作流程

（1）把管口直角滑轮保护器悬空放置在管道边缘处，调整好方向。

（2）用下井吊绳将机器人吊入井下，如必要时可人工下井将设备放入管道中，下井的时候注意摄像头朝上，保护镜头，同时注意地质雷达及天线，防止损坏。

（3）机器人打开灯光，线缆车收紧多余线缆，平板点击计米归零。

（4）点击录像功能，编辑版头信息，开启录像。机器人前进时，根据工况适当调整速度，打开摄像头，观察工况，确保操作安全。

（5）机器人在作业时，需要手动拉出线缆，缓慢放线，配合机器人行进。在机器人回退时，需打开后视摄像头，保证线缆不能被卷入轮中，务必保持机器人尾部线缆处于拉直的状态。机器人回退，需要配合手动拉回线缆，或使用线缆车电动收线，拉回线缆。线缆回收的过程中，需关注线缆盘绕线情况，手动左右移动排线器，均匀排布线缆。

（6）根据检测需求对管道相关位置进行地质雷达检测，调整地质雷达支撑机构，保证地质雷达紧贴管道内壁，采集有效的地质雷达数据。

（7）在线缆车运输过程中，或者线缆车需要充电等情况下，需要使用止动锁住缆盘，避免缆盘的转动。

3）检测完成后操作

（1）关闭灯光，关闭爬行器电源。

（2）拔出机器人尾部航空插头。

（3）航空插头复位，启动缆车电源，按点动收线收紧后关闭线缆车电源。

（4）清洗机器人，确保机器人上异物清除。

5. 管中地质雷达检测机器人的适用范围及优缺点

管中地质雷达检测机器人可适用于管道内部淤积较少，管径较大（DN600～DN1200）的管道进行检测，其优点是能够有效检测出地下空洞的位置、大小、形状以及土壤密实度等信息，同时又可有效采集管道内部影像数据。其缺点是机器人操作复杂，对管道工况要求较高。

3.5　排水管道检测多数据融合技术

现有排水管渠检测的数据类型主要为视频、图像信息单一类型数据，同时随着技术的发展，视频结合激光扫描、SLAM 技术等多数据融合技术已在多个领域进行应用，如室内三维重建、自动驾驶等，将多数据融合技术应用于排水管渠检测，能够进一步提升检测技术水平。

3.5.1 排水管道三维重建技术

1. 排水管道激光点云三维重建技术

随着技术的发展，对于管网内部的三维数据的需求也日益强烈，空间数据采集技术在近几年也取得较快的发展。目前三维信息采集技术分为两类，接触式和非接触式，图 3-40 为三维信息采集方式。

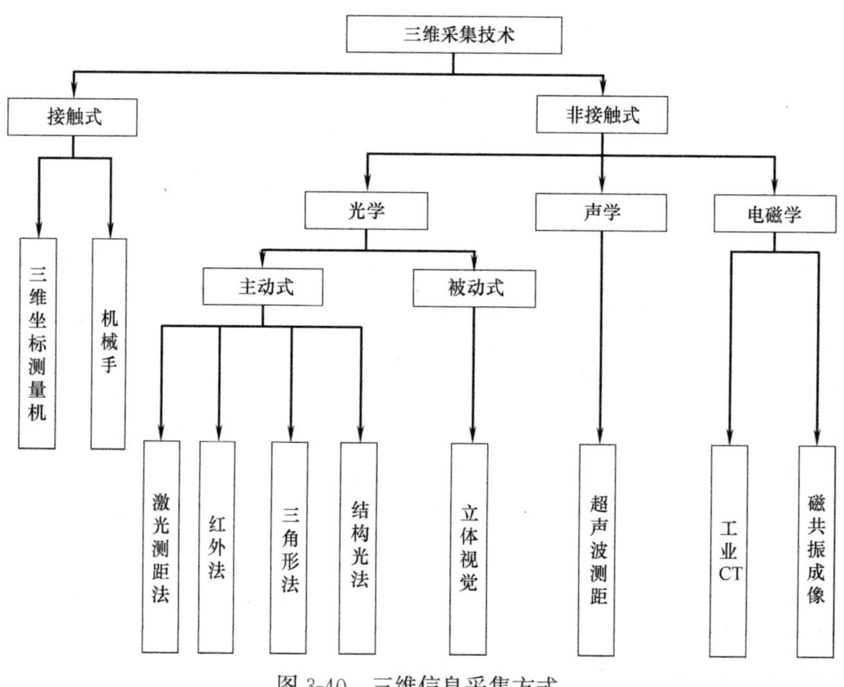

图 3-40 三维信息采集方式

其中通过激光测距法采集的点云数据是一种主要的获得空间数据的方法。激光雷达技术通过激光扫描获取物体表面离散点的三维坐标、强度和颜色等信息，可快速重建目标物体的三维模型。按照测量原理的不同，激光雷达扫描技术通常分为三角测距、脉冲式、相位差三种方式。

（1）基于三角测距原理的激光一般为高亮度的可见光（结构光），又称为主动式激光。图 3-41 为激光三角测距原理示意图。

（2）基于脉冲式测距的激光一般是不可见光，其波长短且窄，所以其角分辨率极高，可测距离相比其他类型的激光较远。其技术原理为通过激光波形的飞行时间差进行测距，也称作飞行时间法（TOF）。

（3）基于相位差式测距的激光需要经过幅度调制，通过采用频率更高、具有稳定周期的计时脉冲去填平高电平的时间，并测量调制后的激光往返一次的相位延迟，通过调制的波长进行换算，计算距离值。图 3-42 为相位差式激光测距方法。

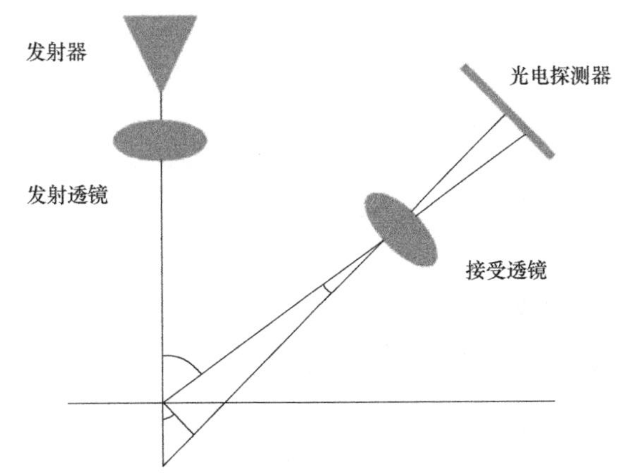

图 3-41　激光三角测距原理

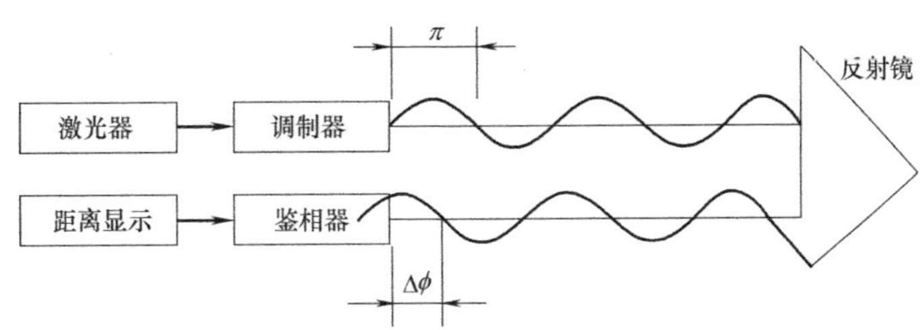

图 3-42　相位差式激光测距方法

通过管道检测机器人携带激光雷达模块，进入管道内部采集管道激光点云数据，将采集的激光点云数据进行数据预处理及建模。图 3-43 为搭载激光雷达的管道检测机器人。

图 3-43　搭载激光雷达的管道机器人

通过机器人采集的激光数据，通过算法进行去躁、点云数据处理，获得管道的三维点云建模结果。图 3-44 为通过激光点云重建的管道三维模型。

2. 排水管道检测图像序列三维重建技术

通过管道检测机器人采集管道内部的二维图像数据，基于采集的图像序列进行三维重

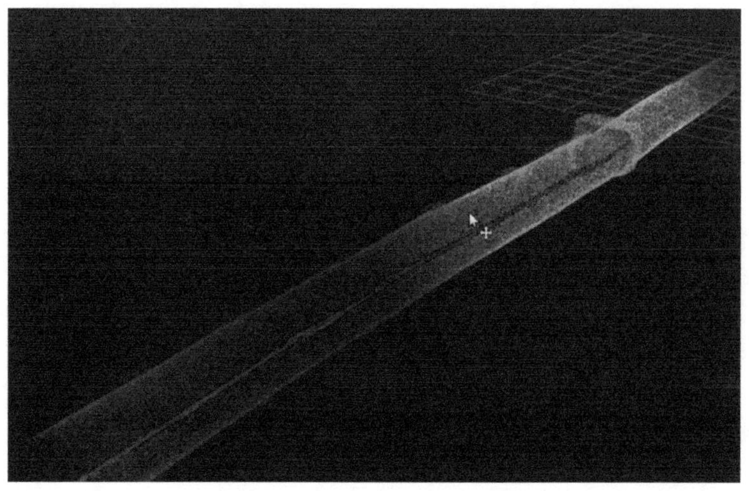

图 3-44 管道激光点云三维重建

建是一种较为常见的三维重建技术，一般通过图像序列对物体三维重建。图 3-45 为基于图像序列的三维重建流程图。

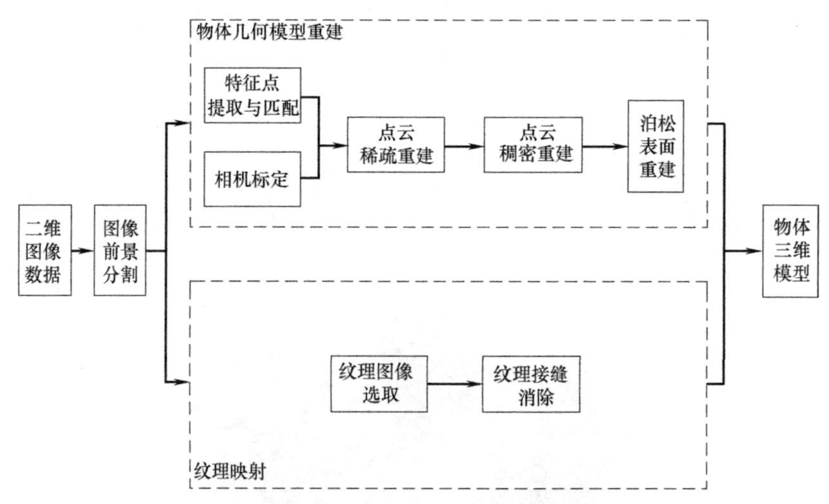

图 3-45 基于图像序列的三维重建流程

图像特征点是指图像中的特定结构，如点、边缘或对象，其中由于点特征的提取具有提取简单、匹配快等特点，应用最为广泛。图 3-46 为对图像进行特征点提取的效果图。

图像特征点的提取是图像特征匹配的第一步，影响最终的匹配结果。到目前为止，已经出现了很多特征点的提取方法。如 1977 年提出的 Moravec 特征点提取算法；1988 年 Harris 提出的一种改进的 Moravec 算法；1997 年 SUSAN 算法；1999 年 Lower 提出的 SIFT 算法，也是目前应用最为广泛的图像特征点提取算法；2006 年 Bay 提出了 SURF 算法，是对 SIFT 算法的一种改进，算法运算速度相对于 SIFT 提升很多。图 3-47 为特征点匹配示意图。

经过特征点提取步骤后，通过 SFM（Structure from motion）算法使用增量式迭代的方法进行重建，获得三维点云。

图 3-46　图像特征点提取

图 3-47　特征点匹配

在获取点云数据后，需要对物体表面进行重建使物体的几何模型更具真实性。泊松表面重建算法（Poisson Surface Reconstruction）是目前较为常用的方法之一。最后进行纹理映射恢复三维模型的纹理信息，从而使得三维模型更加逼真、更具真实感。图 3-48 为基于图像序列的管道三维重建的效果图。

图 3-48　基于图像序列的管道三维重建

基于激光点云或视频序列实现的管道三维重建，能够将以往的排水管渠检测结果从二维方式提升为三维，同时结合 AR、VR 技术能够更加直观地展示管网现状。同时基于三维重建的结果，能够为排水管渠 BIM 系统的搭建提供可靠的数据支撑，为排水管渠后期的运营管理、新建管网的设计提供技术支撑。

3.5.2　排水管道检测实时定位与地图构建（SLAM）技术

SLAM（Simultaneous Localization And Mapping）技术，最早是由 Hugh Durrant-Whyte 和 John J. Leonard 提出，是一种在未知环境下的实时定位与地图构建技术，将其与检测机器人结合，能够实时反馈机器人的位置场景信息。

SLAM 通常包括特征提取、数据关联、状态估计、状态更新以及特征更新几个部分。

按照传感器类型的不同，可将 SLAM 分为激光 SLAM、VSLAM（Visual SLAM，视觉实时定位和地图构建）和多传感器融合 SLAM。激光雷达距离测量精度比较高，在强光源环境下也能够稳定运行，点云的计算处理也比较容易，是目前最稳定、最主流的定位导航方法。图 3-49 为激光 SLAM 技术效果图。

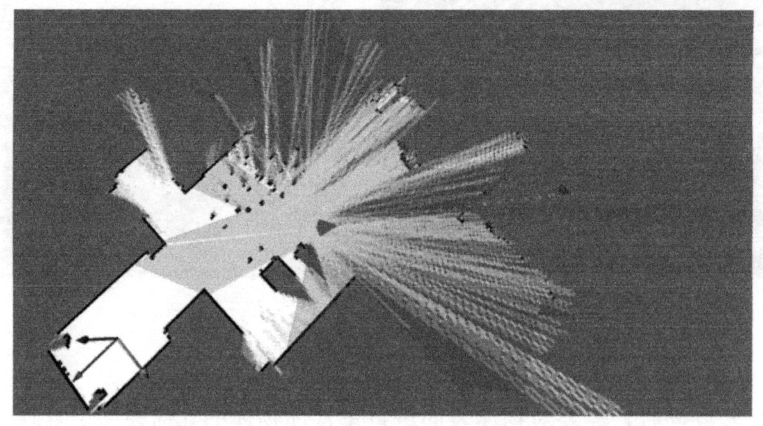

图 3-49　激光 SLAM 技术

近年来，随着具有稀疏性的非线性优化理论以及相机技术、计算性能、计算机视觉算法的进步，VSLAM 逐渐成为研究热点。VSLAM 涉及的摄像头主要有三种：单目摄像

头、双目摄像头以及 RGB-D（深度图像）。基于单目、双目相机的 VSLAM 方案，利用多帧图像来估计自身的位姿变化，再通过累计位姿变化来计算距离物体的距离，并进行定位与地图构建；基于深度摄像机的 VSLAM，与激光 SLAM 类似，通过收集到的点云数据，能直接计算障碍物距离。图 3-50 为 VSLAM 技术效果图。

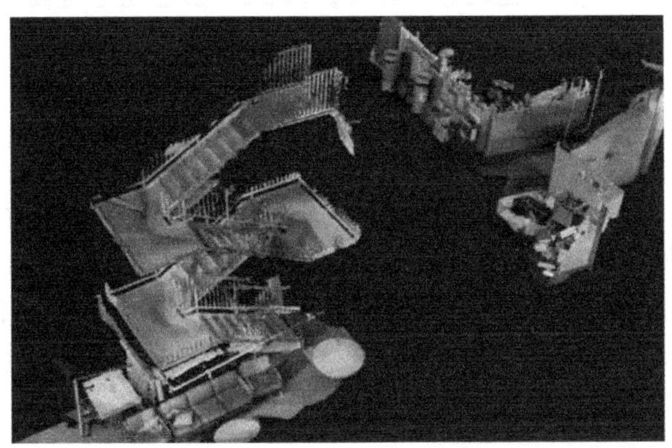

图 3-50　VSLAM 技术

激光 SLAM 和基于深度相机的 VSLAM 均是通过直接获取环境中的点云数据，根据生成的点云数据，测算哪里有障碍物以及障碍物的距离。但是基于单目、双目、鱼眼摄像机的 VSLAM 方案，则不能直接获得环境中的点云，而是形成灰色或彩色图像，需要通过不断移动自身的位置，通过提取、匹配特征点，利用三角测距的方法测算出障碍物的距离。多传感器融合的 SLAM 技术可以结合两种方法的优势，但需要考虑成本与效率。

排水管网排水管渠检测机器人自身已具有高清摄像采集设备，通过增加激光扫描模块，就能够实现多传感器融合的 SLAM 技术，不仅具有激光 SLAM 的高精度性，同时也具备 VSLAM 技术构建出的场景的丰富性。图 3-51 为排水管道 SLAM 效果图。

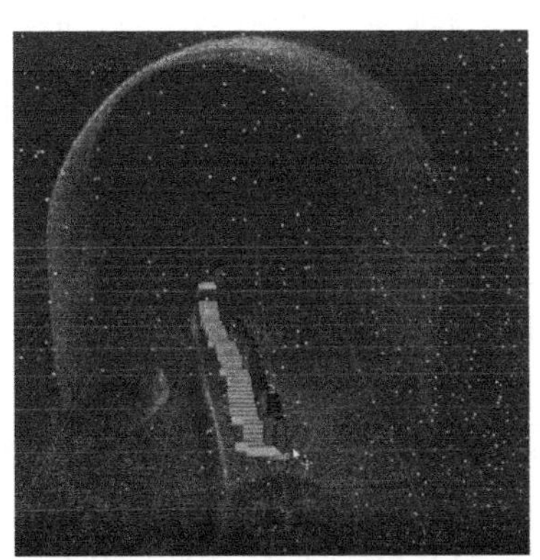

图 3-51　排水管道 SLAM

第4章 排水管道检测数据智能评估技术

管网检测的目的是对管网进行客观准确的评估，为管网修复、管网维护提供依据。基于检测结果，对检测数据进行判读、分析，出具管网检测报告，形成管网检测最终成果。

管网检测工作（外业）完成后需要进行管网评估工作（内业），检测评估标准是管网评估的依据，本章将系统介绍管网评估行业标准《城镇排水管道检测与评估技术规程》CJJ 181—2012，以下简称《规程》。

4.1 检测评估标准解析

本节是针对《规程》中第八章管道评估部分进行解析说明，并参考引用安关峰主编的针对《规程》实施指南部分内容。管道评估即是对管道根据检测后所获取的资料，特别是影像资料进行分析，对缺陷进行定义、对缺陷严重程度进行打分、确定单个缺陷等级和管段缺陷等级，进而对管道状况进行评估，提出修复和养护建议。

4.1.1 一般规定

管道评估的共性问题按照《规程》规定共计以下 5 条：

（1）管道评估应根据检测资料进行。检测资料包括现场记录表、影像资料等。

（2）管道评估工作宜采用计算机软件进行。由于管道评估是根据检测资料对缺陷进行判读打分，填写相应的表格，计算相关的参数，工作繁琐。为了提高效率，提倡采用计算机软件进行管道的评估工作。

（3）当缺陷沿管道纵向的尺寸不大于 1m 时，长度应按 1m 计算。管道的很多缺陷是局部性缺陷，例如孔洞、错口、脱节、支管暗接等，其纵向长度一般不足 1m，为了方便计算，1 处缺陷的长度按 1m 计算。

（4）当管道纵向 1m 范围内两个以上缺陷同时出现时，分值应叠加计算；当叠加计算的结果超过 10 分时，应按 10 分计。当缺陷是连续性缺陷（纵向破裂、变形、纵向腐蚀、起伏、纵向渗漏、沉积、结垢）且长度大于 1m 时，按实际长度计算；当缺陷是局部性缺陷（环向破裂、环向腐蚀、错口、脱节、接口材料脱落、支管暗接、异物穿入、环向渗漏、障碍物、残墙、坝根、树根）且纵向长度不大于 1m 时，长度按 1m 计算。当在 1m 长度内存在两个及以上的缺陷时，该 1m 长度内各缺陷分值进行综合叠加，如果叠加值大于 10 分，按 10 分计算，叠加后该 1m 长度的缺陷按一个缺陷计算（相当于一个综合性缺陷）。

（5）管道评估应以管段为最小评估单位。当对多个管段或区域管道进行检测时，应列

出各评估等级管段数量占全部管段数量的比例。当连续检测长度超过 5km 时，应作总体评估。排水管道的评估应对每一管段进行。排水管道是由管节组成管段、管段组成管道系统。管节不是评估的最小单位，管段是评估的最小单位。在针对整个管道系统进行总体评估时，以各管段的评估结果进行加权平均计算后作为依据。

4.1.2 检测项目名称、代码及等级

管道缺陷定义是管道评估的关键内容，《规程》中规定了管道的结构性缺陷和功能性缺陷及其代码、分级和分值，以及检测过程中对特殊结构、操作状态名称和代码的表示方法。

1. 代码应采用两个汉字拼音首个字母组合表示，未规定的代码应采用与此相同的确定原则，但不得与已规定的代码重名。《规程》中的代码根据缺陷、结构或附属设施名称的两个关键字的汉语拼音字头组合表示，已规定的代码在《规程》中列出。由于我国地域辽阔，情况复杂，当出现《规程》未包括的项目时，代码的确定原则应符合本条的规定。代码主要用于国外进口仪器的操作软件不是中文显示时使用，如软件是中文显示时则可不采用代码。

2. 管道缺陷等级应按表 4-1 规定分类，《规程》中规定的缺陷等级主要分为 4 级，根据缺陷的危害程度给予不同的分值和相应的等级。分值和等级的确定原则是：具有相同严重程度的缺陷具有相同的等级。

缺陷等级分类表 **表 4-1**

等级 缺陷性质	1	2	3	4
结构性缺陷程度	轻微缺陷	中等缺陷	严重缺陷	重大缺陷
功能性缺陷程度	轻微缺陷	中等缺陷	严重缺陷	重大缺陷

3. 结构性缺陷的名称、代码、等级划分及分值应符合表 4-2 的规定。

结构性缺陷名称、代码、等级划分及分值表 **表 4-2**

缺陷名称	缺陷代码	定义	等级	缺陷描述	分值
破裂	PL	管道的外部压力超过自身的承受力致使管子发生破裂。其形式有纵向、环向和复合 3 种	1	裂痕。当下列一个或多个情况存在时： (1)在管壁上可见细裂痕； (2)在管壁上由细裂缝处冒出少量沉积物； (3)轻度剥落	0.5
			2	裂口。破裂处已形成明显间隙，但管道的形状未受影响且破裂无脱落	2
			3	破碎。管壁破裂或脱落处所剩碎片的环向覆盖范围不大于弧长 60°	5
			4	坍塌。当下列一个或多个情况存在时： (1)管道材料裂痕，裂口或破碎处边缘环向覆盖范围大于弧长 60°；(2)管壁材料发生脱落的环向范围大于弧长 60°	10

续表

缺陷名称	缺陷代码	定义	等级	缺陷描述	分值
变形	BX	管道受外挤压造成形状变异	1	变形不大于管道直径的5%	1
			2	变形为管道直径的5%～15%	2
			3	变形为管道直径的15%～25%	5
			4	变形大于管道直径的25%	10
腐蚀	FS	管道内壁受侵蚀而流失，剥落出现麻面或露出钢筋	1	轻度腐蚀。表面轻微剥落，管壁出现凹凸面	0.5
			2	中度腐蚀。表面剥落显露粗集料或钢筋	2
			3	重度腐蚀。粗集料或钢筋完全显露	5
错口	CK	同一接口的两个管口产生横向偏差，未处于管道的正确位置	1	轻度相接的两个管口偏差不大于管壁厚度的1/2	0.5
			2	中度错口相接的两个管口偏差为管壁厚度的1/2	2
			3	重度错口相接的两个管口偏差为管壁厚度的1～2倍	5
			4	严重错口相接的两个管口偏差为管壁厚度的2倍以上	10
起伏	QF	接口位置偏移、管道向位置发生变化，在低处形成洼水	1	起伏高/管径≤20%	0.5
			2	20%<起伏高/管径≤35%	2
			3	35%<起伏高/管径≤50%	5
			4	起伏高/管径>50%	10
脱节	TJ	两根管道的端部未充分接合或接口脱离	1	轻度脱节。管道端部有少量泥土挤入	1
			2	中度脱节。脱节距离不大于20mm	3
			3	重度脱节。脱节距离为20～50mm	5
			4	严重脱节。脱节距离为50mm以上	10
接口材料脱落	TL	橡胶圈沥青、水泥等类似的接口材料进入管道	1	接口材料在管道内水平方向中心线上部可见	1
			2	接口材料在管道内水平方向中心线下部可见	3
支管暗接	AJ	支管未通过检查井直接侧向接入主管	1	支管进入主管内的长度不大于主管直径10%	0.5
			2	支管进入主管内的长度在主管直径10%～20%	2
			3	支管进入主管内的长度大于主管直径20%	5
异物穿入	CR	非管道系统附属设施的物体穿透管壁进入管内	1	异物在管道内且占用过水断面面积不大于10%	0.5
			2	异物在管道内且占用过水断面面积为10%～30%	2
			3	异物在管道内且占用过水断面面积大于30%	5
渗漏	SL	管外的水流入管道	1	滴漏。水持续从缺陷点滴出，沿管壁流动	0.5
			2	线漏。水持续从缺陷点流出，并脱离管壁流动	2
			3	涌漏。水从缺陷点涌出，涌漏水面的面积不大于管道断面的1/3	5
			4	喷漏。水从缺陷点大量涌出或喷出，涌漏水面的面积大于管道断面的1/3	10

注：表中缺陷等级定义区域 X 的范围为 $x \sim y$ 时，其界限的意义是 $x<X\leq y$。

结构性缺陷是影响结构强度和使用寿命的缺陷（如裂缝、腐蚀等），可以通过维修得到改善；功能性缺陷是影响排水功能的缺陷（如积泥、根等），可以通过养护疏通得到改善。特殊构造（如暗井、弯头等）大多在施工阶段已经形成，可能会对排水功能或养护作业带来不利影响。我国一般没有这类构造。管道从材质角度，可分为老管道和新型管道。老管道多采用砂石、水泥、混凝土材料，而新型管道主要采用PVC、HDPE等塑料材质。根据材质不同，主要出现的问题也不尽相同。

4. 结构性缺陷定义说明见表4-3。

结构性缺陷说明　　**表4-3**

缺陷名称	代码	缺陷说明	等级数量
破裂	PL	管道的外部压力超过自身的承受力致使管材发生破裂。其形式有纵向、环向和复合三种	4
变形	BX	管道受外力挤压造成形状变异，管道的原样被改变。变形率（只适用于柔性管）=（管内径一变形后最小内径）÷管内径×100%。《给水排水管道工程施工及验收规范》GB 50268—2008第4.5.12条第2款“钢管”或球墨铸铁管道的变形率超过3%时，化学建材管道的变形率超过5%时，应挖出管道，并会同设计单位研究处理，这是新建管道变形控制的规定。对于已经运行的管道，如按照这个规定则很难实施，且费用也难以保证。为此，《规程》规定的变形率不适用于新建管道的接管验收，只适用于运行管道的检测评估	4
腐蚀	FS	管道内壁受侵蚀而流失或剥落，出现麻面或露出钢筋。管道内壁受到有害物质的腐蚀或管道内壁受到磨损。管道水面上部的腐蚀主要来自排水管道中的硫化氢气体所造成的腐蚀。管道底部的腐蚀主要是由于腐蚀性液体和冲刷的复合性的影响造成	3
错口	CK	同一接口的两个管口产生横向偏离，未处于管道的正确位置。两根管道的套口接头偏离，邻近的管道看似“半月形”	4
起伏	QF	接口位下沉，使管道坡度发生明显的变化，形成洼水。造成弯曲起伏的原因既包括管道不均匀沉降引起的，也包含施工不当造成的。管道因沉降等因素形成洼水（积水）现象，按实际水深占管道内径的百分比记入检测记录表	3
脱节	TJ	两根管道的端部未充分接合或接口脱离。由于沉降，两根管道的套口接头未充分推进或接口脱离。邻近的管道看似“全月形”	4
接口材料脱落	TL	橡胶圈、沥青、水泥等类似的接口材料进入管道。进入管道底部的橡胶圈会影响管道的过流能力	2
支管暗接	AJ	支管未通过检查井而直接侧向接入主管	3
异物穿入	CR	非管道附属设施的物体穿透管壁进入管内。侵入的异物包括回填土中的块石等。压破管道、其他结构物穿过管道、其他管线穿越管道等现象与支管暗接不同，支管暗接是指排水支管未经检查井接入排水主管	3
渗漏	SL	管道外的水流入管道或管道内的水漏出管道。由于管内水漏出管道的现象在管道内窥检测中不易发现，故渗漏主要指来源于地下的（按照不同的季节）或来自邻近漏水管的水从管壁、接口及检查井壁流入	4

5. 各结构性缺陷相应等级名词解释

1）破裂

破裂是指管道的外部压力超过自身的承受力致使管材发生破裂。其形式有纵向、环向和复合三种，从其严重程度分为裂痕、裂口、破碎和坍塌，每种情况说明如下：

（1）裂痕：即裂纹，是在管道内表面出现的有一定长度、一定裂开度的线状缝隙，不包括可见块状缺失的部分。

（2）裂口：即裂缝，有一定长度的、裂开度大于裂隙，裂隙中有片状破块存在，还未脱离管体，通常呈不规则状。

（3）破碎：一些裂缝和折断可能会进一步发展，使得管道破坏成片状，或者管壁有些部分缺失，小面积脱落形成孔洞。形状有圆形、方形、三角形或不规则形。

（4）塌陷：管壁破碎并脱离管壁，面积大于穿洞，管道已形成破损。

表 4-4 为破裂缺陷描述方法举例。

破裂缺陷描述方法举例 **表 4-4**

名称	代码	现象	位置表示
裂痕裂口	PL	直断裂(平行于管道走向)	在××点钟位置
		圆周断裂(垂直于管道走向)	时钟表示法
		不规则断裂	时钟表示法
破裂		管道破裂	在××点钟位置,从××点钟到××点钟位置
穿洞		管道穿洞	在××点钟位置,从××点钟到××点钟位置
塌陷		管道塌陷	用%表示塌陷的横截面积大小

2）变形

变形是指管道的周向发展改变，即可以是垂直方向上的高度减少，也可能是由于侧向压力导致的水平方向上的距离减少。变形率可以采用图形变化对照的方法进行判读，用%表示变形率，环向位置采用时钟表示法。图 4-1 为管道垂直变形、水平变形示意图，图 4-2 为管道变形率对照图。

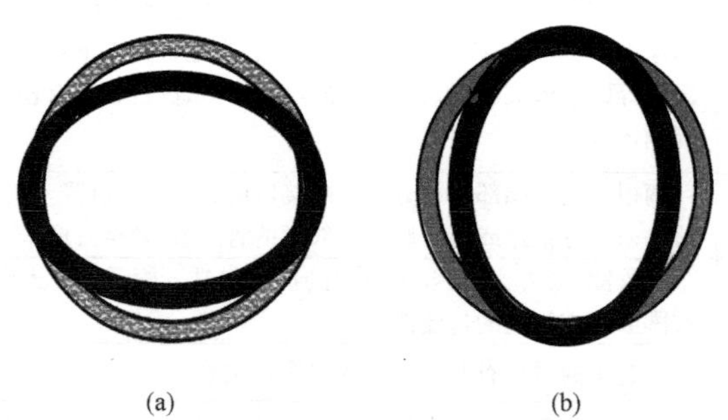

图 4-1 垂直变形、水平变形

（a）垂直变形；（b）水平变形

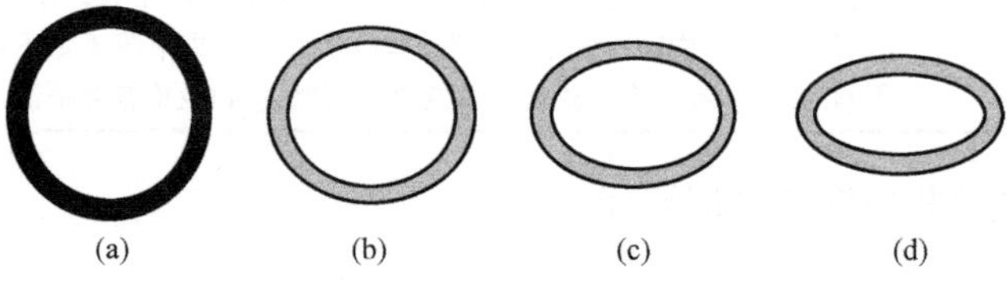

图 4-2 管道变形率对照图

（a）圆管道；（b）变形等于管道直径的 5%；（c）变形等于管道直径的 15%；（d）变形等于管道直径的 25%

3）腐蚀

腐蚀是常见的缺陷，造成破损的主要原因是腐蚀性气体或者化学物质。内表面被破坏的形式主要有：剥落、麻面、穿孔等现象。表 4-5 为腐蚀缺陷描述方法举例。

腐蚀缺陷描述方法举例　　**表 4-5**

名称	代码	现象	环向位置
腐蚀	FS	轻度，内壁表面水泥脱落，出现麻面	时钟表示法
		中度，内壁表面水泥呈颗粒状脱落	时钟表示法
		严重，内壁表面水泥呈块状脱落	时钟表示法

4）错口

两段管子接口位向上下左右任意方向偏移，其原因可能由于地基的不均匀沉降造成。错口已造成管道整体断裂，在结构上不安全。图 4-3 是错口为 1～1.5 倍管壁厚、错口为 2 倍管壁厚示意图。

图 4-3　错口为 1～1.5 倍管壁厚、错口为 2 倍管壁厚

5）起伏

管道或者砖砌管道的一个区域发生沉降，混凝土管道产生起伏将可能导致接口脱节。塑料管道起伏将常常伴随管道变形。在产生起伏的管段，检测时将观测到该段管道内的水深沿程不同。图 4-4 为洼水深度示意图。

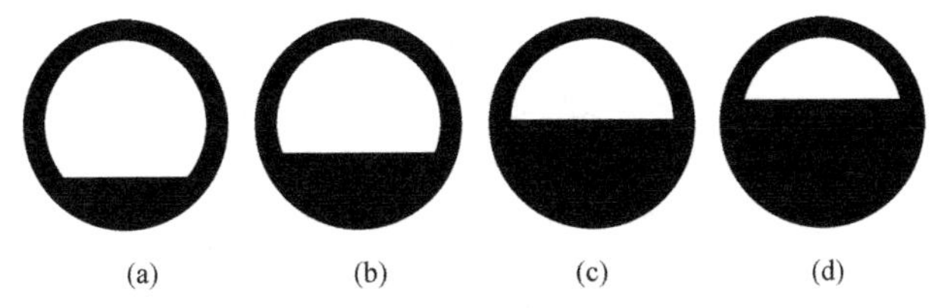

图 4-4　洼水深度示意图

（a）水深/管径＝20%；（b）水深/管径＝35%；（c）水深/管径＝50%；（d）水深/管径＝60%

6）脱节

由于地面移动，或者挖掘的影响，管道接口在直线方向上离位，接口离位可以在检测中发现，这需要摄像头平移或者侧视移动来估计脱节的大小。脱节的情况分为两种，一种是接口离位，但承插口尚未脱离，接口密封圈尚未失效，承插口的嵌固作用仍然有效，图 4-5 为承插口尚未脱离示意；另一种情况是承插口已经脱离，管道承插口的嵌固作用失效，相当于管道断裂，图 4-6 为承插口已经脱离示意。

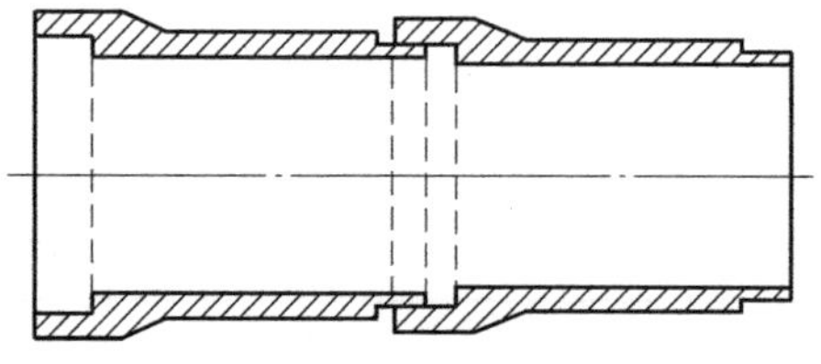
图 4-5　承插口尚未脱离示意

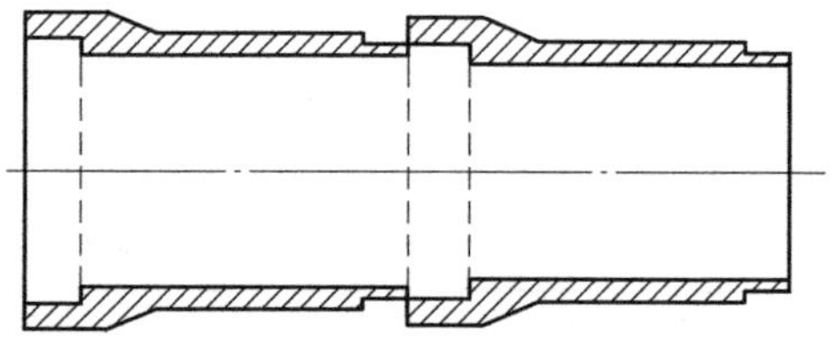
图 4-6　承插口已经脱离示意

7）接口材料脱落

《规程》考虑到接口的刚性接口材料若进入管内一般会被冲走看不到，胶圈材料会悬挂在管道内，故缺陷描述主要是针对胶圈密封材料。如上部胶圈脱落，未悬挂在过水面内，对水流没有影响，则定义为 1 级缺陷；在下部的过水面内可见胶圈，则定义为 2 级缺陷；如由于接口材料脱落导致地下水流入，则按渗水另计缺陷。《规程》没有区分防水圈侵入和防水圈破坏这两种情况，主要基于：只要是胶圈进入管内，无论是否破坏，都已经失去作用；若胶圈仅在原位破坏，则在管内看不到，也就无评价意义。

8）支管暗接

由于我国对于支管接入主管的规定是采用检查井内接入，支管的这种接入的方式将会对管道结构产生影响。参考丹麦和我国上海市的规程，将支管暗接纳入结构性缺陷。支管是人为接入主管排水，从评分分值上来说，支管未伸入主管是支管暗接中最严重的，按破洞处理。当支管接入主管后，接口位如未修补处理，存在缝隙，则另计破裂缺陷；如修补则仅计支管暗接缺陷。图 4-7 为支管暗接占用断面示意图，支管暗接缺陷描述方法参见表 4-6。

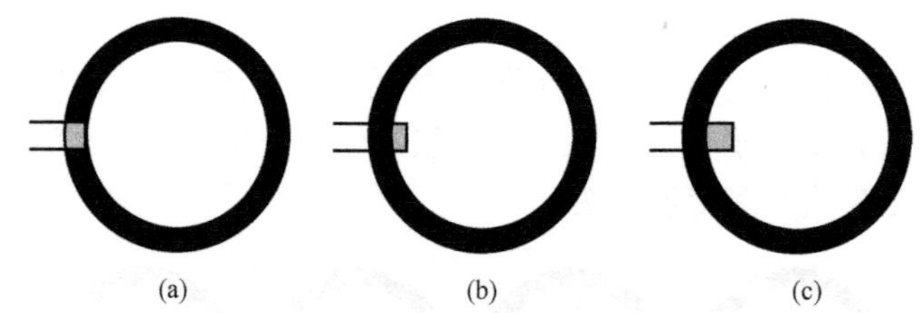

图 4-7　支管暗接占用断面示意图

（a）支管未伸入到主管内；（b）支管进入主管内的长度等于主管直径 10%；（c）支管进入主管内的长度等于主管直径 20%

支管暗接缺陷描述方法举例　　**表 4-6**

名称	代码	现象	位置尺寸
支管暗接	AJ	接口位突出，但主管未受损伤	在××点钟位置，接入管口直径(mm)，突出(mm)
		接口位突出，且主管受损出现裂痕	在××点钟位置，接入管口直径(mm)，突出(mm)
		接口位突出，且主管受损出现破裂	在××点钟位置，接入管口直径(mm)，突出(mm)
		支管未插入，且主管受损出现破裂	在××点钟位置，破裂口直径(mm)

9）异物穿入

异物穿入按异物在管道内占用过水断面面积分为 3 个等级。由于异物穿入破坏了管道结构，故定义为结构性缺陷。对于非穿透管壁的异物，定义为功能性缺陷。图 4-8 为异物

穿入占用断面比例示意图，异物穿入缺陷描述方法参见表 4-7。

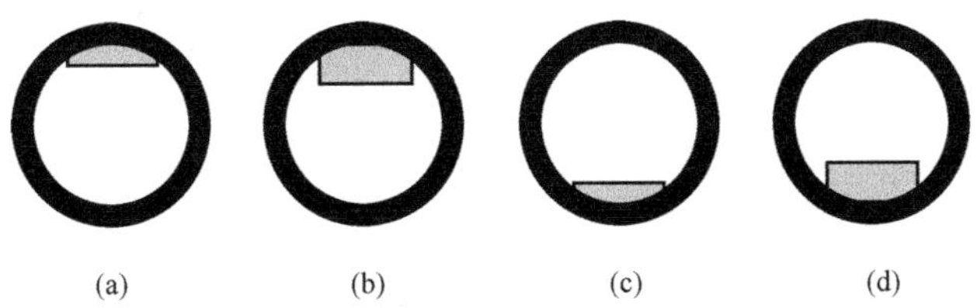

图 4-8　异物穿入占用断面比例示意图

(a) 异物在管道内的上方，且占用断面等于 10%；(b) 异物在管道内的上方，且占用断面等于 20%；
(c) 异物在管道内的下方，且占用断面等于 10%；(d) 异物在管道内的下方，且占用断面等于 20%

异物侵入缺陷描述方法举例　　**表 4-7**

名称	代码	现象	位置尺寸
异物穿入	CR	侵入物在管道中轴线以上，阻水面积小于 10%	在××点钟位置，侵入物尺寸(mm)
		侵入物在管道中轴线以下，阻水面积小于 10%	在××点钟位置，侵入物尺寸(mm)
		侵入物已导致管道破损阻水面积大于 10%	在××点钟位置，侵入物尺寸(mm)

10）渗漏

渗漏分为内渗和外渗。由于外渗在内窥检测中看不到，故对于 CCTV 等内窥检测技术不适用；内渗往往是由结构性缺陷引起的附加缺陷，它将导致流沙进入管道，不但增加管道的输水量，还引起地下被掏空。渗漏的基本判读方法为：水沿管壁缓慢渗入为 1 级缺陷；当水依靠惯性力可以脱离管壁流入时为二级缺陷；当水具有一定的压力小股射入时为 3 级；多处涌入或喷出，涌漏水形成的水帘面积超过 1/3 管道断面时为 4 级缺陷。

6. 功能性缺陷名称、代码、等级划分和分值应符合表 4-8 的规定。

功能性缺陷名称、代码、等级划分及分值　　**表 4-8**

缺陷名称	缺陷代码	定义	等级	缺陷描述	分值
沉积	CJ	杂质在管道底部沉淀淤积	1	沉积物厚度为管径的 20%～30%	0.5
			2	沉积物厚度在管径的 30%～40%	2
			3	沉积物厚度在管径的 40%～50%	5
			4	沉积物厚度大于管径的 50%	10
结垢	JG	管道内壁上的附着物	1	硬质结垢造成的过水断面损失不大于 15%； 软质结垢造成的过水断面损失在 15%～25%	0.5
			2	硬质结垢造成的过水断面损失在 15%～25%； 软质结垢造成的过水断面损失在 25%～50%	2
			3	硬质结垢造成的过水断面损失在 25%～50%； 软质结垢造成的过水断面损失在 50%～80%	5
			4	硬质结垢造成的过水断面损失大于 50%； 软质结垢造成的过水断面损失大于 80%	10

续表

缺陷名称	缺陷代码	定义	等级	缺陷描述	分值
障碍物	ZW	管道内影响过流的阻挡物	1	过水断面损失不大于 15%	0.1
			2	过水断面损失在 15%～25%	2
			3	过水断面损失在 25%～50%	5
			4	过水断面损失大于 50%	10
残墙、坝根	CQ	管道闭水试验时砌筑的临时砖墙封堵，试验后未拆除或拆除不彻底的遗留物	1	过水断面损失不大于 15%	1
			2	过水断面损失为在 15%～25%	3
			3	过水断面损失在 25%～50%	5
			4	过水断面损失大于 50%	10
树根	SG	单根树根或是树根群自然生长进入管道	1	过水断面损失不大于 15%	0.5
			2	过水断面损失在 15%～25%	2
			3	过水断面损失在 25%～50%	5
			4	过水断面损失大于 50%	10
浮渣	FZ	管道内水面上的漂浮物，该缺陷需记入检测记录表，不参与计算	1	零星的漂浮物，漂浮物占水面面积不大于 30%	—
			2	较多的漂浮物，漂浮物占水面面积为 30%～60%	—
			3	大量的漂浮物，漂浮物占水面面积大于 60%	—

注：表中缺陷等级定义的区域 X 的范围为 $x\sim y$ 时，其界限的意义是 $x<X\leqslant y$。

7. 功能性缺陷名词解释

1）沉积

沉积是由细颗粒固体（如泥沙等）长时间堆积形成，淤积量大时会减少过水面积。缺陷的严重程度按照沉积厚度占管径的百分比确定，判读的方法可参照水位，如图 4-9 所示。

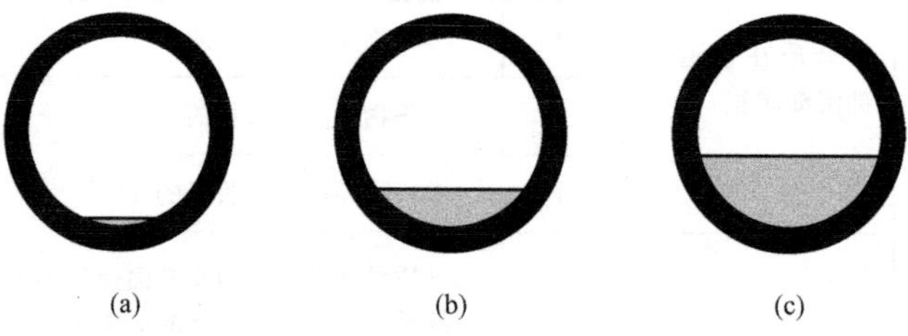

图 4-9　管道沉积占用断面比例对照图

（a）沉积物厚度等于管径的 5%；（b）沉积物厚度等于管径的 20%；（c）沉积物厚度等于管径的 40%

2）结垢

结垢根据管壁上附着物的不同分为硬质结垢和软质结垢。硬质结垢和软质结垢相同的断面损失率具有不同的等级，主要是因为软质结垢的视觉断面对水流的影响弱于硬质结垢。结垢与沉积不同，结垢是细颗粒污物附着在管壁上，在侧壁和底部均可存在，而沉积只存在于管道底部。结垢造成的断面损失的判读参见图 4-10。

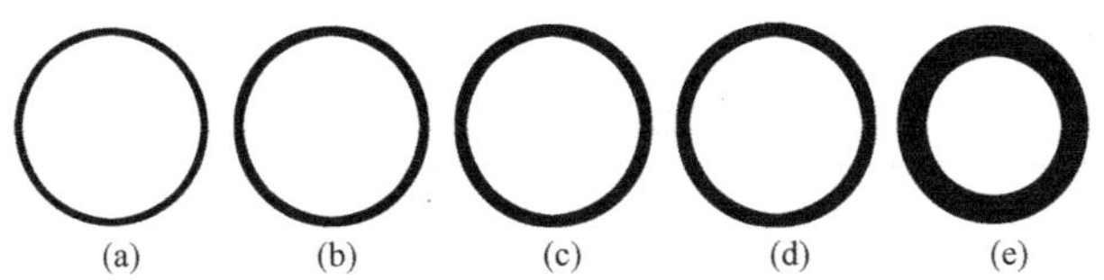

图 4-10　管道结垢断面损失率示意图

（a）断面损失 5%；（b）断面损失 10%；（c）断面损失 20%；（d）断面损失 25%；（e）断面损失 50%

3）障碍物

障碍物为“管道内影响过流的阻挡物”，根据过水断面损失率分为 4 个等级。是否属于“障碍物”基于两点：一是管道结构本身是否完好，二是工程性（可追溯性）缺陷和非工程性（难以追溯性）缺陷。如果障碍物破坏了管体结构，则将其纳入结构性缺陷，缺陷名称为“异物穿入”；如果管体结构完好，管内障碍物则归类为功能性缺陷。障碍物明显是施工问题造成的且可追溯的则定义为工程性缺陷，障碍物不明原因或难以追溯的定义为非工程性缺陷。《规程》中将非工程性缺陷定义为“障碍物”，工程性缺陷的阻塞物定义为“残墙、坝根”。因此，障碍物是外部物体进入管道内，具有明显的、占据一定空间尺寸的特点，如石头、柴板、树枝、遗弃的工具、破损管道的碎片等。障碍物造成的断面损失判读参见图 4-11。

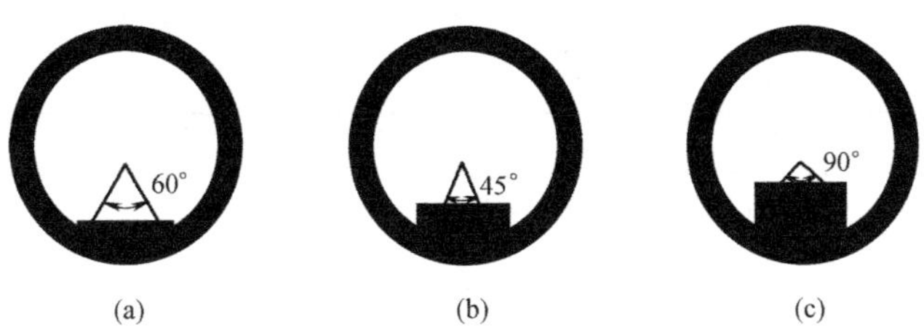

图 4-11　障碍物占用断面比例对照图

（a）断面损失 5%；（b）断面损失 15%；（c）断面损失 40%

4）残墙、坝根

《规程》中将残墙、坝根定义为“管道闭水试验时砌筑的临时砖墙封堵，试验后未拆除或拆除不彻底的遗留物”，其特点是管道施工完毕进行闭水试验时砌筑的封堵墙。残墙、坝根特征明显，是工程性结构，由施工单位所为，具有很明确的可追溯性，故将其单独列项。障碍物的特点是发现地点与物体进入管道地点不同，常常不明来源，责任人难以追溯，因此《规程》中将障碍物和残墙、坝根列为两种不同的缺陷。

5）树根

树根从管道接口的缝隙或破损点侵入管道，生长成束后导致过水面积减小，由于树根的穿透力很强，往往会导致管道受损。《规程》中的树根未按照树根的粗细分级，只是根据侵入管道的树根所占管道断面的面积百分比进行分级。

6）浮渣

浮渣为不溶于水及油渣等漂浮物在水面囤积，按漂浮物所占水面面积的百分比分为 3 个等级。由于漂浮物所占面积经常处于动态的变化中，因此将漂浮物只记录现象，不参与计算。

8. 功能性缺陷描述方法参见表 4-9。

功能性缺陷描述方法表 **表 4-9**

名称	缩写	描述方法	位置表示
沉积	CJ	沉积物淤积厚度	用%表示
结垢	JG	管壁结垢	用减少过水面积所占管径的比例和时钟位置表示
障碍物	ZW	块石等	用减少过水面积所占的百分比(%)表示
坝头	BT	未拆除的挡水墙	用减少过水面积的百分比(%)表示
树根	SG	树根穿透管壁	成簇的根须用减少过水面积的百分比(%)表示
浮渣	FZ	水面漂浮淤积物(油污等)	用减少过水面积所占百分比(%)表示

9. 特殊结构及附属设施的代码应符合表 4-10 的规定。

特殊结构及附属设施名称、代码和定义 **表 4-10**

名称	代码	定义
修复	XF	检测前已修复的位置
变径	BJ	两检查井之间不同直径管道相接处
倒虹管	DH	管道遇到河道、铁路等障碍物,不能按原有高程埋设,而从障碍物下面绕过时采用的一种倒虹型管段
检查井(窨井)	YJ	管道上连接其他管道以及供维护工人检查、清通和出入管道的附属设施
暗井	MJ	用于管道连接,有井室而无井筒的暗埋构筑物
井盖埋没	JM	检查井盖被埋没
雨水口	YK	用于收集地面雨水的设施

特殊机构及附属设施的代码主要用于检测记录表和影像资料录制时录像画面嵌入的内容表达。修复用来记录管道以前做过的维修，维修的管道和旧管道之间在管壁上有差距；变径是指管径在直线方向上的改变，变径的判读需要根据专业知识，判断是属于管径改变还是管道转向。检查井和雨水口用来对管段中间的检查井和雨水口进行标示。CCTV 检测时遇到特殊结构的常见描述方法参见表 4-11。

CCTV 检测特殊结构常用描述方法 **表 4-11**

代码	描述举例	代码	描述举例
XF	管道修复	JS	管道中非正常的积水
BJ	管道变径	自定义	管道材料改变
DH	倒虹管 KS××,倒虹管 JS××	自定义	管道坡度改变
YJ	人井,检查井	自定义	管道沿轴线方向向左转向
MJ	连接暗井	自定义	管道沿轴线方向向上转向

10. 操作状态名称和代码应符合表 4-12 的规定。

操作状态名称和代码 **表 4-12**

名称	代码编号	定义
缺陷开始及编号	KS××	纵向缺陷长度大于 1m 时的缺陷开始位置,其编号应与结束编号对应

续表

名称	代码编号	定义
缺陷结束及编号	JS××	纵向缺陷长度大于1m时的缺陷结束位置，其编号应与开始编号对应
入水	RS	摄像镜头部分或全部被水淹
中止	ZZ	在两附属设施之间进行检测时，由于各种原因造成检测中止

11. 操作状态名称和代码用于影像资料录制时设备工作的状态等关键点的位置记录。CCTV检测常用词汇拼音缩写及其术语描述参见表4-13。

CCTV检测操作状态常用描述方法　　表4-13

KS××	连续性缺陷范围开始	RS/ZZ	镜头被水淹没，无法完成检测，放弃检测
JS××	连续性缺陷范围结束	ZZ	镜头被缠绕，无法完成检测，放弃检测

4.1.3　结构性状况评估

管段结构性缺陷参数应按式（4-1）和式（4-2）计算：

当 $S_{max} \geqslant S$ 时，

$$F=S_{max} \tag{4-1}$$

当 $S_{max} < S$ 时，

$$F=S \tag{4-2}$$

式中 F 为管段结构性缺陷参数；S_{max} 为管段损坏状况参数，管段结构性缺陷中损坏最严重处的分值；S 为管段损坏状况参数，按缺陷点数计算的平均分值。管段结构性缺陷参数 F 的确定，是对管段损坏状况参数经比较取大值而得。《规程》中管段结构性参数的确定是依据排水管道缺陷的开关效应原理，即一处受阻，全线不通。因此，管段的损坏状况等级取决于该管段中最严重的缺陷。

管段损坏状况参数 S 应按式（4-3）计算：

$$S=\frac{1}{n}\left(\sum_{i_1=1}^{n_1} P_{i_1}+\alpha \sum_{i_2=1}^{n_2} P_{i_2}\right) \tag{4-3}$$

$$S_{max}=\max\{P_i\} \tag{4-4}$$

$$n=n_1+n_2 \tag{4-5}$$

式中 n 为管段的结构性缺陷数量；n_1 为纵向净距大于1.5m的缺陷数量；n_2 为纵向净距大于1.0m且不大于1.5m的缺陷数量；P_{i_1} 为纵向净距大于1.5m的缺陷分值；P_{i_2} 为纵向净距大于1.0m且不大于1.5m的缺陷分值；α 为结构性缺陷影响系数，与缺陷间距有关。当缺陷的纵向净距大于1.0m且不大于1.5m时，α 按1.1计算。当管段存在结构性缺陷时，结构性缺陷密度应按式（4-6）计算：

$$S_M=\frac{1}{SL}\left(\sum_{i_1=1}^{n_1} P_{i_1} L_{i_1}+\alpha \sum_{i_2=1}^{n_2} P_{i_2} L_{i_2}\right) \tag{4-6}$$

式中 S_M 为管段结构性缺陷密度；L 为管段长度；L_{i_1} 为纵向净距大于1.5m的结构性缺陷长度（m）；L_{i_2} 为纵向净距大于1.0m且不大于1.5m的结构性缺陷长度（m）。

管段损坏状况参数是缺陷分值的计算结构，S 是管段各缺陷分值的算术平均值，S_{max}

是管段各缺陷分值中的最高分值。管段结构性缺陷密度是基于管段缺陷平均值 S 时，对应 S 的缺陷总长度占管段长度的比值。该缺陷总长度是计算值，并不是管段的实际缺陷长度。缺陷密度值越大，表示该管段的缺陷数量越多。管段的缺陷密度与管段损坏状况参数的平均值 S 配套使用。平均值 S 表示缺陷的严重程度，缺陷密度表示缺陷量的程度。当出现 2 个尺寸相同的孔洞类局部结构性缺陷，2 个孔洞的间距大于 1m 并且小于 1.5m 时，考虑到两个孔洞之间产生影响，会放大缺陷的严重程度，此时可取 $\alpha=1.1$，其他情况下 $\alpha=1.0$。

管段结构性缺陷等级的确定应符合表 4-14 的规定。管段结构性缺陷类型评估可按表 4-15 确定。

管段结构性缺陷等级评定对照表 **表 4-14**

等级	缺陷参数 F	损坏状况描述
Ⅰ	$F\leqslant 1$	无或有轻微缺陷，结构状况基本不受影响，但具有潜在变坏的可能
Ⅱ	$1<F\leqslant 3$	管段缺陷明显超过一级，具有变坏的趋势
Ⅲ	$3<F\leqslant 6$	管段缺陷严重，结构状况受到影响
Ⅳ	$F>6$	管段存在重大缺陷，损坏严重或即将导致破坏

管段结构性缺陷类型评估参考表 **表 4-15**

缺陷密度 S_M	<0.1	$0.1\sim0.5$	>0.5
管段结构性缺陷类型	局部缺陷	部分或整体缺陷	整体缺陷

在进行管段的结构性缺陷评估时应确定缺陷等级，结构性缺陷参数 F 是比较了管段缺陷最高分和平均分后的缺陷分值，该参数的等级与缺陷分值对应的等级一致。管段的结构性缺陷等级仅是管体结构本身的病害状况，没有结合外界环境的影响因素。管段结构性缺陷类型指的是对管段评估给予局部缺陷还是整体缺陷的综合性定义的参考值。

管段修复指数应按式（4-7）计算：

$$RI=0.7\times F+0.1\times K+0.05\times E+0.15\times T \tag{4-7}$$

式中 RI 为管段修复指数；K 为地区重要性参数，可按表 4-16 规定确定；E 为管道重要性参数，可按表 4-17 的规定确定；T 为土质影响参数，可按表 4-18 的规定确定。

地区重要性参数 K **表 4-16**

地区类别	K 值
中心商业、附近具有甲类民用建筑工程的区域	10
交通干道、附近具有乙类民用建筑工程的区域	6
其他行车道路、附近具有丙类民用建筑工程的区域	3
所有其他区域或 $F<4$ 时	0

管道重要性参数 E **表 4-17**

管径 D	E 值	管径 D	E 值
$D>1500$mm	10	$600\text{mm}\leqslant D\leqslant 1000$mm	3
$1000\text{mm}<D\leqslant 1500$mm	6	$D<600$mm 或 $F<4$	0

土质影响参数 T **表 4-18**

土质	一般土层或 $F=0$	粉沙层	湿陷性黄土			膨胀土			淤泥类土		红黏土
			Ⅳ级	Ⅲ级	Ⅰ，Ⅱ级	强	中	弱	淤泥	淤泥质土	
T 值	0	10	10	8	6	10	8	6	10	8	8

管段的修复指数是在确定管段本体结构缺陷等级后，再综合管道重要性与环境因素，表示管段修复紧迫性的指标。管道只要有缺陷，就需要修复。但是如果需要修复的管道多，在修复力量有限、修复队伍任务繁重的情况下，制定管道的修复计划就应该根据缺陷的严重程度和缺陷对周围的影响程度，根据缺陷的轻重缓急制定修复计划。修复指数是制定修复计划的依据。

地区重要性参数中考虑了管道敷设区域附近建筑物重要性，如果管道堵塞或者管道破坏，建筑物的重要性不同，影响也不同。建筑类别参考了《建筑工程抗震设防分类标准》GB 50223—2008。该标准中，建筑抗震设防类别划分考虑的因素有："1 建筑破坏造成的人员伤亡、直接和间接经济损失及社会影响的大小；2 城镇的大小、行业的特点、工矿企业的规模；3 建筑使用功能失效后，对全局的影响范围大小"。由于建筑抗震设防分类标准划分和本《规程》地区重要性参数中的建筑重要性具有部分相同的因素，所以《规程》关于地区重要性参数的确定，考虑了管道附近建筑物的重要性因素。

管径大小基本可以反映管道的重要性，目前各国没有统一的大、中、小排水管道划分标准，本《规程》采用《城镇排水管渠与泵站运行、维护及安全技术规程》CJJ 68—2016中关于排水管道按管径划分为小型管、中型管、大型管和特大型管的标准。埋设于粉砂层、湿陷性黄土、膨胀土、淤泥类土、红黏土的管道，由于土层对水敏感，一旦管道出现缺陷，将会产生更大的危害。处于粉砂层的管道，如果管道存在漏水，则在水流的作用下，产生流砂现象，掏空管道基础，加速管道破坏。

湿陷性黄土是在一定压力作用下受水浸湿，土体结构迅速破坏而发生显著附加下沉导致建筑物破坏。我国黄土分布面积达 60 万 km^2，其中有湿陷性的约为 43 万 km^2，主要分布在黄河中游的甘肃、陕西、山西、宁夏回族自治区、河南、青海等省区，地理位置属于干旱与半干旱气候地带，其物质主要来源于沙漠与戈壁，抗水性弱，遇水强烈崩解，膨胀量较小，但失水收缩较明显。管道存在漏水现象时，地基迅速下沉，造成管道因不均匀沉降导致破坏。

在工程建设中，经常会遇到一种具有特殊变形性质的黏性土，其土中含有较多的黏粒及亲水性较强的蒙脱石或伊利石等黏土矿物成分，它具有遇水膨胀，失水收缩，并且这种作用循环可逆，具有这种膨胀和收缩性的土称为膨胀土。管道存在漏水现象时，将会引起此种地基土变形，造成管道破坏。

淤泥类土是在静水或缓慢的流水（海滨、湖泊、沼泽、河滩）环境中沉积，经生物化学作用形成的含有较多有机物、未固结的饱和软弱粉质黏性土。我国淤泥类土按成因基本上可以分为两大类：一类是沿海沉积淤泥类土，一类是内陆和山区湖盆地及山前谷地沉积地淤泥类土。其特点是透水性弱、强度低、压缩性高，状态为软塑状态，一经扰动，结构破坏，处于流动状态。当管道存在破裂、错口、脱节时，淤泥被挤入管道，造成地基沉降，地面塌陷，破坏管道。

红黏土是指碳酸盐类岩石（石灰岩、白云岩泥质泥岩等），在亚热带温湿气候条件下，经风化而成的残积、坡积或残～坡积的褐红色、棕红色或黄褐色的高塑性黏土。主要分布在云南、贵州、广西、安徽、四川东部等。有些地区的红黏土受水浸湿后体积膨胀，干燥失水后体积收缩，具有胀缩性。当管道存在漏水现象时，将会引起地基变形，造成管道破坏。

管段的修复等级应符合表 4-19（《规程》中表）的规定。根据修复指数确定修复等级，等级越高，修复的紧迫性越大。

管段修复等级划分 **表 4-19**

等级	修复指数 RI	修复建议及说明
Ⅰ	$RI \leqslant 1$	结构条件基本完好，不修复
Ⅱ	$1 < RI \leqslant 4$	结构在短期内不会发生破坏现象，但应做修复计划
Ⅲ	$4 < RI \leqslant 7$	结构在短期内可能会发生破坏，应尽快修复
Ⅳ	$RI > 7$	结构已经发生或即将发生破坏，应立即修复

4.1.4 功能性状况评估

管段功能性缺陷参数应按式（4-8）和式（4-9）计算：

当 $Y_{max} \geqslant Y$ 时，

$$G = Y_{max} \tag{4-8}$$

当 $Y_{max} < Y$ 时，

$$G = Y \tag{4-9}$$

式中 G 为管段功能性缺陷参数；Y_{max} 为管段运行状况参数，功能性缺陷中最严重处的分值；Y 为管段运行状况参数，按缺陷点数计算的功能性缺陷平均分值。

管段运行状况参数应按式（4-10）计算：

$$Y = \frac{1}{m}\left(\sum_{j_1=1}^{m_1} P_{j_1} + \beta \sum_{j_{2=1}}^{m_2} P_{j_{12}}\right) \tag{4-10}$$

$$Y_{max} = \max\{P_j\} \tag{4-11}$$

$$m = m_1 + m_2 \tag{4-12}$$

式中 m 为管段的功能性缺陷数量；m_1 为纵向净距大于 1.5m 的缺陷数量；m_2 为纵向净距大于 1.0m 且不大于 1.5m 的缺陷数量；P_{j_1} 为纵向净距大于 1.5m 的缺陷分值；P_{j_2} 为纵向净距大于 1.0m 且不大于 1.5m 的缺陷分值；β 为功能性缺陷影响系数，与缺陷间距有关；当缺陷的纵向净距大于 1.0m 且不大于 1.5m 时，$\beta=1.1$。

当管段存在功能性缺陷时，功能性缺陷密度应按式（4-13）计算：

$$Y_M = \frac{1}{YL}\left(\sum_{j_1=1}^{m_1} P_{j_1} L_{j_1} + \beta \sum_{j_{2=1}}^{m_2} P_{j_2} L_{j_2}\right) \tag{4-13}$$

式中 Y_M 为管段功能性缺陷密度；L 为管段长度；L_{j_1} 为纵向净距大于 1.5m 的功能性缺陷长度；L_{j_1} 为纵向净距大于 1.0m 且不大于 1.5m 的功能性缺陷长度。

管段运行状况系统是缺陷分值的计算结果，Y 是管段各缺陷分值的算数平均值，Y_{max} 是管段各缺陷分值中的最高分。管段功能性缺陷密度是基于管段平均缺陷值 Y 时的缺陷

总长度占管段长度的比值，该缺陷密度是计算值，并不是管段缺陷的实际密度，缺陷密度值越大，表示该管段的缺陷数量越多。管段的缺陷密度与管段损坏状况参数的平均值 Y 配套使用。平均值 Y 表示缺陷的严重程度，缺陷密度表示缺陷量的程度。当出现 2 个尺寸相同的障碍物之类局部结构性缺陷，2 个障碍物的间距大于 1m 并且小于 1.5m 时，考虑到两个障碍物之间产生影响，可能会放大缺陷的严重程度，此时可取 $\beta=1.1$，其他情况下 $\beta=1.0$。

管段功能性缺陷等级评估应符合表 4-20 的规定，管段功能性缺陷类型评估可按表 4-21 确定。

功能性缺陷等级评定　　**表 4-20**

等级	缺陷参数	运行状况说明
Ⅰ	$G\leqslant 1$	无或有轻微影响，管道运行基本不受影响
Ⅱ	$1<G\leqslant 3$	管道过流有一定的受阻，运行受影响不大
Ⅲ	$3<G\leqslant 6$	管道过流受阻比较严重，运行受到明显影响
Ⅳ	$G>6$	管道过流受阻很严重，即将或已经导致运行瘫痪

管段功能性缺陷类型评估　　**表 4-21**

缺陷密度 Y_M	<0.1	$0.1\sim0.5$	>0.5
管段结构性缺陷类型	局部缺陷	部分或整体缺陷	整体缺陷

管段养护指数应按式（4-14）计算：

$$MI=0.8\times G+0.15\times K+0.05\times E \tag{4-14}$$

式中 MI 为管段养护指数；K 为地区重要性参数；E 为管道重要性参数。在进行管段的功能性缺陷评估时应确定缺陷等级，功能性缺陷参数 G 是比较了管段缺陷最高分和平均分后的缺陷分值，该参数的等级与缺陷分值对应的等级一致。管段的功能性缺陷等级仅是管段内部运行状况的受影响程度，没有结合外界环境的影响因素。

管段的养护指数是在确定管段功能性缺陷等级后，再综合考虑管道重要性与环境因素，表示管段养护紧迫性的指标。由于管道功能性缺陷仅涉及管道内部运行状况的受影响程度，与管道埋设的土质条件无关，故养护指数的计算没有将土质影响参数考虑在内。如果管道存在缺陷，且需要养护的管道多，在养护力量有限、养护队伍任务繁重的情况下，制定管道的养护计划就应该根据缺陷的严重程度和缺陷发生后对服务区域内的影响程度，根据缺陷的轻重缓急制定养护计划。养护指数是制定养护计划的依据。

管段的养护等级应符合表 4-22 的规定。

管段养护等级划分　　**表 4-22**

等级	缺陷参数	养护建议及说明
Ⅰ	$MI\leqslant 1$	没有明显需要处理的缺陷
Ⅱ	$1<MI\leqslant 4$	没有立即进行处理的必要，但宜安排处理计划
Ⅲ	$4<MI\leqslant 7$	根据基础数据进行全面的考虑，应尽快处理
Ⅳ	$MI>7$	输水功能受到严重影响，应立即进行处理

4.2 检测数据判读、分析参考示例

4.2.1 结构性缺陷判读示例

1. 破裂判读示例（表 4-23）

破裂判读示例　　表 4-23

定义	管道的外部压力超过自身的承受力致使管子发生破裂。其形式有纵向、环向和复合 3 种		
编号	影像判读结果		样图
1	名称/代码	破裂/PL	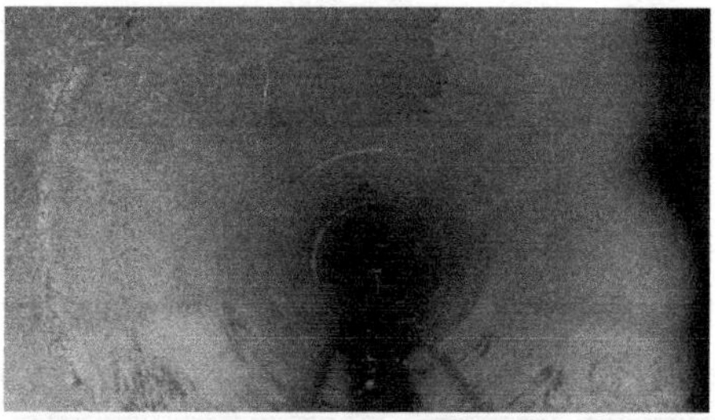
	环向位置	0001	
	等级/分值	1/0.5	
	缺陷状况分析	裂痕。当下列一个或多个情况存在时： (1)在管壁上可见细裂痕； (2)在管壁上由细裂缝处冒出少量沉积物； (3)轻度剥落	
2	名称/代码	破裂/PL	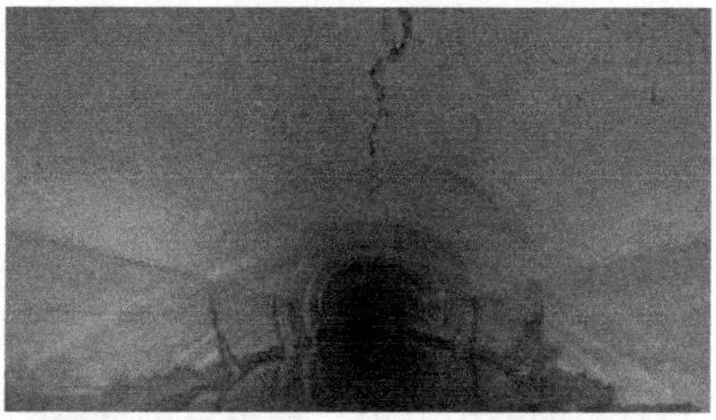
	环向位置	0012	
	等级/分值	2/2	
	缺陷状况分析	裂口。破裂处已形成明显间隙，但管道的形状未受影响且破裂无脱落	
3	名称/代码	破裂/PL	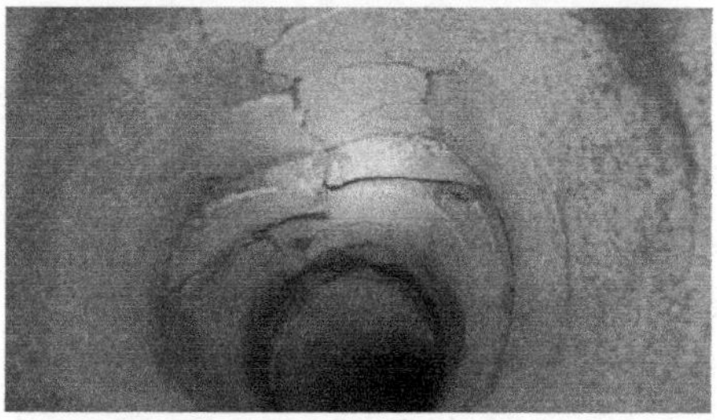
	环向位置	0902	
	等级/分值	3/5	
	缺陷状况分析	破碎。管壁破裂或脱落处所剩碎片的环向覆盖范围不大于弧长 60°	
4	名称/代码	破裂/PL	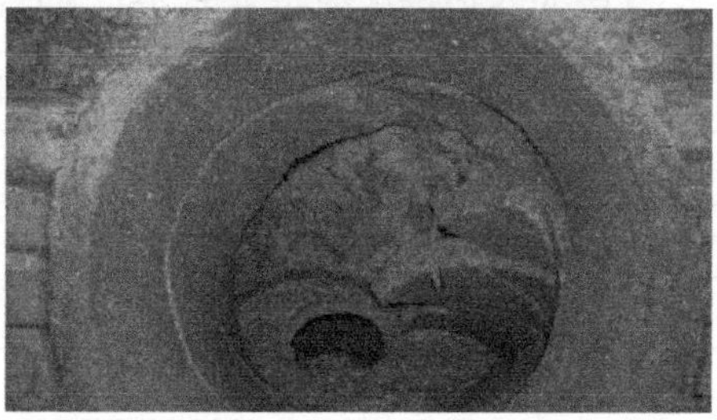
	环向位置	0804	
	等级/分值	4/10	
	缺陷状况分析	坍塌。当下列一个或多个情况存在时： (1)管道材料裂痕、裂口或破碎处边缘环向覆盖范围大于弧长 60°； (2)管壁材料发生脱落的环向范围大于弧长 60°	

2. 变形判读示例（表 4-24）

变形判读示例 表 4-24

定义	管道受外力挤压造成形状变异		
编号	影像判读结果		影像
1	名称/代码	变形/BX	
	环向位置	1101	
	等级/分值	1/1	
	缺陷状况分析	变形不大于管道直径的 5%	
2	名称/代码	变形/BX	
	环向位置	0711	
	等级/分值	2/2	
	缺陷状况分析	变形为管道直径的 5%～15%	
3	名称/代码	变形/BX	
	环向位置	1001	
	等级/分值	3/5	
	缺陷状况分析	变形为管道直径的 15%～25%	
4	名称/代码	变形/BX	
	环向位置	1200	
	等级/分值	4/10	
	缺陷状况分析	变形大于管道直径的 25%	

3. 腐蚀判读示例（表 4-25）

腐蚀判读示例　　表 4-25

定义	管道内壁受侵蚀而流失或剥落，出现麻面或露出钢筋		
编号	影像判读结果		影像
1	名称/代码	腐蚀/FS	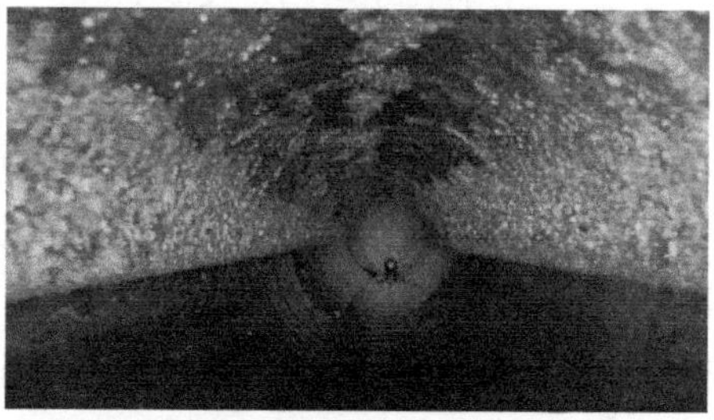
	环向位置	0903	
	等级/分值	1/0.5	
	缺陷状况分析	轻度腐蚀。表面轻微剥落，管壁出现凹凸面	
2	名称/代码	腐蚀/FS	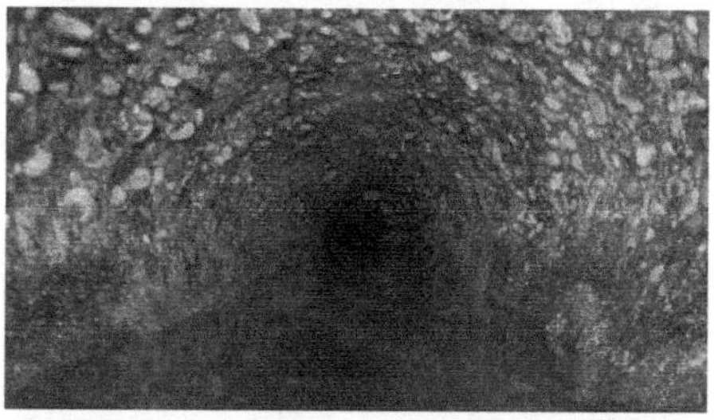
	环向位置	0804	
	等级/分值	2/2	
	缺陷状况分析	中度腐蚀。表面剥落显露粗集料或钢筋	
3	名称/代码	腐蚀/FS	
	环向位置	1200	
	等级/分值	3/5	
	缺陷状况分析	重度腐蚀。粗骨料或钢筋完全显露	

4. 错口判读示例（表 4-26）

错口判读示例　　表 4-26

定义	同一接口的两个管口产生横向偏差，未处于管道的正确位置		
编号	影像判读结果		影像
1	名称/代码	错口/CK	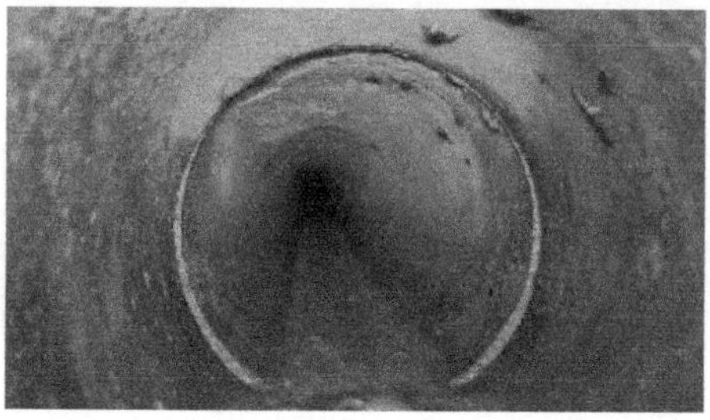
	环向位置	0309	
	等级/分值	1/0.5	
	缺陷状况分析	轻度错口。相接的两个管口偏差不大于管壁厚度的 1/2	

续表

编号	影像判读结果		影像
2	名称/代码	错口/CK	
	环向位置	0903	
	等级/分值	2/2	
	缺陷状况分析	中度错口。相接的两个管口偏差为管壁厚度的1/2～1	
3	名称/代码	错口/CK	
	环向位置	0803	
	等级/分值	3/5	
	缺陷状况分析	重度错口。相接的两个管口偏差为管壁厚度的1～2倍	
4	名称/代码	错口/CK	
	环向位置	0905	
	等级/分值	4/10	
	缺陷状况分析	严重错口。相接的两个管口偏差为管壁厚度的2倍以上	

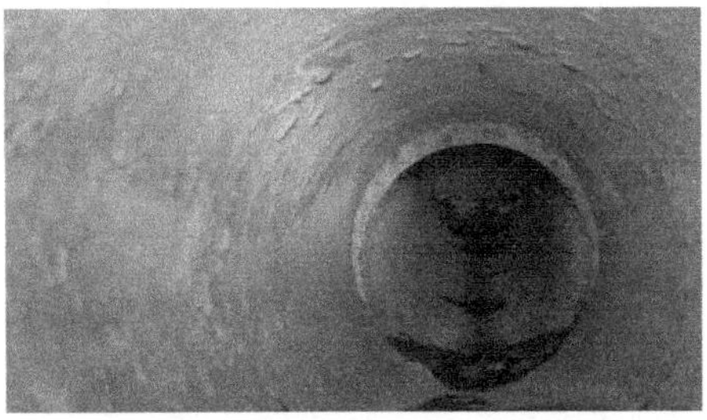

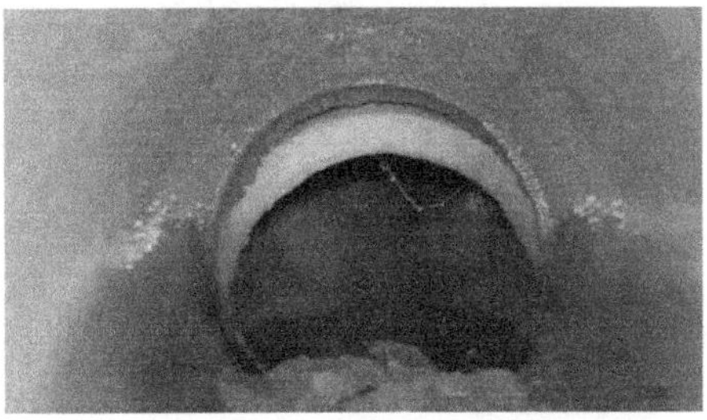

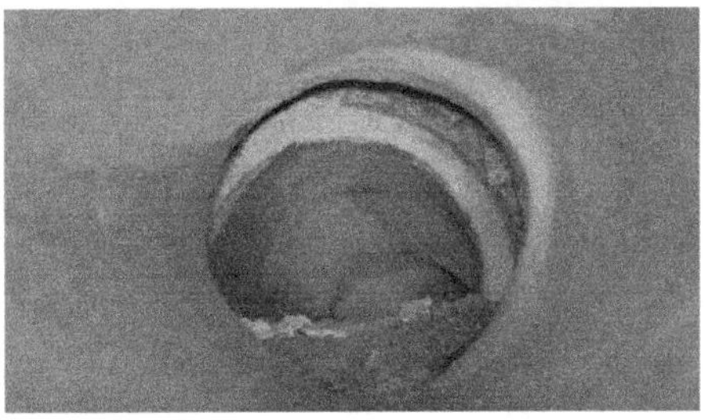

5. 起伏判读示例（表4-27）

起伏判读示例　　**表4-27**

定义	接口位置偏移，管道竖向位置发生变化，在低处形成洼水		
编号	影像判读结果		影像
1	名称/代码	起伏/QF	
	环向位置	0507	
	等级/分值	1/0.5	
	缺陷状况分析	起伏高/管径≤20%	

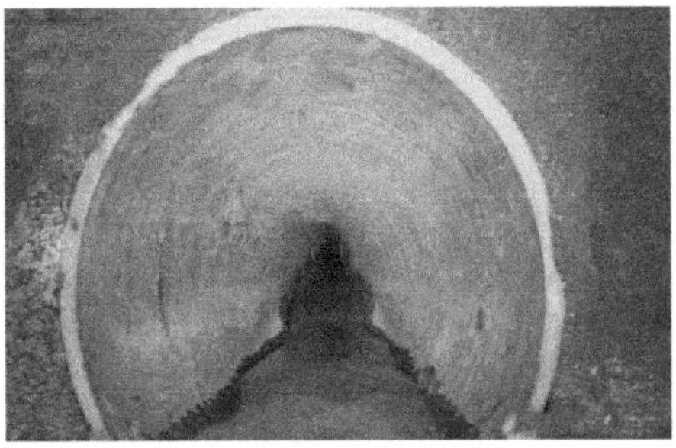

续表

编号	影像判读结果		影像
2	名称/代码	起伏/QF	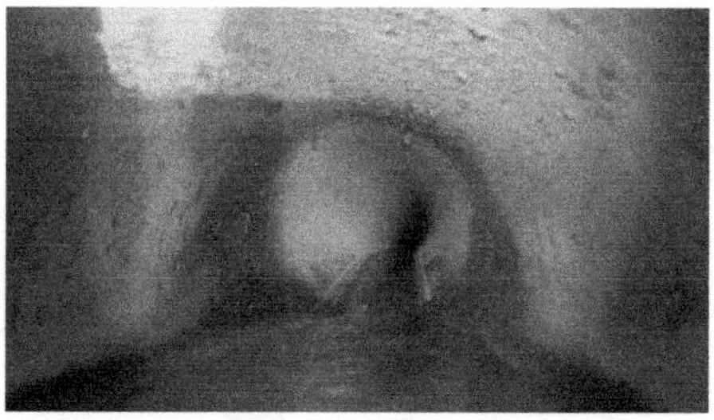
	环向位置	0408	
	等级/分值	2/2	
	缺陷状况分析	20%＜起伏高/管径≤35%	
3	名称/代码	起伏/QF	
	环向位置	0309	
	等级/分值	3/5	
	缺陷状况分析	35%＜起伏高/管径≤50%	
4	名称/代码	起伏/QF	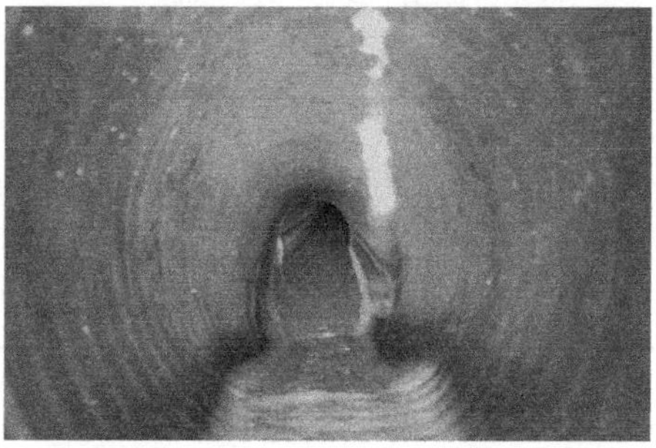
	环向位置	0408	
	等级/分值	4/10	
	缺陷状况分析	起伏高/管径＞50%	

6. 脱节判读示例（表 4-28）

脱节判读示例 **表 4-28**

定义	两根管道的端部未充分接合或接口脱离		
编号	影像判读结果		影像
1	名称/代码	脱节/TJ	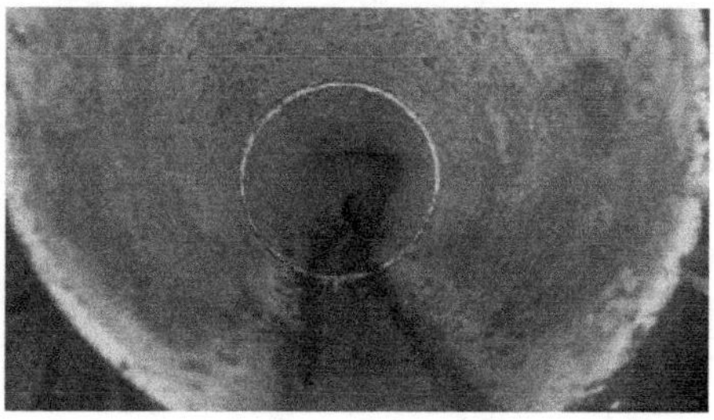
	环向位置	1200	
	等级/分值	1/1	
	缺陷状况分析	轻度脱节。管道端部有少量泥土挤入	

续表

编号	影像判读结果		影像
2	名称/代码	脱节/TJ	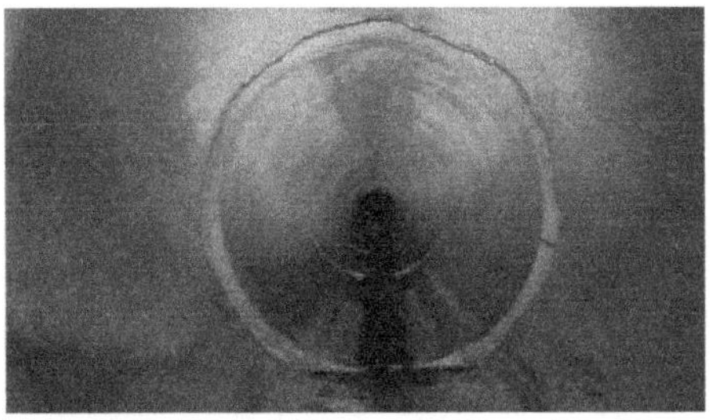
	环向位置	1200	
	等级/分值	2/3	
	缺陷状况分析	中度脱节。脱节距离不大于 20mm	
3	名称/代码	脱节/TJ	
	环向位置	1200	
	等级/分值	3/5	
	缺陷状况分析	重度脱节。脱节距离为 20～50mm	
4	名称/代码	脱节/TJ	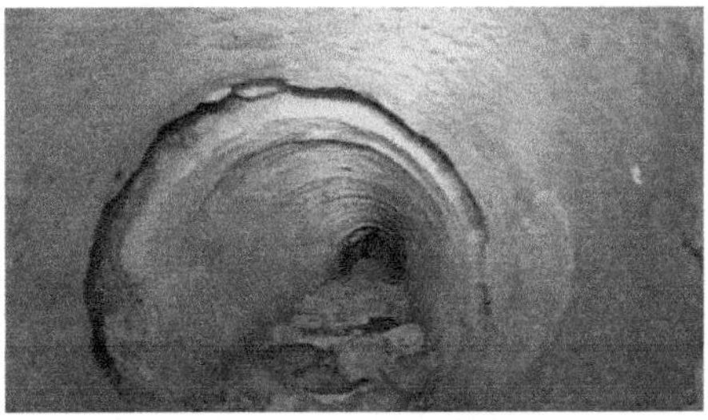
	环向位置	1200	
	等级/分值	4/10	
	缺陷状况分析	严重脱节。脱节距离为 50mm 以上	

7. 接口材料脱落判读示例（表 4-29）

接口材料脱落判读示例 **表 4-29**

定义	橡胶圈、沥青、水泥等类似的接口材料进入管道		
编号	影像判读结果		影像
1	名称/代码	接口材料脱落/TL	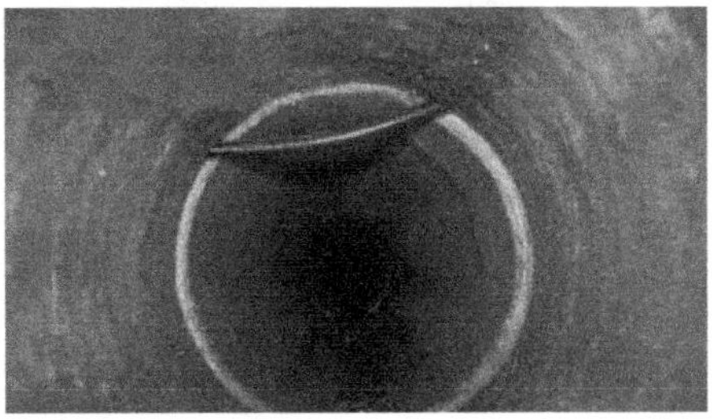
	环向位置	1001	
	等级/分值	1/1	
	缺陷状况分析	接口材料在管道内水平方向中心线上部可见	

续表

编号	影像判读结果		影像
2	名称/代码	接口材料脱落/TL	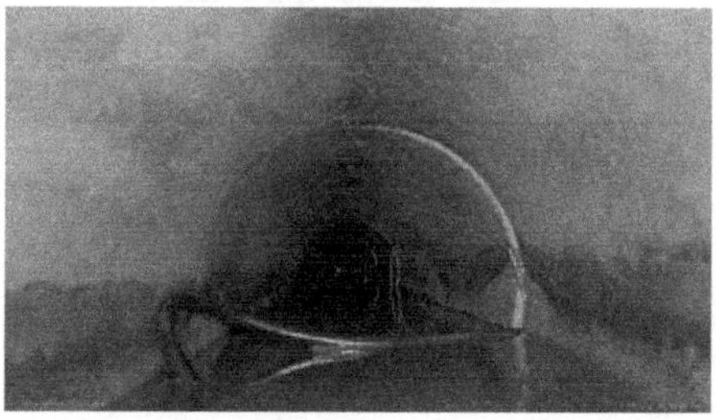
	环向位置	0409	
	等级/分值	2/3	
	缺陷状况分析	接口材料在管道内水平方向中心线下部可见	

8. 支管暗接判读示例（表 4-30）

支管暗接判读示例 **表 4-30**

定义	支管未通过检查井直接侧向接入主管		
编号	影像判读结果		影像
1	名称/代码	支管暗接/AJ	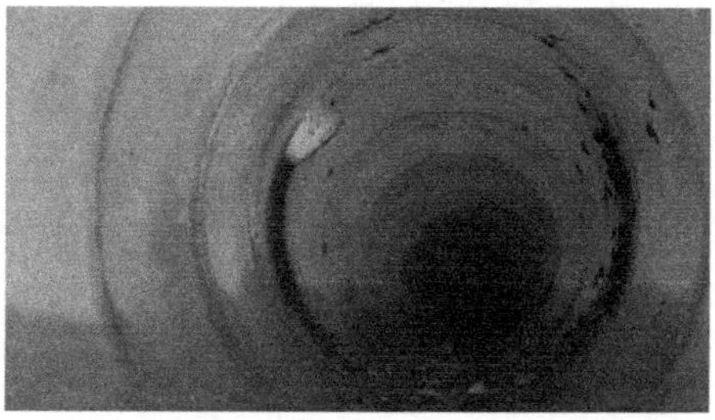
	环向位置	0010	
	等级/分值	1/0.5	
	缺陷状况分析	支管进入主管内的长度不大于主管直径 10%	
2	名称/代码	支管暗接/AJ	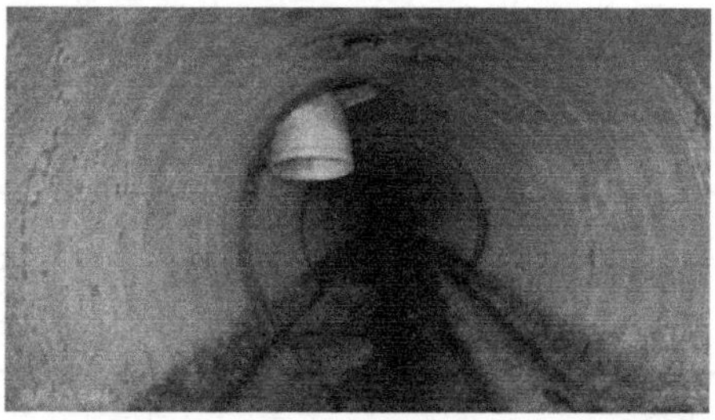
	环向位置	1011	
	等级/分值	2/2	
	缺陷状况分析	支管进入主管内的长度在主管直径 10%～20%	
3	名称/代码	支管暗接/AJ	
	环向位置	1011	
	等级/分值	3/5	
	缺陷状况分析	支管进入主管内的长度大于主管直径 20%	

9. 异物穿入判读示例（表 4-31）

异物穿入判读示例　　　　表 4-31

定义	非管道系统附属设施的物体穿透管壁进入管内		
编号	影像判读结果		影像
1	名称/代码	异物穿入/CR	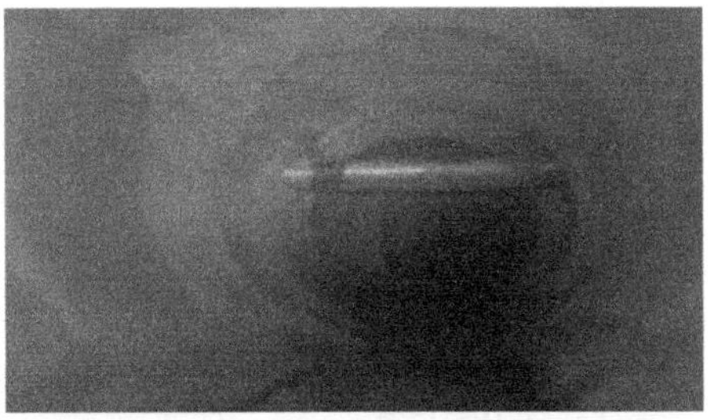
	环向位置	1002	
	等级/分值	1/0.5	
	缺陷状况分析	异物在管道内且占用过水断面面积不大于 10%	
2	名称/代码	异物穿入/CR	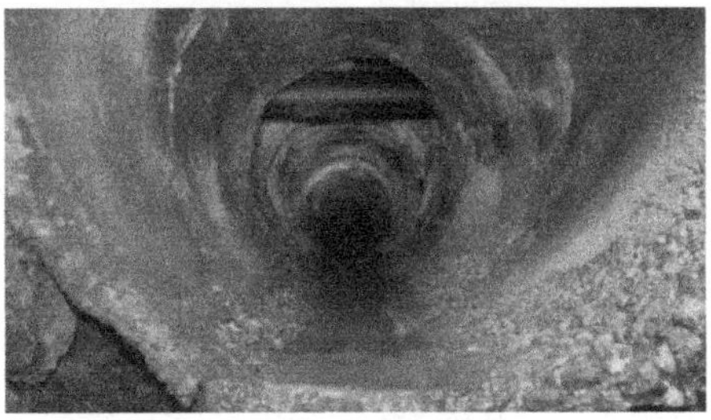
	环向位置	1002	
	等级/分值	2/2	
	缺陷状况分析	异物在管道内且占用过水断面面积为 10%～30%	
3	名称/代码	异物穿入/CR	
	环向位置	0903	
	等级/分值	3/5	
	缺陷状况分析	异物在管道内且占用过水断面面积大于 30%	

10. 渗漏判读示例（表 4-32）

渗漏判读示例　　　　表 4-32

定义	管外的水流入管道		
编号	影像判读结果		影像
1	名称/代码	渗漏/SL	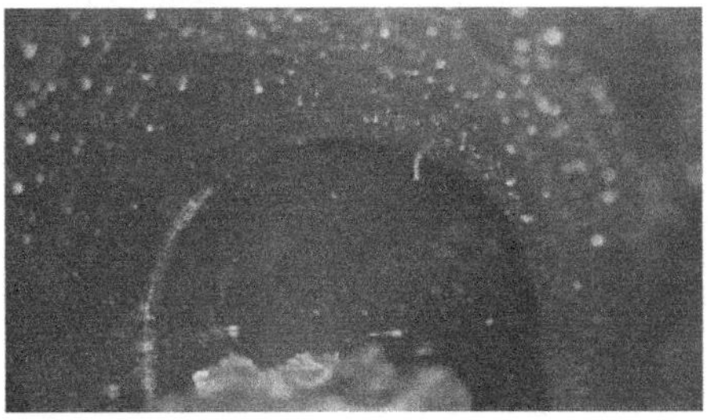
	环向位置	0001	
	等级/分值	1/0.5	
	缺陷状况分析	滴漏。水持续从缺陷点滴出，沿管壁流动	

续表

编号	影像判读结果		影像
2	名称/代码	渗漏/SL	
	环向位置	0012	
	等级/分值	2/2	
	缺陷状况分析	线漏。水持续从缺陷点流出,并脱离管壁流动	
3	名称/代码	渗漏/SL	
	环向位置	0011	
	等级/分值	3/5	
	缺陷状况分析	涌漏。水从缺陷点涌出,涌漏水面的面积不大于管道断面的 1/3	
4	名称/代码	渗漏/SL	
	环向位置	0105	
	等级/分值	4/10	
	缺陷状况分析	喷漏。水从缺陷点大量涌出或喷出,涌漏水面的面积大于管道断面的 1/3	

4.2.2 功能性缺陷判读示例

1. 沉积判读示例（表 4-33）

沉积判读示例　　表 4-33

定义	杂质在管道底部沉淀淤积		
编号	影像判读结果		影像
1	名称/代码	沉积/CJ	
	环向位置	0507	
	等级/分值	1/0.5	
	缺陷状况分析	沉积物厚度为管径的 20%～30%	

续表

编号	影像判读结果		影像
2	名称/代码	沉积/CJ	
	环向位置	0306	
	等级/分值	2/2	
	缺陷状况分析	沉积物厚度在管径的30%～40%	
3	名称/代码	沉积/CJ	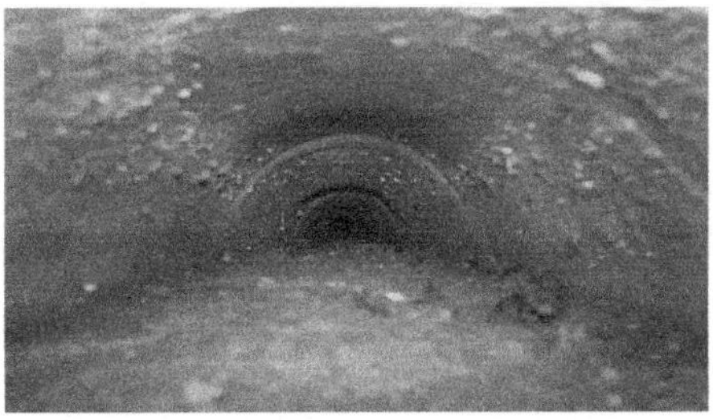
	环向位置	0309	
	等级/分值	3/5	
	缺陷状况分析	沉积物厚度在管径的40%～50%	
4	名称/代码	沉积/CJ	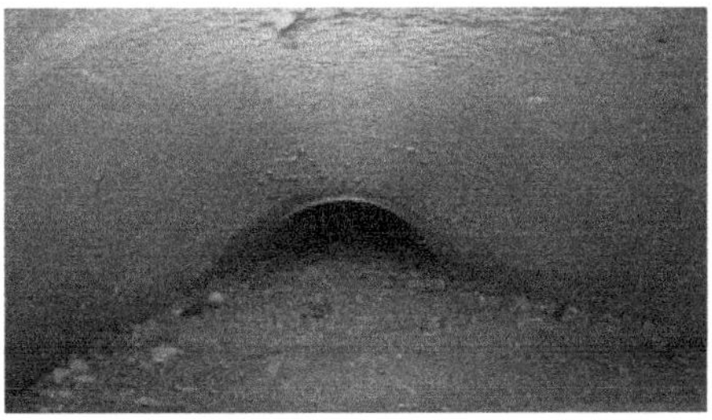
	环向位置	0210	
	等级/分值	4/10	
	缺陷状况分析	沉积物厚度大于管径的50%	

2. 结垢判读示例（表 4-34）

结垢判读示例　　表 4-34

定义	管道内壁上的附着物		
编号	影像判读结果		影像
1	名称/代码	结垢/JG	
	环向位置	1002	
	等级/分值	1/0.5	
	缺陷状况分析	硬质结垢造成的过水断面损失不大于15%； 软质结垢造成的过水断面损失在15%～25%	

续表

编号	影像判读结果		影像
2	名称/代码	结垢/JG	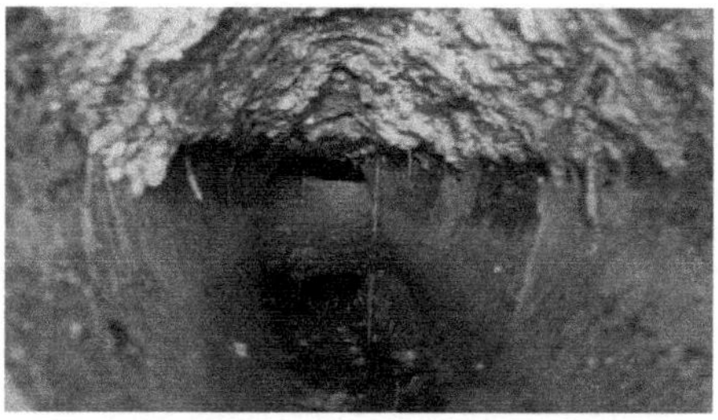
	环向位置	1002	
	等级/分值	2/2	
	缺陷状况分析	硬质结垢造成的过水断面损失在15%～25%； 软质结垢造成的过水断面损失在25%～50%	
3	名称/代码	结垢/JG	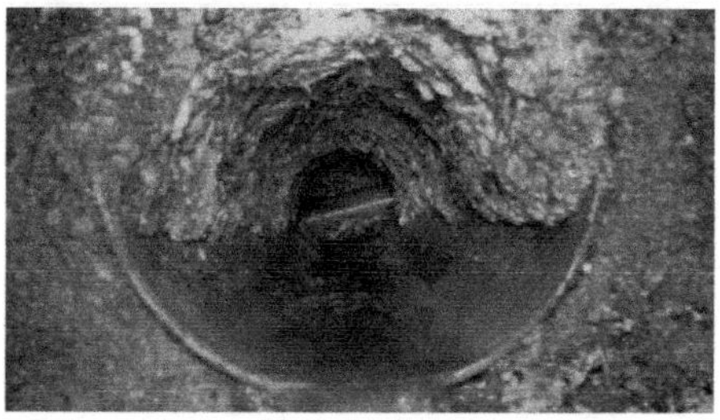
	环向位置	0903	
	等级/分值	3/5	
	缺陷状况分析	硬质结垢造成的过水断面损失在25%～50%； 软质结垢造成的过水断面损失在50%～80%	
4	名称/代码	结垢/JG	
	环向位置	0804	
	等级/分值	4/10	
	缺陷状况分析	硬质结垢造成的过水断面损失大于50%； 软质结垢造成的过水断面损失大于80%	

3. 障碍物判读示例（表 4-35）

障碍物判读示例 **表 4-35**

定义	管道内影响过流的阻挡物		
编号	影像判读结果		影像
1	名称/代码	障碍物/ZW	
	环向位置	0506	
	等级/分值	1/0.1	
	缺陷状况分析	过水断面损失不大于15%	

续表

编号	影像判读结果		影像
2	名称/代码	障碍物/ZW	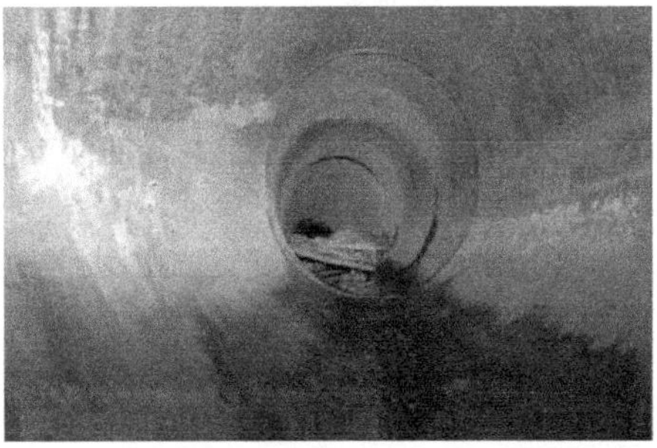
	环向位置	0407	
	等级/分值	2/2	
	缺陷状况分析	过水断面损失在 15%～25%	
3	名称/代码	障碍物/ZW	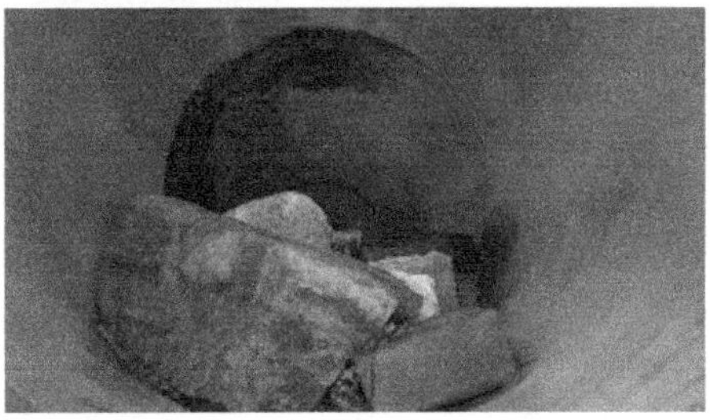
	环向位置	0408	
	等级/分值	3/5	
	缺陷状况分析	过水断面损失在 25%～50%	
4	名称/代码	障碍物/ZW	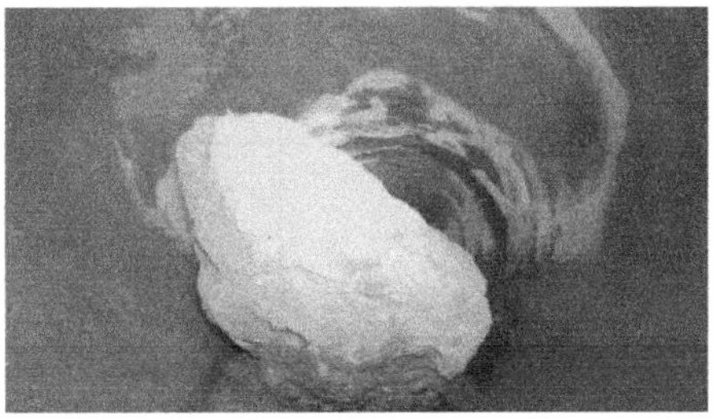
	环向位置	0410	
	等级/分值	4/10	
	缺陷状况分析	过水断面损失大于 50%	

4. 残墙、坝根判读示例（表 4-36）

残墙、坝根判读示例　　表 4-36

定义	管道闭水试验时砌筑的临时砖墙封堵，试验后未拆除或拆除不彻底的遗留物		
编号	影像判读结果		影像
1	名称/代码	残墙/CQ	
	环向位置	0305	
	等级/分值	1/1	
	缺陷状况分析	过水断面损失不大于 15%	

续表

编号	影像判读结果		影像
2	名称/代码	残墙/CQ	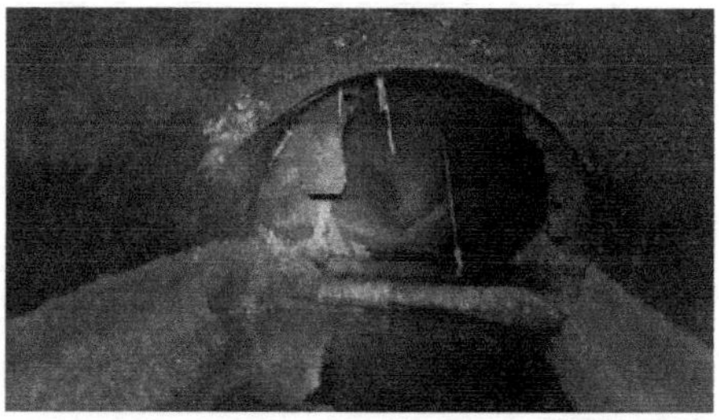
	环向位置	0206、0610	
	等级/分值	2/3	
	缺陷状况分析	过水断面损失为在15%～25%	
3	名称/代码	残墙/CQ	
	环向位置	0409	
	等级/分值	3/5	
	缺陷状况分析	过水断面损失在25%～50%	
4	名称/代码	残墙/CQ	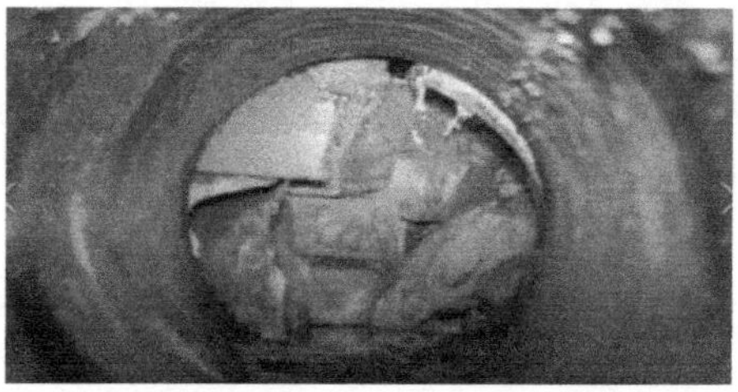
	环向位置	1200	
	等级/分值	4/10	
	缺陷状况分析	过水断面损失大于50%	

5. 树根判读示例（表4-37）

树根判读示例 **表4-37**

定义	单根树根或是树根群自然生长进入管道		
编号	影像判读结果		影像
1	名称/代码	树根/SG	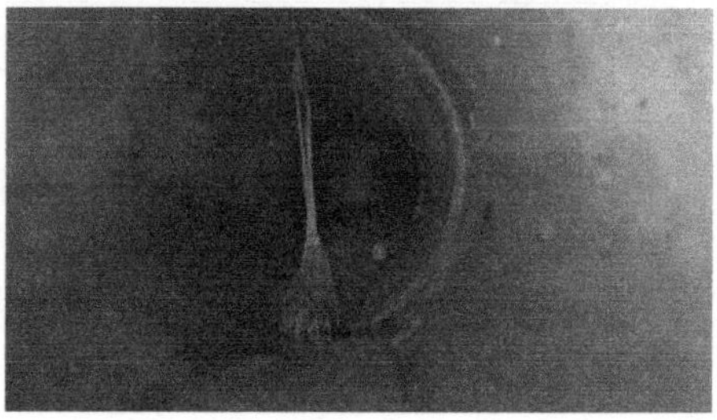
	环向位置	0012	
	等级/分值	1/0.5	
	缺陷状况分析	过水断面损失不大于15%	

续表

编号	影像判读结果		影像
2	名称/代码	树根/SG	
	环向位置	0206	
	等级/分值	2/2	
	缺陷状况分析	过水断面损失在15%～25%	
3	名称/代码	树根/SG	
	环向位置	0903	
	等级/分值	3/5	
	缺陷状况分析	过水断面损失在25%～50%	
4	名称/代码	树根/SG	
	环向位置	1200	
	等级/分值	4/10	
	缺陷状况分析	过水断面损失大于50%	

6. 浮渣判读示例（表4-38）

浮渣判读示例　　表4-38

定义	管道内水面上的漂浮物(该缺陷需记入检测记录表,不参与计算)		
编号	影像判读结果		影像
1	名称/代码	浮渣/FZ	
	环向位置	0608	
	等级/分值	1/无	
	缺陷状况分析	零星的漂浮物,漂浮物占水面面积不大于30%	

续表

编号	影像判读结果		影像
2	名称/代码	浮渣/FZ	
	环向位置	0408	
	等级/分值	2/无	
	缺陷状况分析	较多的漂浮物，漂浮物占水面面积为 30%～60%	
3	名称/代码	浮渣/FZ	
	环向位置	0408	
	等级/分值	3/无	
	缺陷状况分析	大量的漂浮物，漂浮物占水面面积大于 60%	

4.3 管网数据评估发展现状

管网数据评估需要依据相关评估标准进行数据判读。目前评估标准包括行业标准、地方标准和企业标准，其中行业标准如：《城镇排水管道检测与评估技术规程》CJJ-181-2012，地方标准如：上海地方标准《排水管道电视和声呐检测评估技术规程》DB31/T444-2009、广州地方标准《广州市市政园林局公共排水管道电视、声呐和激光检测评估技术规程（试行）》、深圳地方标准《深圳市市政排水管道电视及声呐检测评估技术规程（试行）》等，企业标准如：北京排水集团企业标准《排水管道结构等级评定》Q/BDG 15001-2016。

早期的管网评估完全基于人工完成，评估人基于个人经验，结合简单的检测结果（目测、巡检员描述等），定性地出具粗略评估报告。目前，智能检测设备已经比较普及，人们对管网检测的精度要求提高很多，因此，当前排水行业主要以基于检测报告软件出具评估报告的形式为主。检测报告管理软件是专门针对管网检测数据进行综合评判的专业报告软件，评估人员可通过专业的检测报告管理软件对检测设备（CCTV、QV 等）获取的管道视频检测数据进行处理，并依据行业及相关地区的检测标准进行评估，将评估的结果生成图文并茂的检测报告，并可在地图上标注出缺陷的具体地理位置信息以及管道相关信息。但是目前的检测报告主要还是依赖人工判读为主，对视频进行播放，人工截取缺陷图片，填写缺陷的相关信息，包括缺陷类别、缺陷等级、缺陷大小、缺陷的时钟位置等相关数据，并根据评估标准，计算管段修复指数、养护指数等数据，最终根据客户对于报告格式需求，生成对应的检测报告文件，数据分析效率还是很低。

传统管网数据分析存在以下缺点：

（1）识别错误率高。由于人工分析管网数据，主要依靠的是人工技术经验，主观性较强，准确性不能保证，容易出现漏判甚至错判的可能。

（2）时间效率低。由于采用人工判读方式，需要人工手动录入缺陷描述信息，耗时耗力，同时人工判读速度低，工作量积压，容易重复做功，并且可能会遗漏相关信息。

（3）影响分析人员身心健康。由于采用人工判读分析，需要长时间观看管网检测视频，对人眼伤害较大，同时由于视频内容的特点，对人员的身心健康影响较大。

（4）成本高。由于排水管渠检测业务的不断增加，对于内业人员的需求不断加大，企业内业人员人力成本过高。

人工智能技术通过深度学习等技术的应用，可以实现管道检测数据的智能化判读，从而能够大幅度地提高内业人员的工作效率，减少内业人员数量，降低成本。

4.4 管网数据智能分析技术

4.4.1 人工智能技术的发展历程与现状

1. 人工智能的发展历程

1）人工智能的诞生

人工智能在20世纪50、60年代时正式提出，1950年，马文·明斯基（“人工智能之父”）与邓恩·埃德蒙，制造了世界第一台神经网络计算机，这称之为人工智能的起点。同年，具有“计算机之父”之称的阿兰·图灵提出了一个著名的想法——图灵测试。按照其设想：如果一台机器能够与人类开展对话而不能被辨别出机器身份，那么这台机器就具有智能。1956年，在达特茅斯学院举办的一次会议上，计算机专家约翰·麦卡锡首次提出了“人工智能”这一说法，标志人工智能正式诞生。麦卡锡与明斯基共同创建了世界上第一个人工智能实验室——MIT AI LAB实验室。图4-12为达特茅斯学院。

图4-12 达特茅斯学院

2）人工智能的发展

人工智能的发展历程划分为以下6个阶段：

（1）起步发展期。1956年—20世纪60年代初。人工智能概念提出后，陆续取得了一些研究成果，如机器定理证明、跳棋程序等，带来了人工智能发展的第一个高潮。

（2）反思发展期。20世纪60年代—20世纪70年代初。随着人工智能发展初期的快速进展，人们对于人工智能的期望越来越高，提出了一些不切实际的研发目标，但是很多研究遭遇了瓶颈，如无法用机器证明两个连续函数之和还是连续函数，这一时期人工智能的发展进入低谷。

（3）应用发展期：20世纪70年代初—20世纪80年代中。通过系统模拟人类的知识和经验用以解决特定领域的问题，实现了从理论研究向实际应用，在医疗、化学、地质等领域取得成功，人工智能进入应用发展的新高潮。

（4）低迷发展期：20世纪80年代中—20世纪90年代中。伴随着人工智能的应用规模不断扩大，专家系统存在的各种问题逐渐暴露处理，如应用领域狭窄、缺乏常识性知识、知识获取困难等。

（5）稳步发展期：20世纪90年代中—2010年。伴随着互联网技术的快速发展，加速了人工智能的创新研究，使得人工智能技术进一步走向实用化。如1997年IBM的深蓝超级计算机战胜了国际象棋世界冠军卡斯帕罗夫。

（6）蓬勃发展期：2011年至今。伴随着大数据、云计算、互联网、物联网等信息技术的快速发展，图形处理器等硬件推动了以深度神经网络为代表的人工智能技术飞速发展，使得人工智能技术在图像分类、语音识别、无人驾驶等领域实现了从“不能用、不好用”到“可以用”的技术突破，迎来爆发式增长的新高潮。图4-13为人工智能发展历程。

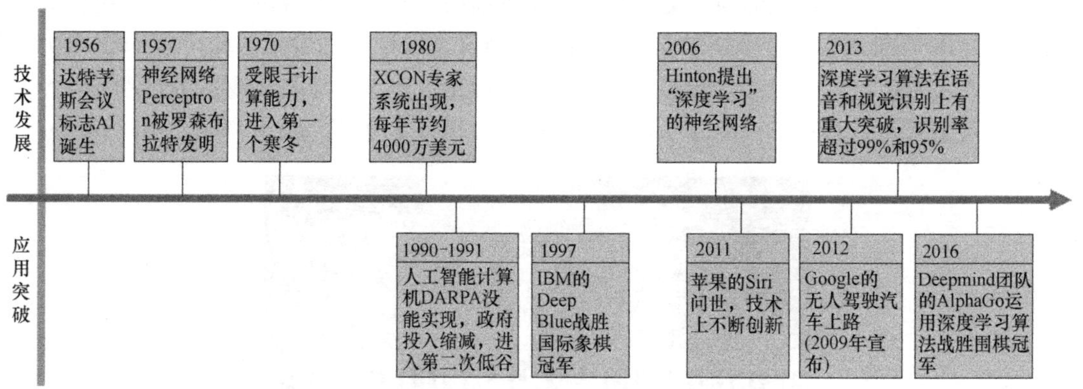

图4-13　人工智能的发展历程

2. 人工智能的现状

人工智能可分为专用人工智能和通用人工智能。在面向特定任务的专用人工智能已形成了单点突破，如围棋比赛，谷歌的阿尔法狗（AlphaGo）战胜了人类冠军，以及在人脸识别中也达到了超越人类的水平。图4-14为AlphaGo与李世石对弈。

虽然专用人工智能领域进展迅速，但是在通用人工智能领域的研究与应用仍然存在挑战，人工智能总体发展水平仍处于起步阶段。人工智能在深层智能领域还很薄弱，与人类智慧相比还有很长道路。

图 4-14 AlphaGo 与李世石对弈

4.4.2 管网检测图像自动分析处理技术

1. 基于深度神经网络的图像识别技术

传统的机器学习技术主要采用原始形式来处理数据，模型的学习能力局限性很大，需要专业知识从数据中提取特征用以模式识别或机器学习，并转换成一个适当的内部表示。深度学习由于具有自动提取特征的优点，可以针对表示进行学习。图 4-15 为基于深度学习的车辆识别。

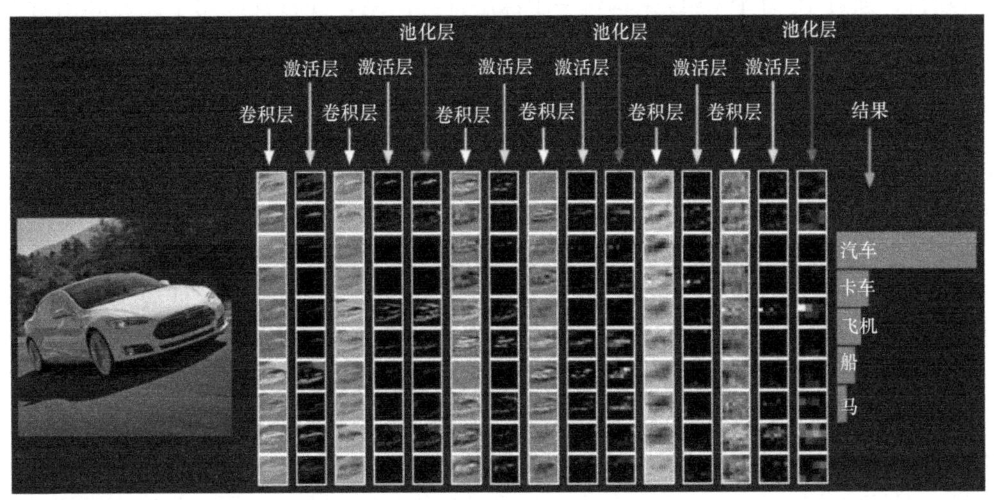

图 4-15 基于深度学习的车辆识别

1943 年，沃尔特·皮茨（W. Pitts）和沃伦·麦克洛克（W. McCulloch）首次提出了人工神经网络这一概念，并通过数学模型对人工神经网络中的神经元进行理论建模。1949 年，著名心理学家唐纳德·奥尔丁·赫布（D. Olding Hebb）给出了神经元的数学模型，提出了人工神经网络的学习规则。1957 年，著名人工智能专家弗兰克·罗森布莱特（F. Rosenblatt）提出了感知器（Perceptron）人工神经网络模型，并提出采用 Hebb 学习规则或最小二乘法来训练感知器的参数，感知器是最早且结构最简单的人工神经网络模型。随后，弗兰克·罗森布莱特又在 Cornell university Aeronautical laboratory 通过硬件实现了第一个感知器模型：Mark I，开辟了人工神经网络的计算机向硬件化发展方向。1974 年，保罗·韦尔博斯（Paul Werbos）提出采用反向传播法来训练一般的人工神经网络，随后，该算法进一步被杰弗里·辛顿、燕·勒存（Y. LeCun）等人应用于训练具有深度结构的神经网络。1980 年，加拿大多伦多大学教授杰弗里·辛顿（G. Hinton）采用多个隐含层的深度结构来代替代感知器的单层结构，多层感知器也是最早的深度学习网络模型。1984 年，日本学者福岛邦彦提出了卷积神经网络的原始模型神经感知机（Neocognitron）。1998 年，燕·勒存（Y. LeCun）提出了深度学习常用模型之一卷积神经网络（Convoluted Neural Network，CNN）。2006 年，杰弗里·辛顿（G. Hinton）提出了深度学习的概念，随后与其团队在文章《A Fast Learning Algorithm for Deep Belief Nets》中提出了深度信念网络，并给出了一种高效的半监督算法：逐层贪心算法，来训练深度信念网络的参数，解决了长期以来深度网络难以训练的困境。从此，深度学习的大浪潮随之而来。2009 年，约书亚·本吉奥（Yoshua Bengio）提出了堆叠自动编码器（Stacked Auto-Encoder，SAE），采用自动编码器来构造深度网络。

深度学习自 2006 年之后就一直受到各研究机构的高度关注，最初主要是在图像和语音领域进行应用。2011 年谷歌研究院和微软研究院先后将深度学习应用于语音识别领域，识别错误率下降了 20%～30%。2012 年，在图片分类比赛 ImageNet 中，采用深度学习技术的团队打败了 Google 团队，图片识别错误率下降了 14%。2012 年 6 月，谷歌首席架构师杰夫·迪恩（Jeff Dean）和斯坦福大学教授吴恩达（AndrewNg）主导的 Google-Brain 项目，通过 16 万个 CPU 来构建一个深层神经网络，并将其应用于图像和语音的识别，取得了巨大成功。如今深度学习在图像、语音、大数据特征提取等方面获得广泛应用。

深度学习允许多个处理层组成复杂计算模型，从而自动获取数据的表示与多个抽象级别，这些方法大大推动了语音识别、视觉识别物体、物体检测、药物发现和基因组学等领域的发展。通过使用 BP 算法，深度学习有能力发现在大数据集中隐含的复杂结构。

“表示学习”能够从原始输入数据中自动发现需要检测的特征。深度学习方法包含多个层次，每一个层次完成一次变换（通常是非线性的变换），把某个较低级别的特征表示成更加抽象的特征。只要有足够多的转换层次，即使非常复杂的模式也可以被自动学习。对于图像分类的任务，神经网络将会自动剔除不相关的特征，例如背景颜色、物体的位置等，但是会自动放大有用的特征，例如形状。图像往往以像素矩阵的形式作为原始输入，那么神经网络中第一层的学习功能通常是检测特定方向和形状的边缘的存在与否，以及这些边缘在图像中的位置。第二层往往会检测多种边缘的特定布局，同时忽略边缘位置的微小变化。第三层可以把特定的边缘布局组合成为实际物体的某个部分。后续的层次将会把这些部分组合起来，实现物体的识别，这往往通过全连接层来完成。对于深度学习而言，这些特征和层次并不需要通过人工设计，它们都可以通过通用的学习过程得到。

1）神经网络的训练过程

深度学习模型的架构通过一些相对简单的模块多层堆叠，每个模块计算从输入到输出非线性映射。一个多个非线性层的神经网络通常具有 5～20 的深度，可选择性地针对一些特征敏感，而对另一些特征不敏感，例如背景。图 4-16 为神经网络的前馈过程。

在模式识别的初期，研究者们就希望利用可训练的多层网络来代替手工提取特征的功

能，但是神经网络的训练过程一直没有被广泛理解。直到 20 世纪 80 年代中期，研究者才发现并证明了多层架构可以通过简单的随机梯度下降来进行训练。只要每个模块都对应一个比较平滑的函数，就可以使用反向传播过程计算误差函数对于参数梯度。

图 4-17 为神经网络的反向误差传播过程，神经网络基于反向传播计算目标函数相对于每个模块中参数的梯度。

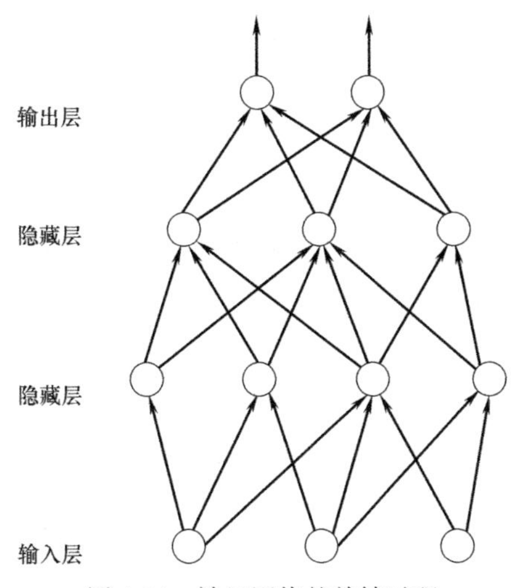

图 4-16　神经网络的前馈过程

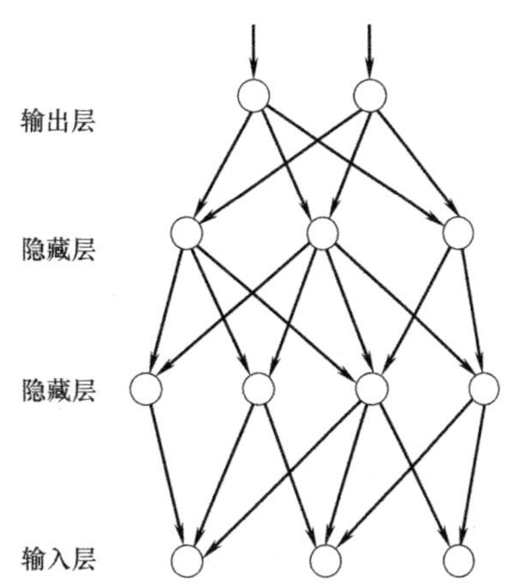

图 4-17　神经网络的反向误差传播过程

反向传播过程其数学原理可表示为链式法则，如图 4-18 所示。目标函数相对于每个模块的梯度具有一定的独立性。目标函数根据一个模块的输入的梯度在计算出目标函数输出的梯度之后被计算，反向传播规则通过所有模块传播梯度，实现梯度的不断反向传播，从最后一层一直传播到原始的输入。图 4-18 为链式法则表示方式。

$$\Delta z = \frac{\partial z}{\partial y} \Delta y$$

$$\Delta y = \frac{\partial y}{\partial x} \Delta x$$

$$\Delta z = \frac{\partial z}{\partial y} \frac{\partial y}{\partial x} \Delta x$$

$$\frac{\partial z}{\partial x} = \frac{\partial z}{\partial y} \frac{\partial y}{\partial x}$$

（图中：z，$\frac{\partial z}{\partial y}$，$y$，$\frac{\partial y}{\partial x}$，$x$）

图 4-18　链式法则

在 20 世纪 90 年代后期，神经网络和其他基于反向传播的机器学习领域在很大程度上被人诟病，计算机视觉和语音识别社区也放弃了这样的模型。人们普遍认为，学习先验知识是有用的，多阶段的自动特征提取是不可行的，尤其是简单的梯度下降将得到局部极小值，这个局部极小值和全局最小值可能相差甚远。

但是在实践中，局部最优很少会成为大型网络的一个问题。实践证明，不管初始条件，系统几乎总是达到非常接近的结果。一些最近的理论和实证研究结果也倾向于表明局部最优不是一个严重问题。相反，模型中会存在大量鞍点，在鞍点位置梯度为 0，训练过程会滞留在这些点上。但是分析表明，大部分鞍点都具有想接近的目标函数值，因此，它训练过程被卡在哪一个鞍点上往往并不重要。

前馈神经网络有一种特殊的类型，即为卷积神经网络（CNN）。人们普遍认为这种前馈网络是更容易被训练并且具有更好的泛化能力，尤其是图像领域。卷积神经网络已经在计算机视觉领域被广泛采用。

2）卷积神经网络与图像理解

卷积神经网络（CNN）通常以张量形式输入，例如一张彩色图像对应三个二维矩阵，分别表示在三个颜色通道的像素强度。许多其他输入数据也是张量的形式：如信号序列、语言、音频谱图、3D视频等。卷积神经网络具有的特点有：局部连接、共享权值、采样和多层。

图4-19所示，一个典型CNN的结构可以被解释为一系列阶段的组合。最开始的几个阶段主要由两种层组成：卷积层（convolutional layer）和采样层（pooling layer）。卷积层的输入和输出都是多重矩阵。卷积层包含多个卷积核，每个卷积核都是一个矩阵，每一个卷积核相当于是一个滤波器，它可以输出一张特定的特征图，每张特征图也就是卷积层的一个输出单元，然后通过一个非线性激活函数进一步把特征图传递到下一层。不同特征图使用不同卷积核，但是同一个特征图中的不同位置和输入图之间的连接均为共享权值。这样做的原因是双重的，首先，在张量形式的数据中（例如图像），相邻位置往往是高度相关的，并且可以形成可以被检测到的局部特征；其次，相同的模式可能出现在不同位置，即如果局部特征出现在某个位置，也可能出现在其他任何位置。在数学上，根据卷积核得到特征图的操作对应于离散卷积。

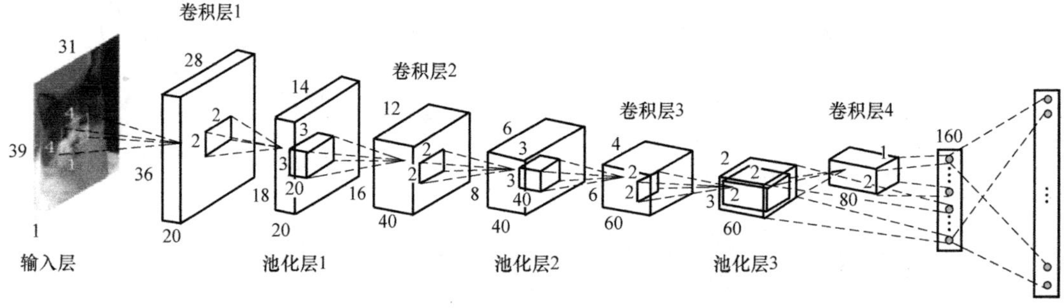

图4-19　卷积神经网络与图像理解

事实上，有研究表明，无论识别何种图像，前几个卷积层中的卷积核都相差不大，原因在于它们的作用都是匹配一些简单的边缘。卷积核的作用在于提取局部微小特征，如果在某个位置匹配到了特定的边缘，那么所得到的特征图中的这个位置就会有较大的强度值。如果多个卷积核在临近的位置匹配到了多个特征，那么这些特征就组合成为一个可识别的物体。对于现实世界中的图像而言，图形常常都是由很多简单的边缘组成，因此可以通过检测一系列简单边缘的存在与否实现物体的识别。

卷积层的作用是从前一层的输出中检测的局部特征，不同的是，采样层的作用是把含义相似的特征合并成相同特征，以及把位置上相邻的特征合并到更接近的位置。由于形成特定主题的每个特征的相对位置可能发生微小变化，因此可以通过采样的方法输入特征图中强度最大的位置，减小中间表示的维度（即特征图的尺寸），从而，即使局部特征发生了一定程度的位移或者扭曲，模型仍然可以检测到这个特征。CNN的梯度计算和参数训练过程和常规深度网络相同，训练的是卷积核中的所有参数。

自20世纪90年代初以来，CNN已经被应用到诸多领域。在20世纪90年代初，CNN就已经被应用在自然图像、脸和手的检测、面部识别和物体检测中。人们还使用卷积网络实现语音识别和文档阅读系统，这被称为时间延迟神经网络。这个文档阅读系统同时训练了卷积神经网络和用于约束自然语言的概率模型。此外还有许多基于CNN的光学字符识别和手写识别系统。

2. 深度神经网络图像识别在管网数据中应用

由于管网检测数据存在数据量大、分类种类多以及对数据分析人员专业水平要求较高等特点，目前对于海量的管网检测数据需要大量的专业人员进行数据分析，存在分析效率低、容易出现误检以及分析成本高等情况。通过基于深度学习的图像智能分析技术，能够解决目前管网检测数据分析存在的难点，通过双任务＋双输入流的模型（two-task＋two-stream）训练方式实现了更加准确的数据分析判读，具体算法实现过程分为以下几个步骤：

1）视频分割

通过将采集的管网检测视频，根据视频的长度大小，将视频按照预先设置的长度阈值 T 进行等间距分割成 N 个片段 $V_{ii=[1.2.N]}$，这样可以对视频进行并行多任务处理，提升处理速度。图 4-20 为视频分割表达示意图。

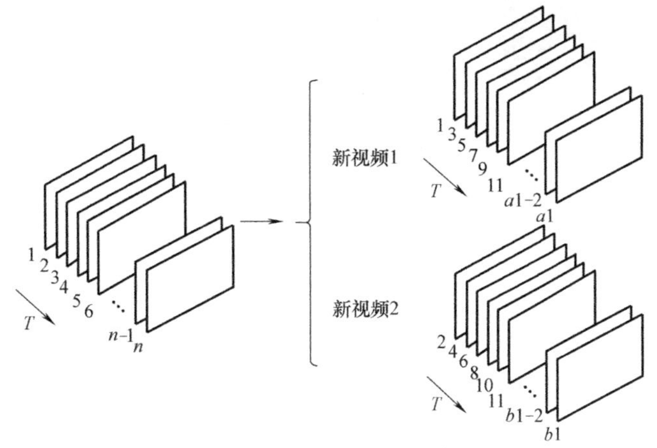

图 4-20　视频分割

2）特征提出

对分割完后的每个视频片段，按照固定采样间隔进行图像采样，获得采样后 K 帧图像序列 $F_{ii=[1.2..N]}$，同时对这 K 帧图像序列与其下一帧的图像进行差分，得到 K 帧的差分图像序列 $F_{jj=[1.2..K]}$，并通过归一化的方式将得到的差分图像序列 $F_{jj=[1.2..X]}$ 进行归一化，将这两组图像序列作为特征输入进入深度学习网络进行参数训练。

3）特征融合

融合分为两个步骤，第一步：融合采样得到图像序列 $F_{ii=[1.2..K]}$ 和经过差分得到的图像序列 $F_{jj=[1.2..K]}$ 得到一个特征矩阵；第二步：在时间维度上通过最大池化的方式融合 K 帧采样图像 $F_{ii=[1.2..K]}$ 和 K 帧差分图像序列 $F_{jj=[1.2..K]}$ 的特征，得到这个视频片段的特征 F^{video}。

4）分类器分类

分为两个步骤，第一步：通过对视频片段的特征判断，经过激活函数，输出维度为 2 的分类结果，判断该视频片段是正常/异常的概率；第二步：通过激活函数，输出维度为 17（按照《城镇排水管道检测与评估技术规程》CJJ 181-2012 中规定的 16 种管道缺陷类型加上正常类型）的分类结果，判断出该类型是否异常，以及异常情况下是属于何种管道缺陷。图 4-21 为基于深度学习的管网数据分析判读流程示意图。

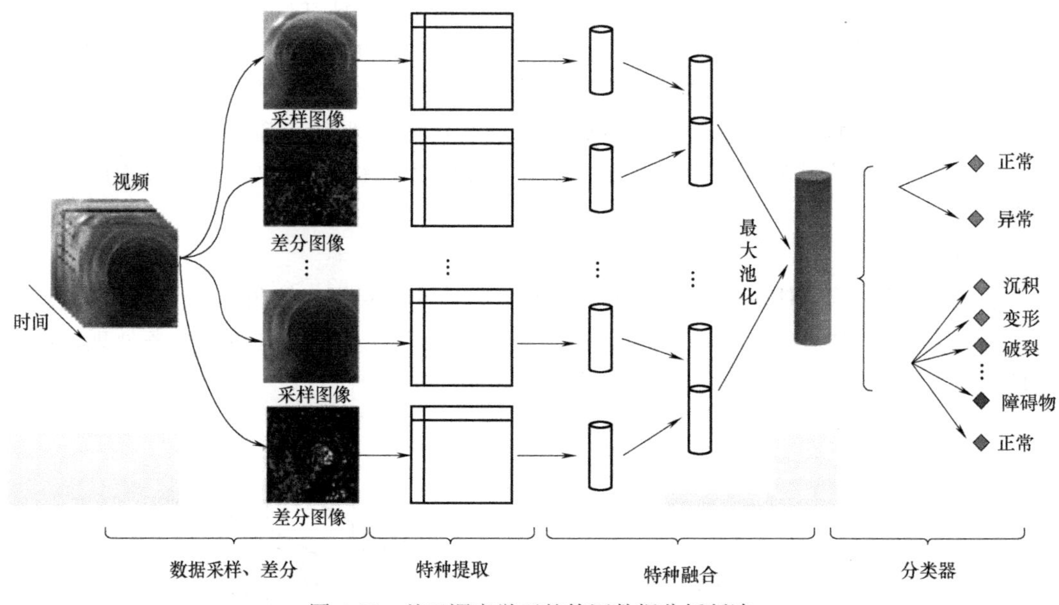

图 4-21　基于深度学习的管网数据分析判读

4.4.3　技术优势

针对目前排水管渠数据分析人工判读存在的问题，同时随着相关技术的发展，采用更加智能的管网数据分析技术也应运而生。基于深度学习技术为主体的管网数据智能分析算法取得了重要发展。通过 AI 管网智能分析技术，解决了传统人工判读存在的问题，具有以下几点优势：

1. 准确性高

通过 AI 智能分析判读，算法依据相关评估标准，对管网的缺陷按照标准进行数据建模，并严格遵循缺陷等级判断标准，满足内业人员判读使用需求。

2. 省时省力，成本低

通过软件自动识别视频版头信息，减少人工录入数据时间，同时通过 AI 智能缺陷分析，无需内业人员长时间依靠经验性判读数据，减少人工支出。

3. 输出高效

通过软件自动输出缺陷图片与等级信息，人工只需进行信息核对，同时内部有多种输出报告模板，能快速生成客户所需检测报告。

将图像智能识别技术应用于排水管网检测设备端，通过智能识别技术辅助现场检测人员对管渠缺陷部分进行重点数据采集，能够有效地提升数据采集质量，同时在检测端可以起到初步数据筛选，为后续的数据从检测端至服务器云端传输及存储，降低数据量提供技术支撑。

4.5　管网数据智能评估流程

管网检测数据的智能分析判读一般按照以下流程进行：项目管理新建项目、工点管理

新建工点、检测视频管理视频上传、缺陷智能判读、缺陷识别信息复核、生成报告。以下详细介绍完整的管网检测数据判读流程：

1. 项目管理

根据实际检测项目的名称，新建项目，填入项目名称、项目地点、项目日期、检测设备、检测标准等相关信息，并进行保存。

2. 工点管理

新建好项目后，按照项目实际检测任务分配，在项目下新建工点，输入相关信息并进行保存。

3. 检测数据上传

选定对应的检测数据，点击上传按钮后，页面将进行跳转，在新打开的页面中，点击“选择文件”，在 windows 文件管理器中选定需要上传的文件，上传成功后，点击返回，返回视频列表。

4. 缺陷判读

双击视频列表中的某一行，即可打开视频，分别显示视频播放界面、视频信息、视频缺陷识别信息、填充/编辑模板等。

5. 缺陷识别信息复核

视频被上传到服务器后，程序将会调用算法对视频中的缺陷信息进行识别，识别完成后，当开始判读视频时，在视频下方，将会显示缺陷预判读，点击缺陷缩略图，将定位到缺陷所在视频的进度位置。

每个缺陷截图，显示四个缺陷信息，准确率从高到低，显示缺陷名称、缺陷等级、时钟标识、相似度。如果缺陷识别准确，即需点击“复核”按钮，将缺陷判定保存到对应的视频。如视频有多个缺陷截图，使用翻页器进行查看。

通过鼠标点击不同的行，在页面右边，显示该缺陷截图与对应的缺陷判定信息，如校核后，需要进行修改，在对应的输入框中，进行重新编辑与输入，点击保存，即完成对缺陷信息的校核。

6. 生成报告

在“项目管理”中的“工点管理”标签页下，选定某一列，点击“生成报告”按钮，在弹出的对话框中，选定需要导出的文档类型与导出模板，进行数据导出。

第5章　排水暗渠检测技术与安全评估

5.1　排水暗渠检测评估单元划分与安全等级划分

5.1.1　排水暗渠检测评估单元划分

排水暗渠为整体线状结构构筑物，分段检测与评估应为基本的方法。为了便于管理单位和工程处理单位对缺陷或隐患进行准确定位，可划分为单元、子单元进行检测与评估。

1. 划分原则

1）单元为主渠或支渠，主渠、不同支流暗渠应单独划分为不同的检测与评估单元。

2）子单元是单元的进一步细分，以暗渠结构、承载特征、缺陷及危害程度、长度将检测与评估单元划分为若干个子单元，子单元宜以伸缩缝、变形缝或沉降缝为分隔界线。

3）运行维护设施安全检测子单元划分规定如下：

（1）每个检查井、出水口、防洪（潮）闸划分为一个子单元。

（2）检查井位置和间距划分为一个子单元。

4）主河道、不同支流河道应单独划分为不同的检测与评估单元，主要目的是：

（1）方便检测，也是检测需要。大多的检测参数采用的是“抽样检测”方法，而不全面检查或检测。为保证检测成果具有代表性，应保证一定的抽检频率，一般情况是子单元内均有代表性的检测数据。但有的检测方法较复杂、费用高，或者对结构有破坏作用，不宜大规模开展检测，因此需要在保证质量的前提下降低抽检频率，按较长的段长抽检，较长的段长即单元概念。

（2）方便管理。一条河道内的子单元众多，需要有统计数据说明管理、维护需要关注的问题和方向。

（3）单元划分不宜过长。正常情况下不宜超过 1200m。河道较长时，其建造时间跨度大，依据标准和规范不同，建造单位和材料、断面大小、结构形式、受力特征变化大，同时也可能由不同的部门管养，因此将一河道特别是一条主河道完全划分为一个检测与评估单元，其实也不具合理性。因此河道较长情况下，可以根据上述特点划分为不同的单元进行检测与评估，一般单元长度不超过 1200m，此时会划分出 20～30 个检测与评估子单元，子单元统计数据样本足够反映存在的问题，若单元长度过长则有将问题平均化而“大事化小”的风险，且包含本条前面所述的诸多因素。

2. 子单元划分方法

1）不同结构类型暗渠划分为不同的子单元。假如一条暗渠有浆砌石盖板涵、单体混凝土整体箱涵、双体混凝土整体箱涵，则应至少分为 3 个子单元分别进行检测与评估。

2）不同的断面大小应划分为不同的子单元，如一种浆砌石盖板涵有 3 种不同的断面大小，则至少分为 3 个子单元；但若内断面一致，但结构体型不一致时也应细分为不同的子单元。

3）不同的承载特征划分为不同的子单元。承载特征包括地面通行条件和上覆建筑特征等，这项工作需要结合地面调查进行。如相同的断面和体型，但上部地面分别为公园、路面、厂房等，则应细分为“公园、路面、厂房”三个子单元。

4）不同的缺陷及危害程度划分为不同的子单元。这项工作属于检测过程中的动态调整，即检测中发现同一暗渠段有不同类型的缺陷及危害程度等级，则应将前期的子单元长度进行动态调整，将相同的缺陷及危害程度等级划分为同一子单元（为一连续的段），目的是方便后期安全评估和工程处理。

5）宜结合结构缝、伸缩缝、变形缝、检查井设置划分子单元。依据《水工混凝土结构设计规范》SL 191—2008、《城市防洪工程设计规范》GB/T 50805—2012 关于结构缝、伸缩缝、变形缝的设置，以及《室外排水设计规范》GB 50014—2021、《城市防洪工程设计规范》GB/T 50805—2012 关于检查井的设置，混凝土结构的结构缝、伸缩缝的间距一般为 15～25m，浆砌石结构的变形缝的间距一般为 10～15m，检查井的间距一般为 30～120m。结合结构缝、伸缩缝、变形缝、检查井设置划子单元，与设计、施工规范一致是一种合理的选择。

6）子单元长度应有大小限制。结合上述第 5）条，要求子单元最小长度不宜小于结构缝、伸缩缝、变形缝的间距（混凝土结构时最小为 15m，浆砌石结构时最小为 10m）。但若都按此长度划分子单元，则抽检测量将过多，没有必要，但若子单元过长则有将问题平均化而“大事化小”的风险，同时检测数据的代表性也变差，因此在满足第 1）～5）条的情况下，正常宜按 4～6 个结构缝间距（约 40～60m）设置为一子单元。

5.1.2　排水暗渠缺陷分类及危害程度等级划分

1. 排水暗渠缺陷分类

排水暗渠缺陷分为功能性缺陷和结构性缺陷两大类。常见的外观缺陷见表 5-1。

排水暗渠常见外观缺陷名称及样图　　**表 5-1**

缺陷类别	缺陷名称	样图
结构性缺陷	墙体变形	

续表

缺陷类别	缺陷名称	样图
结构性缺陷	盖板变形	
	墙体垮塌	
	墙基掏空	 

续表

缺陷类别	缺陷名称	样图
结构性缺陷	钢筋裸露锈蚀	
	浆砌石砌体砂浆流失	
	异物穿墙侵入	

续表

缺陷类别	缺陷名称	样图
结构性缺陷	墙体渗水	 
	伸缩缝封堵损坏	

续表

缺陷类别	缺陷名称	样图
结构性缺陷	裂缝	 
功能性缺陷	残墙	

续表

缺陷类别	缺陷名称	样图
功能性缺陷	淤积	 
	树根侵入	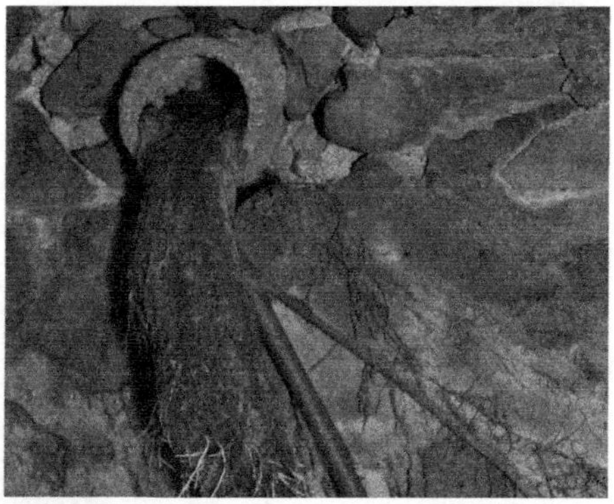

2. 排水暗渠功能性缺陷危害程度等级划分见表 5-2。

排水暗渠功能性缺陷危害程度等级划分表　　表 5-2

缺陷类别 危害程度等级	功能性缺陷			
	残墙、坍塌、异物侵入（树根、管线等）	淤积	底板高程纵断面	糙率
Ⅴ	无残墙、坍塌、异物侵入，无淤积现象		与设计相符	与原设计相符

续表

危害程度等级＼缺陷类别	功能性缺陷			
	残墙、坍塌、异物侵入（树根、管线等）	淤积	底板高程纵断面	糙率
Ⅳ	残墙、坍塌、异物侵入或其他淤堵面积占暗渠断面面积的比例不大于5%	暗渠底部淤积深度平均值小于10cm，局部断面最大值不大于30cm；或淤积面积占暗渠断面面积的比例不大于5%	基本符合原设计要求	明显较原设计差
Ⅲ	残墙、坍塌、异物侵入或其他淤堵面积占暗渠断面面积的比例大于5%且小于15%	暗渠底部淤积深度平均值在10～30cm之间，局部断面最大值不大于45cm；或淤积面积占暗渠断面面积的比例大于5%且小于15%	倒坡高差介于10～30cm	—
Ⅱ	残墙、坍塌、异物侵入或其他淤堵面积占暗渠断面面积的比例大于15%且小于25%	暗渠底部淤积深度平均值在30～50cm之间，局部断面最大值不大于75cm但可被洪水（高速水流）冲刷流散；或淤积面积占暗渠断面面积的比例大于15%且小于25%	倒坡高差介于30～50cm	—
Ⅰ	残墙、坍塌、异物侵入或其他淤堵面积占暗渠断面面积的比例大于25%	暗渠底部淤积深度平均值大于50cm，局部断面最大值大于75cm；或淤积面积占暗渠断面面积的比例大于25%	倒坡高差大于50cm	—

3. 排水暗渠结构性缺陷危害程度等级划分见表5-3。

排水暗渠结构性缺陷危害程度等级划分表　　表5-3

危害程度等级	安全检测指标	结构（部件、构件）技术状况
Ⅴ	未发现材料缺陷或缺损；检测指标完全符合设计和施工验收规范的要求；结构变形≤规范值的50%	全新（完好）状态，功能完好
Ⅳ	材料存在轻度缺陷或缺损，但不影响结构安全或耐久性；检测指标基本符合设计和施工验收规范的要求；结构变形在小于规范值	功能良好，材料有局部轻度缺损或污染
Ⅲ	材料存在中等缺陷或缺损，较明显影响结构安全或耐久性；或者存在轻度缺损，较明显影响结构安全或耐久性，但发展缓慢，尚能维持正常使用功能；检测指标低于设计和施工验收规范的要求，但偏差在5%以内；结构变形基本等于或略超出规范值	材料有中等缺损；或者出现轻度功能性病害，但发展缓慢，尚能维持正常使用功能
Ⅱ	材料存在严重缺陷或缺损，明显影响结构安全或耐久性；或者存在中度缺损，明显影响结构安全或耐久性，且发展较快，功能明显降低；检测指标低于设计和施工验收规范的要求，偏差在5%～10%以内；结构变形大于规范值但在1.5倍之内；使用安全性明显低于规范的要求	材料有严重缺损，或者出现中等功能性病害，且发展较快；结构变形小于或等于规范值，功能明显降低

续表

危害程度等级	安全检测指标	结构(部件、构件)技术状况
Ⅰ	材料存在严重缺陷或缺损,严重影响结构安全或耐久性,且有继续扩展现象;检测指标低于设计和施工验收规范的要求,偏差超过10%;结构变形大于规范值1.5倍以上;结构强度、刚度、稳定性不能达到安全使用的要求	材料严重缺损,出现严重的功能性病害,且有继续扩展现象;关键部位的部分材料强度达到极限,变形大于规范值,结构强度、刚度、稳定性不能达到安全使用的要求

5.1.3 排水暗渠安全等级划分

排水暗渠安全等级分Ⅰ级、Ⅱ级、Ⅲ级和Ⅳ级共4个等级,等级序号越小则安全性越低(越危险),具体划分见表5-4。

排水暗渠安全等级及安全处置原则 **表5-4**

安全等级	分级标准	主要指标	安全处置原则
Ⅰ	极不安全	(1)过流能力严重不足。 (2)结构整体破损严重,承载能力严重不足,变形、位移明显超出设计允许范围,整体稳定性和安全性严重不符合国家有关标准要求。 (3)材料严重劣化,钢筋截面损失率>10%,结构严重损坏,预测剩余使用年限为零。 (4)存在危害程度分级为Ⅰ级的其他缺陷	(1)立即开展定期安全监测。 (2)立即对隐患区域封闭围挡,设置警示标志。 (3)立即报废重建或立即开展修复、补强等工程处置,视条件和要求恢复到Ⅳ级或Ⅲ级
Ⅱ	不安全	(1)过流能力明显不足。 (2)结构整体破损明显,承载能力不足,变形、位移超出设计允许范围,整体稳定性和安全性不符合国家有关标准要求。 (3)材料明显劣化,钢筋截面损失率为10%~5%,结构明显损伤,预测剩余使用年限不小于5年。 (4)存在危害程度分级为Ⅱ级的其他缺陷	(1)立即开展定期安全监测。 (2)及时开展修复、补强等工程处理,视条件和要求恢复到Ⅳ级或Ⅲ级
Ⅲ	基本安全	(1)过流能力基本满足国家标准和规范规程要求。 (2)结构整体基本完好,局部存在轻微缺陷,承载能力基本满足要求,变形、位移未超出设计允许范围,整体稳定性和安全性符合国家有关标准要求。 (3)材料局部劣化,结构轻微损伤但未影响承载能力,耐久性满足设计使用年限要求且预测剩余使用年限不小于5年。 (4)存在危害程度分级为Ⅲ级的其他缺陷、隐患	(1)正常管理与维护,包括汛前和汛后安全检查等在内的定期巡视。 (2)加强检测监测工作,视情况采取局部修复、补强等措施
Ⅳ	安全	(1)过流能力充足,完全符合国家标准和规范规程要求。 (2)结构完好,承载能力充足,变形、位移均在设计允许范围的50%以内,整体稳定性和安全性符合国家有关标准要求。 (3)材料完好无劣化,耐久性满足设计使用年限要求且预测剩余使用年限不小于10年。 (4)存在危害程度分级为Ⅳ级的其他缺陷	正常管理与维护,包括汛前和汛后安全检查等在内的定期巡视

5.2　排水暗渠检测技术

5.2.1　常规检测技术

可用于排水暗渠检测的常规检测技术有：

（1）人工调查、常规测量技术。

（2）回弹法、超声回弹法、钻芯法等混凝土结构强度检测技术。

（3）现场酚酞试验等混凝土碳化深度检测技术。

（4）半电池电位法等钢筋锈蚀检测技术。

（5）电磁感应法、超声横波层析成像法等钢筋保护层厚度检测技术。

（6）贯入法等砂浆强度检测技术。

5.2.2　内部影像检测技术

1. 方法原理

采用潜水员或其他工作人员携带影像设备进入排水暗渠内部，进行水下或水上部分影像检测的技术，该方法可获得排水暗渠内部实际影像，可用于直观判断排水暗渠内部各种隐患。

2. 适用范围

（1）排水暗渠水上部分的检测。

（2）排水暗渠能见度大于 1m 的水下部分的检测。

3. 仪器设备要求

（1）检测仪器设备及其搭载平台应具备水陆两用、防爆等功能，能适应排水暗渠内积水、淤积、潮湿的环境。

（2）检测仪器设备搭载平台应具备远程控制和观察功能，能够避开或越过排水暗渠内常见的沉积沉淀物、树枝、树根、砖头石块等障碍物。

（3）摄像头宜具有排水暗渠全景观察能力。

（4）主摄像头应具有仰俯、平扫、旋转、变焦、视频与照相等功能，宜优先选用高感光度、高清彩色摄像头，可清晰观察前方 10m 范围内宽度为 5mm 的条状物体。

（5）摄像辅助光源系统宜采用无影光源，灯光强度宜能调节，摄影区域内的光照度不小于 50lx。

（6）检测设备搭载平台应具备测距功能，测距精度应优于 0.1m。

4. 现场检测技术要求

（1）进行排水暗渠内部影像检测时，应匹配有辅助光源系统，保证摄影区域的光照度。

（2）影像检测仪器设备可从检查井或排水暗渠进出口安装进入。

（3）排水暗渠内部影像检测可分检查井段进行，也可连续多段或整条暗渠一次完成检测。

（4）对检查发现的异常渗水、裂缝、大规模变形坍塌、异物侵入与淤堵、钢筋明显锈蚀、墙基掏空、混凝土剥蚀脱落等严重缺陷部位宜进行细部放大摄影，清晰显示其位置和规模。

（5）获取的视频和影像数据宜带有尺寸信息或相对的尺寸信息，尺寸量测偏差不大于暗渠断面小边长的1/20。

（6）可利用排水暗渠进出口、检查井的测量数据对内部影像进行修正，影像定位误差不得大于0.5m。

（7）影像应清晰可辨，可识别宽度0.1mm及以上的裂缝。

（8）影像质量未达到的要求时，应对不合格的影像进行重复检测。

5.2.3 三维激光扫描检测技术

1. 方法原理

三维激光扫描技术利用激光测距的原理，记录被测物体表面大量的密集的点的三维坐标、反射率和纹理等信息，结合计算机视觉与图像处理技术，将其扫描结果直接显示为点云，快速复建出被测目标的三维模型及线、面、体等各种图件数据。相对于传统的测量手段，三维激光扫描技术在排水暗渠检测中具有明显的优势，它具有扫描速度快、实时性强、精度高、主动性强、全数字特征等特点，可以极大地降低成本，节约时间，且使用方便。其输出格式可直接与CAD、三维动画等工具软件接口，通过对点云数据的处理不仅可以快速得到所需的断面信息，还可以将处理完成的高精度点云数据用于后期的BIM建模，延伸和扩展点云数据应用，最大化利用点云数据。

2. 适用范围

三维激光扫描适用于排水暗渠水上部分的检测，可在光照不足的环境中进行检测。

3. 仪器设备

排水暗渠检测宜选用中短距三维激光扫描仪，主要技术参数满足下列要求：

（1）最大测距：宜为50～150m。

（2）25m测距精度：优于±3mm。

（3）出射光斑直径：≤4mm；激光散射角：≤0.4mrad。

（4）水平视野范围：360°；垂直视野范围≥270°。

（5）水平角度分辨率：≤0.018°；垂直角度分辨率：≤0.018°。

4. 现场检测技术要求

（1）三维激光扫描检测可分检查井段进行，也可连续多段或整条暗渠一次完成检测。

（2）架站式三维激光扫描的测站间距不得大于排水暗渠断面小边长度的3倍。

（3）排水暗渠检查井、分支口等正中位置应增设测站进行三维激光扫描。

（4）三维激光扫描测距精度应优于3mm，点云密度应优于4点/cm^2。

（5）三维激光扫描数据拼接可选用特征点拼接、绝对坐标拼接等方法，拼接半径应不大于排水暗渠断面小边长度的5倍，点云拼接重叠率大于50%。

（6）利用三维激光扫描做变形监测时，对于重要的特征断面，可采用粘贴或固定强制对中的黑白十字反射板的方式，固定对比断面并提高观测精度。

（7）拼接后的点云最大间距：≤5mm；特征点水平和垂直中误差：≤10mm；监测断面内监测点间距中误差：≤5mm。

5.2.4　水下声呐扫描检测技术

1. 方法选择

用于排水暗渠检测的是主动式声呐，主要包括断面声呐、侧扫声呐、二维声呐和三维声呐。

2. 适用范围

（1）水下声呐扫描检测技术适用于排水暗渠水深大于60cm的水下部分的检测。

（2）断面声呐主要用于淤积深度和断面变形检测。

（3）侧扫声呐主要用于排水暗渠结构表面破损状况检测。

（4）二维、三维声呐主要用于淤积深度、断面变形检测和结构表面破损状况检测。

3. 仪器设备

水下声呐检测设备及其搭载平台，主要技术要求如下：

（1）设备应具备防爆等功能。

（2）耐水压不小于0.3MPa。

（3）宜安装辅助摄像头和辅助光源系统，摄像头宜具备视频与照相等功能，宜优先选用高感光度、高清彩色摄像头。

（4）具备远程控制和观察功能，能够避开或越过排水暗渠内常见的沉积沉淀物、树枝、树根、砖头石块等障碍物。

（5）具备测距功能，测距精度应优于0.1m。

（6）应配置三向姿态传感器，并能读取和利用姿态数据。

（7）声呐频率宜为0.5～2.5MHz，声呐扫描范围应大于所需检测的暗渠最大对角线。

4. 现场检测技术要求

（1）声呐仪器设备可从检查井或排水暗渠进出口进入并开展检测。

（2）声呐检测可分检查井段进行，也可连续多段或整条暗渠一次完成检测。

（3）应实测被检排水暗渠内积存水的声波速度，并对系统声速进行校准。

（4）声呐检测时，在距排水暗渠起始、终止检查井处应进行断面的重复检测。

（5）断面声呐和三维声呐检测，以及二维声呐进行淤积深度和断面变形检测时，应充分利用姿态传感器提供的信息，对影像数据进行位置修正。

（6）三维声呐进行结构表面破损状况检测时，声呐点云密度不得大于1点/cm^2。

（7）二维声呐进行结构表面破损状况检测时，声呐发射接收平面与检测表面的交角宜控制在10°～40°，根据声呐视角调整测线间距保证全覆盖暗渠表面。

（8）侧扫声呐进行结构表面破损状况检测时，宜调整好声呐头与检测面的距离，分上下左右分别检测，或者根据声呐视角调整测线间距保证全覆盖暗渠表面。

（9）声呐扫描淤积深度检测的精度应优于5cm，断面变形检测的精度应优于3cm，结构表面破损状况检测时应能区分10cm×10cm大小的破损区域。

（10）可利用暗渠进出口、检查井的测量数据对声呐影像进行修正，影像定位误差不得大于0.5m。

5.2.5 探地雷达检测技术

1. 方法原理

探地雷达的技术原理详见第3章第1点介绍。

2. 适用范围

(1) 淤积深度检测。

(2) 钢筋保护层厚度和分布检测。

(3) 砂浆饱满度或松散区检测。

(4) 混凝土厚度检测和墙体厚度检测。

(5) 混凝土密实性检测。

(6) 探查排水暗渠外侧3m范围内的隐伏空洞、土体松散区等。

3. 仪器设备

(1) 探地雷达应具备防爆等功能，具备必要的防尘、防潮、防水功能。

(2) 探地雷达采集主机应符合下列规定：

① 脉冲重复频率不应小于100kHz。

② 模/数转换不应低于16位。

③ 最小采样间隔不应大于0.05ns。

④ 系统动态范围不应小于120dB。

⑤ 应具有自动和手动增益调节功能，增益点数不应少于3个。

⑥ 应具有32次以上信号静态叠加功能。

⑦ 应具有滤波功能。

(3) 探地雷达天线应符合下列规定：

① 天线中心频率允许偏差应为±5%。

② 频带范围的低值不应大于中心频率的1/4，高值不应小于中心频率的2倍。

4. 现场检测技术要求

(1) 淤积深度探地雷达检测技术要求如下：

① 天线频率宜为100～600MHz。

② 检测宜采用连续剖面法，道间距不大于50cm，条件允许时优先采用测量轮测距和控制采样。

③ 每隔5m至少有一距离标记。

(2) 钢筋保护层厚度和分布探地雷达法检测技术要求如下：

① 工作使用的探地雷达法天线频率不小于1000MHz。

② 检测应采用连续剖面法，测量轮测距，道间距不大于2cm。

③ 测线长度不小于2m。

(3) 浆砌石结构墙体厚度、砂浆饱满度或松散区探地雷达法检测技术要求如下：

① 探地雷达天线频率应在200～600MHz选择。

② 检测应采用连续剖面法，测量轮测距，道间距不大于2cm。

③ 测线长度不小于5m。

(4) 浆砌石墙体或混凝土结构厚度探地雷达法检测技术要求如下：

① 探地雷达天线频率应在 400～900MHz 选择。

② 检测应采用连续剖面法，测量轮测距，道间距不大于 2cm。

③ 测线长度不小于 2m。

（5）混凝土密实性探地雷达法检测技术要求如下：

① 工作前应采集正常密实混凝土的探地雷达图像为基准图像。

② 探地雷达天线频率应为 400～2000MHz 选择。

③ 检测应采用连续剖面法，测量轮测距，道间距不大于 2cm。

④ 测线长度不小于 2m。

（6）探查排水暗渠外侧 3m 范围内的隐伏空洞、土体松散区等探地雷达法检测技术要求如下：

① 探地雷达天线频率应在 80～500MHz 选择；当电磁干扰不明显且探测深度较大时，可选择非屏蔽的低频天线；重点区域及普查中确定的重点异常区探测宜选用多种频率天线。

② 在城市道路上进行探测时，测线宜沿车道行进方向布设。

③ 在城市广场等非道路区域进行探测时，测线宜沿场区长边方向布设。

④ 普查时测线间距不宜大于 2.0m，详查时测线间距不宜大于 1.0m。

⑤ 检测宜采用连续剖面法，测量轮测距，道间距不大于 10cm。

⑥ 每隔 5m 至少有一距离标记。

5.2.6 其他物探检测技术

探测排水暗渠外侧 3m 范围内的隐伏空洞、脱空、土体疏松等隐患，还可采用高密度电阻率法、瞬态面波法、地震映像法以及微动探测法等物探检测技术。

1. 高密度电阻率法

（1）现场技术要求如下：

① 电极接地电阻应小于 5kΩ。

② 复杂条件下，应采用不少于两种观测装置进行探测。

③ 对于每个排列的观测，坏点总数不应超过测量总点数的 1%，对意外中断后的续测，应有不少于 2 个深度层的重测值。

④ 对于偶极装置，应观测电压和电流值，计算视电阻率值；远电极极距 OB 不应小于 5 倍最大供电极距。

⑤ 实施滚动观测时，每个排列的伪剖面底边的数据应衔接。

⑥ 测线两端的探测范围应处于选用装置的有效范围之内，测线两端超出测区的长度不宜小于装置长度的 1/3。

（2）隐患特征见表 5-5。

排水暗渠外侧隐患的高密度电阻率法电性特征　　表 5-5

隐患类型	电性特征
疏松体	(1)地下水位以上的疏松体的电阻率特征表现为相对高阻异常； (2)地下水位以下的疏松体的电阻率特征表现为相对低阻异常

续表

隐患类型	电性特征
空洞	(1)空洞有水充填时,其电阻率特征表现为相对低阻异常; (2)空洞无水充填时,其电阻率特征表现为相对高阻异常

2. 瞬态面波法

(1) 现场技术要求如下:

① 检波器应垂直插入地面,与地表耦合良好。

② 记录的近震源道不应出现削波,不应出现相邻坏道,非相邻坏道不应超过 3 道。

③ 采样时间间隔选取应兼顾分辨率与勘探深度的需要,应满足不同面波周期的时间分辨,在最小周期内应采样 4~8 点;采样点数不应少于 1024 点;仪器采样时间长度应满足最大源检距采集完面波最大周期的需要,宜大于有效长周期信号的 3 个周期。

④ 排列的道间距应小于最小探测深度所需波长的 1/2,最小偏移距应大于检波点距或道间距。

(2) 隐患特征见表 5-6。

排水暗渠外侧隐患的瞬态面波法特征　　表 5-6

隐患类型	面波相速度特征	视横波速度剖面特征	时间域特征	频率域特征
疏松体	与周边正常地层相比,速度降低较明显	与周边正常地层相比,表现为较明显的低速异常	波组杂乱,分布不规则	能量团较分散,频散曲线存在"之"字形拐点,不易提取完整的频散曲线
空洞	与周边正常地层相比,速度降低明显	与周边正常地层相比,表现为明显的低速异常,圈闭特征明显	边界波组杂乱,局部存在镜像波	频散曲线变化剧烈,"之"字形拐点明显

3. 地震映像法

(1) 现场技术要求如下:

① 检波器应垂直地面安置,与地面耦合良好。

② 各点激发能量宜一致。

③ 宜选择振动干扰较小的时段进行现场工作。

④ 可采用叠加的方式提高信噪比。

⑤ 当发现疑似地面坍塌隐患时,应记录位置并复核。

(2) 隐患特征见表 5-7。

排水暗渠外侧隐患的地震映像特征　　表 5-7

隐患类型	同相轴特征	频率特征
疏松体	波形结构变换较大,同相轴上凸或下凹现象较明显,地震波历时延长	频率低于背景场
脱空	同相轴消失或分叉	频率低于背景场
空洞	同相轴上凸或下凹现象明显,边界处同相轴明显错断,局部有散射现象	频率低于背景场

4. 微动探测法

(1) 现场技术要求如下：

① 应按设计位置布设，布设条件宜一致，并与地面耦合良好。

② 拾振器应摆放在密实地面上并调水平。

③ 台阵中各拾振器间的高差不宜大于 25cm。

④ 应根据现场振动干扰情况，选择合适的采集时机，避开测点附近的持续强震动干扰。

⑤ 单次采集时间不宜少于 15min，探测现场存在非持续的干扰因素时，应延长信号采集时间。

⑥ 应该避免在恶劣的天气条件下采集信号。

⑦ 应及时记录采集过程中的干扰情况。

(2) 隐患特征见表 5-8。

排水暗渠外侧隐患的微动探测法特征 **表 5-8**

隐患类型	面波相速度特征	视横波速度剖面特征	时间域特征	频率域特征
疏松体	与周边正常地层相比，速度降低较明显	与周边正常地层相比，表现为较明显的低速异常	波组杂乱，分布不规则	高频段表现量值较大，能量团较分散，频散曲线存在"之"字形拐点，不易提取完整的频散曲线
空洞	与周边正常地层相比，速度降低明显	与周边正常地层相比，表现为明显的低速异常，圈闭特征明显	边界波组杂乱，局部存在镜像波	高频段表现量值大，频散曲线变化剧烈，"之"字形拐点明显

5.3 排水暗渠功能性安全检测

5.3.1 检测内容

排水暗渠功能性状况检测主要包括以下内容：

(1) 排水暗渠包括进出口是否存在残墙、坍塌、异物侵入、淤堵等影响过流的情况。

(2) 排水暗渠的长、宽、高、横纵断面等尺寸信息。

(3) 排水暗渠的淤积、冲刷现状。

(4) 排水暗渠糙率现状调查。

(5) 排水暗渠内部排口位置、大小、材质等属性信息。

5.3.2 检测方法及要求

(1) 排水暗渠内部或进出口残墙、坍塌、异物侵入、淤堵等，以及暗渠内部排口位置、大小、材质等属性信息检测宜采用内部影像检测方法或三维激光扫描方法。

(2) 排水暗渠的长、宽、高、横纵断面等尺寸信息检查宜采用三维激光扫描检测或人工直接量测方法。

(3) 排水暗渠淤积、冲刷宜以断面的形式测量，当暗渠内水深小于600mm时，宜以三维激光扫描结合测量杆、人工直接量测等测量；当暗渠内水深大于600mm时，宜采用三维激光扫描结合断面声呐扫描检测。

(4) 淤积深度检测可采用高频探地雷达等适合的物探检测方法进行测量，物探检测的精度应优于5cm。

(5) 宜结合人工检查的方法对过流能力进行检测。人工检查可用仪器设备携带摄像头、辅助光源进暗渠内部而检查人员在暗渠外观察记录的方式。

(6) 排水暗渠功能性安全检测，应对全部检测单元和子单元进行全面检测，并提供以下数据资料：

① 每子单元应提供1～3个典型暗渠断面，典型暗渠断面应包括本子单元内最不利的断面。重点暗渠段应适当增加典型断面数量，以及坍塌、异物侵入、淤堵等影响过流的细部放大图像。

② 应提供检测单元和子单元的高程纵断面曲线和数据。

③ 提供糙率现状及其他影响过流能力的检测成果。

④ 其他评估资料需要的检测数据和信息。

5.4 排水暗渠结构性安全检测

5.4.1 检测内容

排水暗渠结构性安全检测分为必检项目和专项检测项目。专项检测项目指在特定条件下为进一步了解基础与结构现状而开展的检测项目。

1. 必检项目

(1) 结构表观检测，包括蜂窝、麻面、孔洞、露筋等施工期原有缺陷检查；剥蚀、掉角、脱落、冲蚀、裂缝（包括裂缝的长度、宽度）、钙溶蚀、墙体垮塌、墙基掏空、灰缝脱落等砌体缺陷、植物根须穿入箱涵等运行期形成的缺陷检查。

(2) 结构变形情况检测。

(3) 混凝土强度检测。

(4) 混凝土碳化深度检测。

(5) 钢筋锈蚀状况检测。

(6) 钢筋保护层厚度和分布检测。

(7) 砂浆强度检测。

(8) 砂浆饱满度或松散区检测。

(9) 渗漏及渗漏稳定检测。检测内容包括渗漏位置、渗漏量、浊度等。

(10) 周边土体隐患检测。内容包括暗渠周边土体3m范围内的隐伏空洞、脱空区、土体松散区等安全隐患。

2. 专项检测项目

(1) 结构体型检测，包括混凝土厚度检测、墙体厚度检测等。

（2）混凝土裂缝深度检测。

（3）混凝土密实性检测。

（4）氯离子含量检测。

（5）排水暗渠内空气和水体腐蚀介质检测。

5.4.2　检测方法及要求

（1）排水暗渠结构性安全检测方法及抽检频率见表5-9。

排水暗渠结构性安全检测方法及抽检频率　　表5-9

序号	检测内容	检测方法	抽检频率
1	结构表观检测	内部影像检测、三维激光扫描、水下声呐检测、人工检查	全面检测与检查
2	结构变形情况检测	三维激光扫描、工程测量	每个子单元不少于1断面，显著变形的子单元不少于3断面，检测内容包括沉降、收敛等参数
3	混凝土强度检测	回弹法、超声回弹综合法、钻芯法等	每子单元不小于10个测区并尽可能均布到各结构部位，每个检测与评估单元不小于20个测区。存在钙溶蚀现象处须布置强度检测区。 检测与评估单元内，存在混凝土强度低于设计值（或明显低于同一单元其他测区背景值）的测区，应采用钻芯法进行验证，抽芯孔数不应低于3孔。 无法用无损方法检测混凝土强度的子单元，可采用钻芯法检测，每个子单元的芯样试件数量不得少于3个
4	混凝土碳化深度检测	酚酞试验	每个子单元不小于3个测区并尽可能均布到各结构部位，每个检测与评估单元不小于10个测区
5	钢筋锈蚀状况检测	半电池电位法、直接测量法	每个子单元不小于3个测区，主要分布于钢筋锈蚀可能性较大的子单元。 若钢筋锈蚀状况差异大，则宜每个子单元布置1个测区。 无损检测结果表明钢筋"锈蚀概率大于90%"、钢筋裸露锈蚀区，应采用直接测量法测量未锈蚀钢筋直径
6	钢筋保护层厚度和分布检测	电磁感应法、探地雷达法、超声横波层析成像法	每个子单元不小于3个测区，主要分布于钢筋锈蚀可能性较大的子单元或均匀分布
7	砂浆强度检测	贯入法	每个子单元不小于10个测区，每个检测与评估单元不小于20个测区。 显著变形子单元的检测数量宜增加检测测区
8	砂浆饱满度或松散区检测	探地雷达法	子单元左右边墙各1条检测剖面。 显著变形子单元宜在左右边墙各布置2条剖面，剖面布置于边墙不同高度位置，检测剖面间距1～2m
9	渗漏及渗漏稳定检测	观察记录、水量量测、浊度检测等	全面检查，观察并记录渗漏位置、渗漏量、是否夹沙、夹泥。 渗流量较大的部位，准确检测渗水流量等

续表

序号	检测内容	检测方法	抽检频率
10	周边土体空洞隐患检测	可根据实际检测环境、暗渠结构、地质、地球物理性质差异等选用以下一种或多种检测方法组合：探地雷达法、高密度电阻率法、瞬态面波法、地震映像法、微动探测法、钻孔取芯法	对全部检测单元和子单元进行全面检测： (1)暗渠左边墙、右边墙、底板的周边土体空洞隐患检测为必测部位，检测采用探地雷达法，在左边墙、右边墙和底板各布置1条沿洞轴线的检测剖面。 (2)当出现下列情况之一者，应对暗渠上方覆盖层进行土体空洞隐患检测： ①暗渠上方覆盖层出现明显的沉降位移、变形开裂、土体异常、空洞等部位； ②暗渠顶板出现明显的沉降位移的部位； ③暗渠顶板出现明显的线状、股状等渗漏部位； ④暗渠侧墙土体松散区、脱空、空洞等已延伸到暗渠顶部的部位； ⑤暗渠上方覆盖层土体空洞隐患检测布置：当顶板埋深小于3m时，在暗渠上方地面沿洞轴线布置1条测线；当顶板埋深大于3m时可在涵内顶部沿洞轴线布置探地雷达测线，或者在暗渠上方地面沿洞轴线布置高密度电阻率法、瞬态面波法、地震映像法、微动勘探法、瞬变电磁法等检测
11	结构体型检测	探地雷达法、超声横波层析成像法、钻探法	在结构体型不明的情况下进行抽检，每单元抽检3个点(或测区)。检测内容为混凝土厚度或墙体厚度等
12	混凝土裂缝深度检测	超声波单面平测法	结构变形裂缝长度大于5m且宽度大于0.3mm时检测，每条裂缝宜检查3个点
13	混凝土密实性检测	超声横波层析成像法、探地雷达法	怀疑混凝土密实性影响到结构安全和耐久性时检测，每个单元不小于3个测区，主要分布于钢筋锈蚀可能性较大的子单元
14	氯离子含量检测	试验室化学分析法和滴定条法(Quantab strips)	怀疑混凝土氯离子含量严重影响到结构安全和耐久性时检测，每个单元不小于3个测区(每测区3个检测点)，主要分布于钢筋锈蚀可能性较大的子单元
15	暗渠内空气和水体腐蚀介质检测	试验与化学分析	常规检测内容为氧气、一氧化碳、一氧化碳、硫化氢、可燃气体共5项，每个检测子单元布置1个测点。 有证据表明暗渠内空气和水体腐蚀介质较设计条件发生明显变化时检测，每条暗渠检测3组。检测内容可包括温湿度、含盐量、pH值、电阻率、水污染情况和其他侵蚀介质等

(2) 结构表观检测应提供以下数据资料：

① 裂缝相关内容：包括长度、宽度、估计深度、走向及渗漏情况等。

② 墙基掏空、灰缝脱落等砌体缺陷情况。

③ 影响结构安全的施工缺陷：包括蜂窝、麻面、孔洞、露筋等。

④ 后期变形及水流冲刷引起的缺陷：包括墙体垮塌，混凝土剥蚀、掉角、脱落、冲蚀等。

⑤ 其他影响结构安全的内容，如植物根须穿入箱涵、钙溶蚀分布等。

(3) 结构变形检测应提供以下数据资料：

① 大变形、坍塌等显见的结构变形资料，包括位置、照片和描述等。

② 每子单元应提供1～3个典型暗渠断面，信息内容包括顶板下沉量、底板隆起量、两侧墙体水平和垂直位移、断面收敛量等，典型暗渠断面应包括本子单元内最不利的断面。

（4）混凝土强度检测应提供的数据资料包括检测单元和子单元的混凝土强度代表值，必要时应提供代表值上限和下限等。

（5）混凝土碳化深度检测应提供的数据资料包括检测单元和子单元的混凝土碳化深度代表值，必要时应提供代表值上限值和下限值等。

（6）钢筋锈蚀状况检测应提供的数据资料包括检测单元的钢筋锈蚀可能性情况，若有明显的钢筋锈蚀情况或可能性大于90%时，应提供锈蚀后钢筋的剩余直径。

（7）钢筋保护层厚度和分布检测应提供的数据资料包括检测单元的钢筋保护层厚度和分布代表值。若钢筋锈蚀状况差异大，则宜提供每个子单元钢筋保护层厚度和分布代表值。

（8）砂浆强度检测应提供的数据资料包括检测单元和子单元的砂浆强度代表值，必要时应提供代表值上限值和下限值等。

（9）砂浆饱满度或松散区检测应提供的数据资料包括检测单元和子单元两侧墙体的砂浆饱满度或松散区发育状况。

（10）渗漏及渗漏稳定性检测应提供渗漏相关的位置、状态、渗漏量、渗出物等成果。

（11）暗渠周边土体空洞隐患检测应提供排水暗渠外侧3m范围内的隐伏空洞或土体松散区等的桩号范围、发育部位、延伸长度及方向、高度等成果。

（12）结构体型检测应提供的数据资料包括暗渠结构体型信息，也包括墙体厚度、顶板厚度等。

（13）混凝土裂缝深度检测应提供的数据资料包括裂缝深度值。

（14）混凝土密实性检测应提供的数据资料包括检测单元的混凝土密实性检测情况。

（15）氯离子含量检测应提供的数据资料包括检测单元的混凝土胶凝材料（或水泥）与氯离子比值。

（16）其他评估资料需要的检测数据和信息。

5.5　排水暗渠附属设施检查

5.5.1　检查内容

（1）检查井的检查：内容包括井位及井间距测量、井盖与井座完好性检查、井壁完好性检查、安全防护设施完好性检查、人工爬梯完好性检查等。

（2）出水口的检查：内容包括冲刷、护墙结构坍塌、异物堵塞等检查。

5.5.2　检查方法及要求

（1）检查井位及间距测量、河道界桩和河道隐患标志点位及点间距测量宜采用全站仪或RTK方法。

(2) 检查井、出水口的检查，采用人工检查方法。

(3) 应对运行维护设施全部检测单元和子单元进行全面检查。

(4) 运行维护设施人工检查按下列要求执行：

① 井盖与井座完好性检查，检查并记录井盖与井座材质和结构完整性、井盖与井座松动情况等。

② 井壁完好性检查，检查井壁是否存在变形倒塌、异物侵入等影响正常运行的缺陷。

③ 安全防护设施完好性检查，检查并记录安全防护设施类型或缺失情况、安全防护设施是否存在缺陷等。

④ 人工爬梯完好性检查，检查并记录人工爬梯完整性、钢筋锈蚀等。

⑤ 必要时，人工检查应对检查对象进行拍照取证。

(5) 运行维护设施检查应提供以下数据资料：

① 检查井的井位及井间距和井盖、井壁、安全防护设施、人工爬梯等完好性检查成果。

② 出水口的检查成果。

③ 其他安全评估要求提供的检查成果。

排水暗渠安全评估可参照本书附录 G。

第6章 排水管渠检测数据在线管理技术

城镇排水管渠检测数据管理是城镇排水管渠能够高效运行的基本要求，通过信息化与智能化管理，能够极大地提升目前城镇排水检测数据管理的效率。本章将系统性地介绍城镇排水管渠检测数据管理过程中涉及的关键技术。

6.1 排水管渠检测数据在线管理需求分析

排水管渠检测数据信息量大，文件内容多，数据类型多样性，现有的管网检测数据管理过程中存在如下问题：

（1）检测数据未通过平台系统实现在线式管理，而采用纸质报告、硬盘、U盘等方式进行管理，数据管理方式落后。

（2）检测数据由于采用纸质报告等方式进行管理，无法实现快速数据检索查询、数据统计等功能。

（3）检测数据更新效率低，无法及时有效了解管网运行状态，无法对管网内部缺陷状态进行及时评估与缺陷修复。

通过对排水管渠检测数据的需求分析，结合现有排水管渠GIS系统，将检测数据通过平台实现信息化管理，能够有效提升管网数据的管理技术水平，提升管网运行效率。

6.2 排水管渠地理信息系统（GIS）

6.2.1 GIS系统

地理信息系统对城镇排水管渠进行管理是实现其精准化、高效化的必然趋势。地理信息系统（Geographic Information System 或 Geo－Information System，简称为GIS），是以采集、存储、管理、描述、分析地球表面及空间和地理分布有关的数据信息系统。随着计算机技术的进步与信息化的高速发展，地理信息系统在众多行业中得到了极大发展。

GIS系统数据管理主要包括背景地图管理、管网设施管理等。背景地图管理实现对电子地形图、卫星影像图、外部百度/谷歌地图等基础地理地形数据的管理。管网设施管理实现对排水管渠及其附属设施的空间及属性数据的管理。

排水管渠及其附属设施主要包括排水管渠、排水检查井、雨水箅子、排水管件、水质净化厂、排水泵站、排水构筑物、排水口、特殊排水设施、排水监测点等，数据来源主要有施工图、竣工图、物探、普查等。排水管渠及其附属设施数据库建立是GIS系统建设

的重要基础。为确保不同来源数据格式统一，满足信息系统建设和数据共享要求，需制定科学规范的排水管渠及其附属设施数据标准用于数据库的建设。排水管渠及其附属设施数据标准主要包含管网及附属分类标准、管网及附属数据结构及属性值域标准、管网及附属设施编码标准、管网及附属普查及测量标准、管网及附属数据录入标准等。

排水管理单位应建立排水 GIS 系统数据维护和更新机制，确保排水 GIS 系统数据及时性、有效性、完整性。此外，排水管理单位应推动 GIS 系统在排水设施规划设计、施工验收、维护巡查、停水及检修、设施核查等管网运营管理中的应用，及时在应用中发现数据问题并修正，不断提高 GIS 系统数据质量。

6.2.2 GIS 系统平台及功能

GIS 系统可分为 C/S 桌面端、B/S 浏览器端和 M/S 移动端三种形式。

C/S 桌面端主要用于 GIS 数据专员对 GIS 系统的数据编辑，主要功能包括数据录入、数据导入、数据报废、数据查询与统计、图层管理、图形显示、符号管理、空间测量、制图打印、空间分析、数据核查、地图定位等。

B/S 浏览器端主要用于业务人员对排水 GIS 系统的日常应用，主要功能包括地图基本功能、数据查询与统计、图层管理、空间测量等。

M/S 移动端主要用于外勤人员对排水 GIS 系统的移动应用，主要功能包括数据查询、图层管理等。

6.2.3 GIS 系统应用

GIS 系统是管网管理的基础性平台，GIS 系统在管网规划设计、日常管理、应急抢修管理、资产分析评估等管网管理中起到了重要的作用。

在规划设计方面，GIS 系统可为管网规划设计提供数据支撑。管线规划设计时，设计人员可以通过 GIS 系统全面详细地了解管线及其周边系统信息，便于设计方案的制定。

在应急抢修管理方面，GIS 系统可有效提升排水管渠的应急抢修效率。当坍塌等突发事故发生时，可通过 GIS 系统及时获取事故周边管道信息，并利用 GIS 系统上下游连通关系分析等工具辅助制定事故处理方案，提高事故处置效率。

在日常管理方面，通过利用 GIS 系统移动应用或 GIS 服务为管线巡查、清疏、诊断等日常业务提供有效的管网数据信息，相关业务人员在业务处置现场可以及时了解所处位置周边管线情况，提高业务处理效率。

GIS 系统为排水管渠水力模型构建、管网资产评估等分析评估体系建设提供基础。GIS 系统为排水管渠模型构建提供管网属性及拓扑等信息，GIS 系统数据的准确性直接影响模型分析评估结果的有效性。此外，基于 GIS 系统的全生命周期管理可将 GIS 资产信息与运维信息相结合，为排水管渠资产状态评估及投资决策提供有效的数据支撑。

6.2.4 GIS 系统与管网检测关系

GIS 系统是展示管网数据的基础系统，能够在 GIS 系统上直观地展示管网的资产数据，而资产数据的完整性需要相应的检测数据作为补充，通过将检测数据与资产数据进行有机结合，可以更加清晰地了解管网资产的实际状况，为后续的资产维护提供数据支撑。

6.2.5 排水管渠 GIS 数据管理

管网管理系统中的管网信息系统可显示管辖区域内排水管渠的分布与检测成果，包括管网地理分布情况、管道基础信息、井口信息、检测信息、缺陷分布、缺陷统计与评估等相关信息。图 6-1 为一款排水管渠资产数据管理系统。

图 6-1　管网资产数据管理系统

1. GIS 地图基础操作

可通过地图操作 GIS 图层的缩放、平移。图 6-2 为在 GIS 图层上对排水管渠数据进行展示。

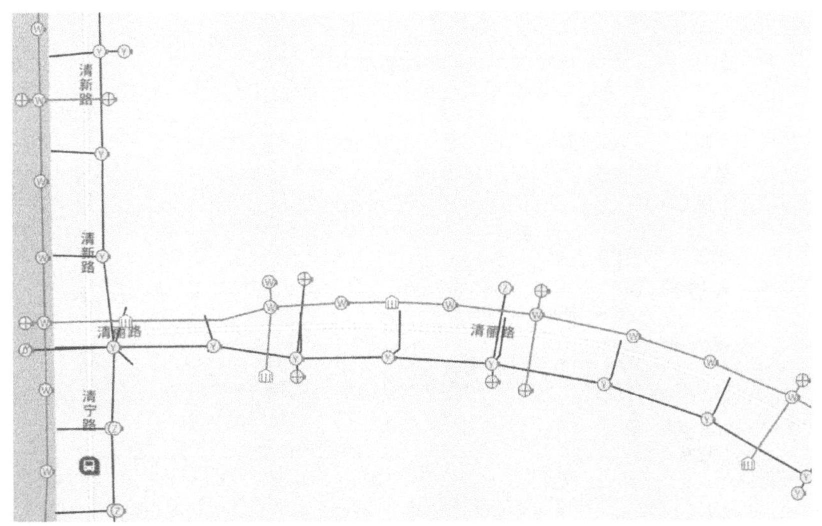

图 6-2　GIS 数据展示

2. 图层展示

通过多图层设计，可自主选择需要展示的图层，如针对排水管渠可展示的图册包括雨水管、污水管、雨污合流管、截流管、雨水渠、污水渠、雨污合流渠、截流渠等。图 6-3 为通过不同图层显示排水管渠相应的数据。

龙胜工业区
商业楼3栋
旭鹏名车汇
DN300
工
业
路
龙华办事处
DN400大众
奥迪专修中心
DN500
金利达汽车装饰行
DN500
工
业
路
龙辉机电维修部
合鑫机械
农家旺食府
工 DN500
业
路
DN500客家庄
CNG加工
中心精雕机

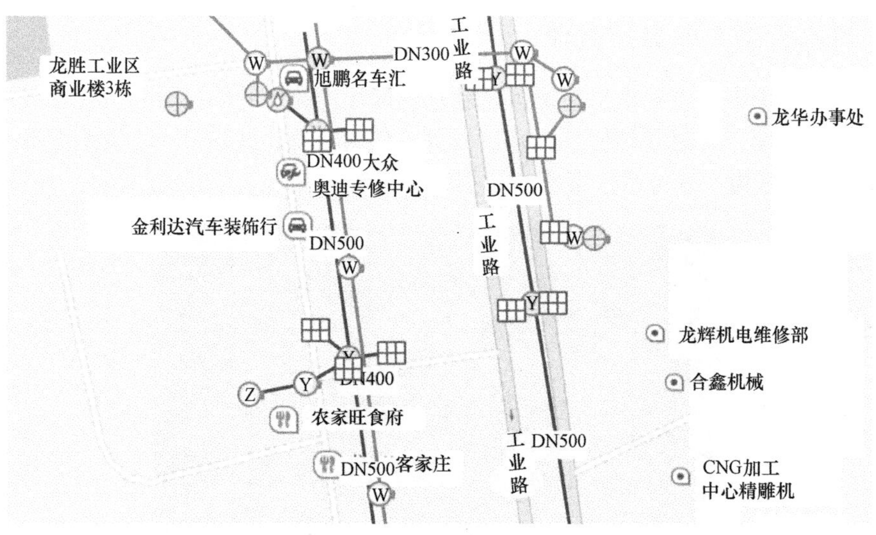

图 6-3　不同图层展示

3. 管渠资产数据管理

通过点击图层内的设施，可以快速弹出管渠的资产数据，包括管渠编号、类型、材质、设施图片等信息。图 6-4 为显示某个排水管的资产信息。

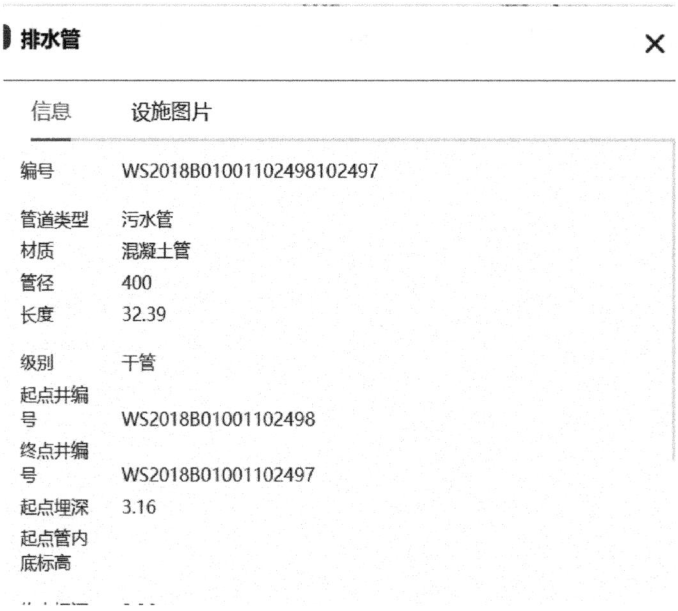

排水管
信息
设施图片
编号 WS2018B01001102498102497
管道类型 污水管
材质 混凝土管
管径 400
长度 32.39
级别 干管
起点井编号 WS2018B01001102498
终点井编号 WS2018B01001102497
起点埋深 3.16
起点管内底标高

图 6-4　设施资产信息

4. 排水附属设施管理

在 GIS 系统中，通过选择附属设施图层，能够展示不同附属设施的信息，包括位置信息、附属设施的类型、设施图片等，方便用户查询。图 6-5 为一个初期雨弃流井的附属设施相关信息。

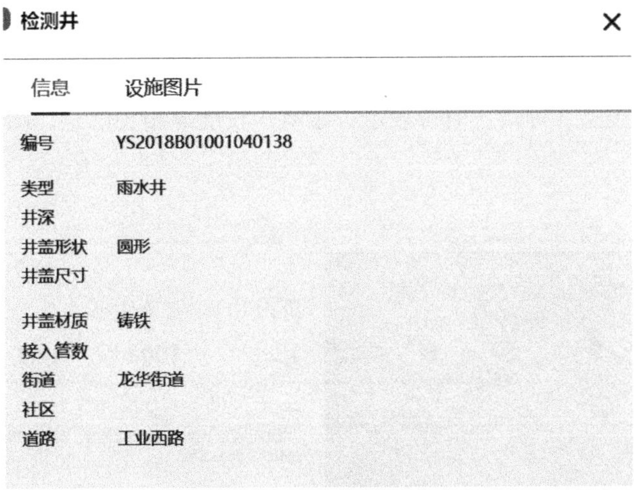

检测井

信息　设施图片

编号	YS2018B01001040138
类型	雨水井
井深	
井盖形状	圆形
井盖尺寸	
井盖材质	铸铁
接入管数	
街道	龙华街道
社区	
道路	工业西路

图 6-5　附属设施查询

6.3　排水管渠检测数据管理

管网检测数据包括管道检测视频、管道检测图片以及检测报告。对管网检测数据进行统一、规范的数据管理，实现检测数据科学管理，从而为管网运营状态评判提供准确的数据支撑，并将检测数据通过图层的形式与 GIS 图层进行叠加，实现 GIS 数据数据检测数据的关联。

6.3.1　缺陷数据地图查看

针对不同类型的缺陷数据，通过使用不同的图例进行区分，可更加直观地展示管段上取消的类型以及对应的缺陷等级。图 6-6 为通过不同图例显示相应的缺陷信息。

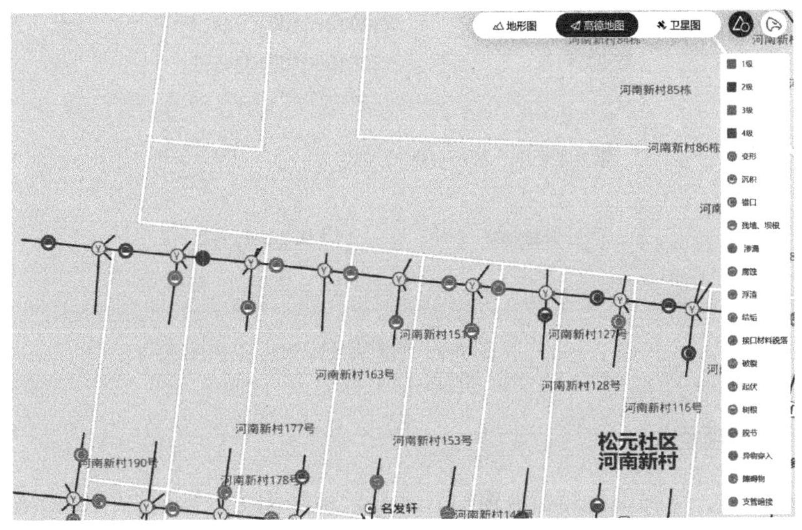

图 6-6　缺陷数据

6.3.2 缺陷详细信息查看

如需进一步查看缺陷的具体的信息，可以点击缺陷图标，展示缺陷的详细信息，包括缺陷的图片、缺陷类型、等级、时钟表示、距离、长度等相关信息。图 6-7 为缺陷图片数据展示界面。

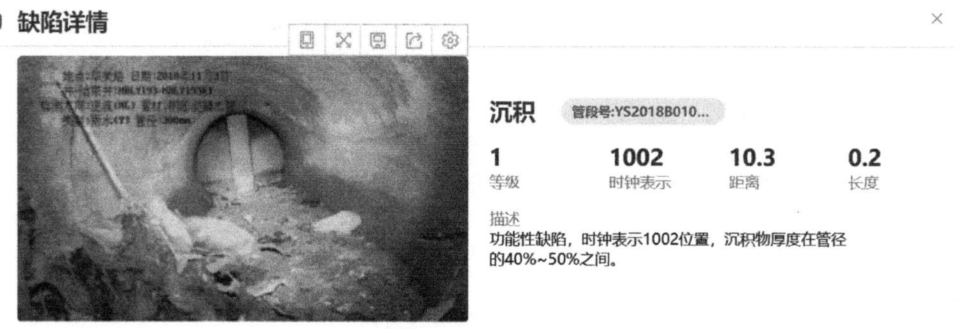

图 6-7　缺陷图片数据展示

6.3.3 管段数据查看

点击管段，可以显示管段的相关资产属性信息以及检测记录，资产属性信息包括管段编号、管材、管径、管长等，检测记录显示该段管段已有的检测记录。图 6-8 为某一段管段的相关信息查看及显示。

图 6-8　管段信息

6.3.4 检测视频回放

点击检测视频，可弹出视频播放窗口，并显示视频相关属性信息，如检测时间、检测公司、检测方法等。图 6-9 为某一管段检测视频回放界面。

图 6-9　检测视频回放

6.3.5　管段检测数据对比

同时如管段在不同时间进行过多次检测，可以选择任意两个检测时间，进行对比两次检测管段内的状况。

6.4　排水管渠评估统计数据分析

针对管网评估数据，可通过不同展示方式进行总体统计和详细统计。

6.4.1　检测数据总体统计

总体统计包括统计区域内的检测状况、已检测管段的状况、缺陷等级比例、结构性缺陷统计以及功能性缺陷统计等相关信息，并通过图例及表格形式进行展示。图 6-10 为缺陷统计页面。

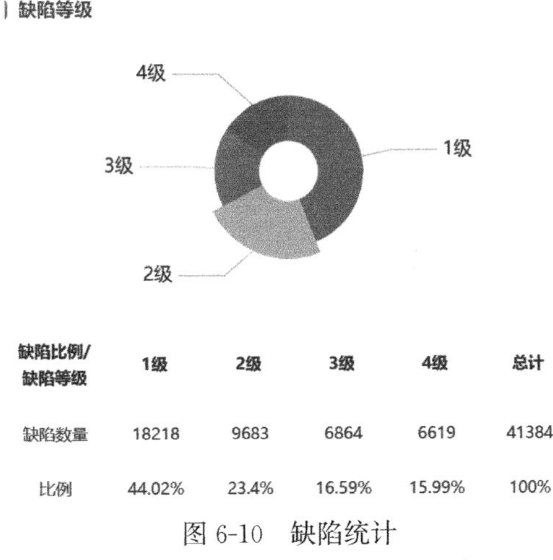

缺陷比例/缺陷等级	1级	2级	3级	4级	总计
缺陷数量	18218	9683	6864	6619	41384
比例	44.02%	23.4%	16.59%	15.99%	100%

图 6-10　缺陷统计

6.4.2　检测数据详细统计

若需查询具体街道、具体道路的评估数据统计信息，可自主选择相应的街道和道路，以展示相关的缺陷统计信息。图 6-11 为详细统计页面。

各类型缺陷柱状图

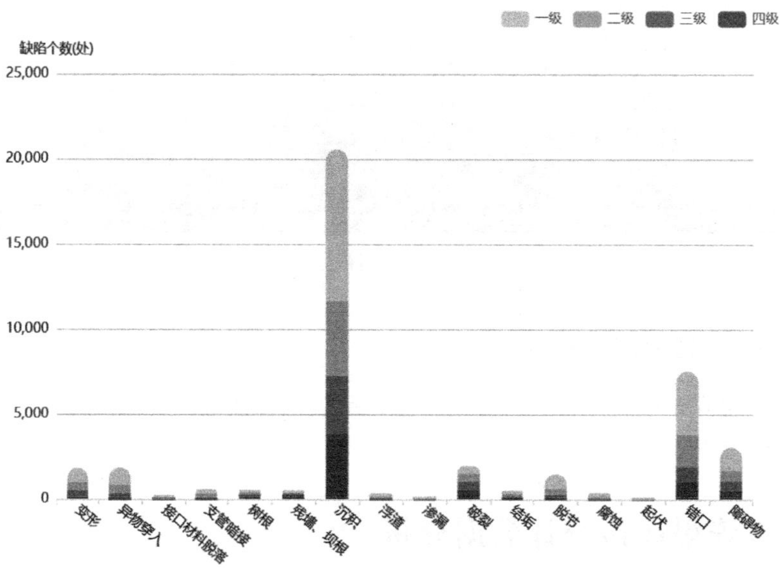

图 6-11　详细统计

第7章 排水管渠在线监测与分析技术

7.1 在线监测需求分析

除了采用管网检测设备对管网进行检查，还可以在关键区域点布置在线监测传感器用于实时监测管网运行状态。

近年来，国家陆续发布了黑臭水体指南、提质增效方案、补短板强弱项方案等政策文件，把排水系统的工作重心逐步向管网转移，排水管渠的在线监测，也成为一项重要的基础性工作。随着对排水管渠运行管理和评估诊断的重视程度和工作要求的日益提升，排水管渠在线监测的十大需求应运而生。

（1）政策需求：落实近年来有关政策文件及技术标准要求，利用在线监测与数据分析响应各政策的评估考核需求。

（2）应急预警：利用在线监测，实时掌握排水管渠运行状态，对内涝、溢流、坍塌等排水事件进行及时的预报预警。

（3）现状评估：系统评估排水管渠现状运行情况，动态掌握排水管渠中水量水质的产生、转输、处理、排放关系。

（4）风险诊断：识别排水管渠日常运行存在的瓶颈和风险点，定位风险区域，评估风险等级。

（5）雨污混流：分析管网水量水质变化规律与降雨响应关系，量化诊断排水管渠雨污混接情况，分区识别雨污混接水量分布。

（6）入流入渗：量化评估排水管渠存在的客水入流入渗严重程度，排查锁定入流入渗严重区域。

（7）户线监管：通过排口水量水质的在线监测，加强对重点排水户的动态监控与管理。

（8）管网调度：排水管渠在线监测作为感知层，为泵站、调蓄池等管网附属设施的调度研究和应用提供实时数据支撑。

（9）绩效评价：通过在线监测，对管网及附属设施的新建、改造、修复等工程建设效果进行量化评价，评估工程建设发挥的效益。

（10）模型应用：为排水管渠模型的参数率定和模型验证提供实测数据，使模型的运行结果更加可靠。

以上需求中，需求（3）～（6）均涉及排水管渠的现状评估诊断和问题排查，与排水管渠检测具有十分紧密的联系。在排水管渠检测前开展系统性的在线监测与诊断工作，可对存在问题的管网区域进行定位，并对管网存在的问题进行量化评价，这一方面可缩小管网检测工作的范围，降低资金投入，另一方面可对各区域检测工作的优先级进行排序，从而提高管网检测工作的针对性、系统性和科学性。在排水管渠检测后，可在检测发现的管网缺陷处开展在线监测与诊断工作，量化评价该缺陷对排水管渠现状运行造成的影响，为缺陷等级的确定提供参考。可见，在线监测与管网检测相结合，可显著提高排水管渠诊断与问题排查的效率和效果。

7.2 在线监测设备类型及参数

7.2.1 在线监测设备主要类型及一般要求

在线监测设备主要包括：在线监测液位计、在线监测流量计、在线监测雨量计、在线监测水质仪等，为满足在线监测设备安装环境要求，所有在线监测设备需按照以下要求进行选择：

（1）测量仪表的防护等级要求为水下或有可能在水下的部分的防护等级为IP68，水上部分的防护等级为IP65。

（2）所有仪表应采用电池供电，避免现场供电带来的不便。

（3）所有仪表均应配有安装支架及附件，并便于在井下或排水系统中安装。

（4）所有仪表应配备无线通信模块，支持设备在现场的数据传输。

（5）所有在线监测设备现场采用无线采集网络进行数据传输。

7.2.2 在线监测液位计

在线监测液位计可应用于积水点、蓄水池、管道、排水口及河道的液位在线测量及预警，适合地表径流、浅流、非满流、满流、管道过载及淹没溢流等状态的水深或液位监测。测量信息可本地储存和无线发送，具备预警和云端管理功能，不受液位状态的限制，无盲区，可远程设置，同时实现液位在线长期稳定监测与积水及溢流预警预报。在线监测液位计应满足但不限于以下技术指标：

（1）主机防护等级：IP68，防潮防爆防腐。

（2）测量量程：可根据需要定制，应至少包含10m。

（3）准确度：优于全量程的1%。

（4）分辨率：0.001m。

（5）测量频次：最高可设置频次应不低于5min一次，整分钟整点测量。

（6）通信环境：井下无手机信号仍可正常通信。

（7）电池：井下测量使用一次性电池，寿命不少于12个月。

（8）数据存储与传输：本地可缓存180d以上的数据，现场采集的数据需传输到服务器，同时支持云端存储，在出现通信故障期间可缓存数据并在通信恢复后自动上传。

7.2.3 在线监测流量计

在线监测流量计可应用于排水管渠、排水口、河道的流量测量，适合于满管、非满管

流量在线长期稳定监测，测量信息可本地储存和无线发送，具备预警和云端管理功能，可远程设置。在线监测流量计应满足但不限于以下技术指标：

（1）主机防护：使用防腐耐用材料制造，防护等级 IP68，防潮防爆防腐。

（2）测量原理：使用速度面积法，速度测量使用多普勒超声波测量原理，液位测量使用压力或超声波测量原理。

（3）监测位置要求：应能适用于明渠、管道、排口，且不受截面形状限制。

（4）采集参数：瞬时液位、瞬时速度、瞬时流量。

（5）速度测量量程：可根据需要定制，应至少包含−6.0～6.0m/s。

（6）速度测量精度：0.03m/s。

（7）速度测量分辨率：0.01m/s。

（8）液位量程：可根据需要定制，应至少包含 10m。

（9）液位准确度：优于全量程的 1%。

（10）液位分辨率：0.001m。

（11）测量频次：最高可设置频次应不低于 5min 一次，整分钟整点测量。

（12）通信环境：井下无手机信号仍可正常通信。

（13）电池：井下测量使用一次性电池，寿命不少于 12 个月。

（14）数据存储与传输：本地可缓存 180d 以上的数据，现场采集的数据需传输到服务器，同时支持云端存储，在出现通信故障期间可缓存数据并在通信恢复后自动上传。

7.2.4　在线监测雨量计

在线监测雨量计可应用于降雨过程降雨量的自动记录，测量信息可本地储存和无线发送，具备预警和云端管理功能。在线监测雨量计应满足但不限于以下技术指标：

（1）防护等级：IP65。

（2）测量原理：翻斗式。

（3）测量精度：最小每次翻斗 0.2mm 深雨量。

（4）供电：电池供电或太阳能供电系统。

（5）通信方式：GSM/GPRS 无线连接。

（6）数据存储与传输：本地可缓存 180d 以上的数据，现场采集的数据需传输到服务器，同时支持云端存储，在出现通信故障期间可缓存数据并在通信恢复后自动上传。

7.2.5　在线监测水质仪

在线监测水质仪可应用于排水管渠、排水口、河道的水质在线连续测量，反映水质变化趋势，在线监测水质仪应满足但不限于以下技术指标：

（1）采用免试剂技术方案，可以原位监测污水管道内的常规水质参数。

（2）监测设备集成了无线传输模块、自供电模块，可简单安装到位，并无需常规维护。

（3）可测定污水管道液位及 pH、ORP、电导、溶解氧及 SS 等其中之一或几个指标，根据监测目标点位污染特征选配需要测定的指标类型。

（4）可与自动采样留样设备配合使用，及时采集有问题水样并保留证据。

7.3 监测方案制定

7.3.1 排水管渠监测布点原则

在进行监测点的选择时，需要综合考虑实用性、覆盖性、代表性、可行性、经济性的监测布点原则。

（1）实用性原则。监测点的布置应与监测目的紧密联系，需充分了解当地的排水管渠、河道、土地利用类型、城市积水点、工程完善等现状情况，在此基础上科学合理地布置具有实用意义的监测点点位。

（2）覆盖性原则。不同类型的区域具有不同的排水特征，因此制定监测方案时应尽量将监测点分散布置于城市不同类型的区域。在特定的监测区域内，监测点的分布不应过于集中，而有一定的分布性。

（3）代表性原则。监测点附近与排水规律相关的影响因素与该地区的绝大多部分区域相近或一致，包括人口密度、交通流量、空气污染和居民生活习惯等，从而确保监测点的监测结果具有较好的代表性。

（4）可行性原则。所筛选的监测布点位置应具备安装条件，确保可获得高质量的监测数据。同时所选择的监测位置要能够方便、安全地安装和检修监测设备，并考虑设备的防盗问题。

（5）经济性原则。监测方案应综合考虑经济成本，在满足监测目的的前提下，通过优化尽可能减少监测点位数量和投入成本，避免不必要的投资浪费。

7.3.2 排水管渠监测方案制定思路和流程

针对特定区域，在经济成本的约束下，选择一定数量下最具代表性的监测点，确定最佳的监测模式，并反复进行经济性和监测目的的衡量，形成最优的监测方案，监测方案制定技术路线如图 7-1 所示。

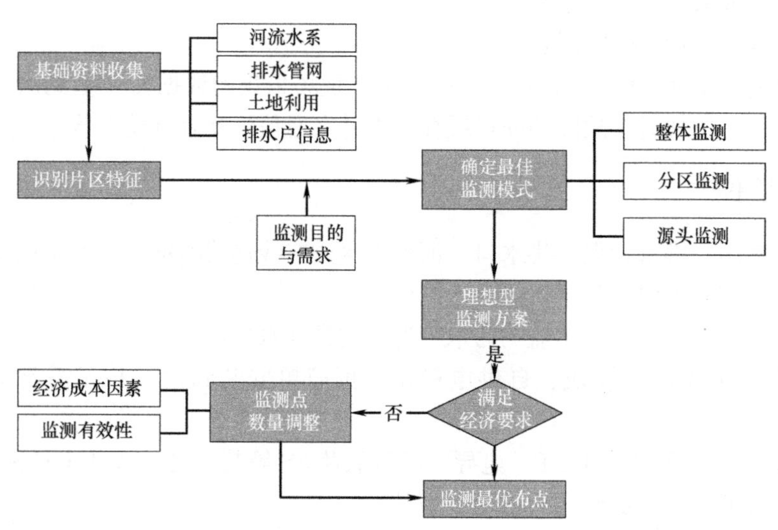

图 7-1 监测方案制定技术路线图

根据分级监测的思路，针对不同的监测目的，可选择整体监测、分级监测和排水户监测 3 个层级，每个层级的监测所需涵盖的监测要素不同，需要的监测点数量及密度不同。图 7-2 为分级监测方案制定整体思路。

城市排水系统以排水管渠为核心，是一个复杂的巨型网络

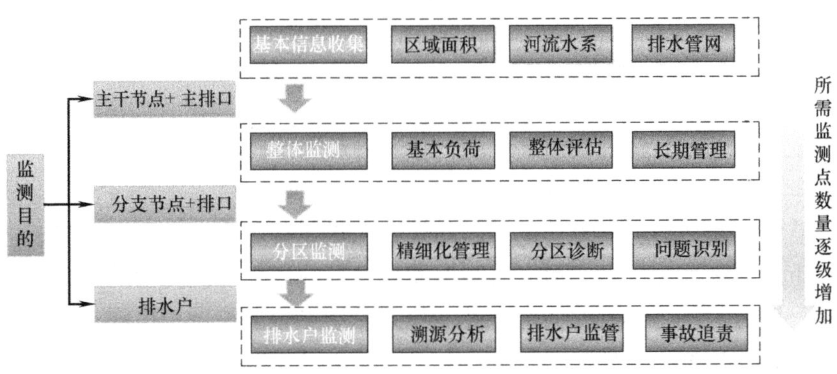

图 7-2　分级监测方案制定整体思路

系统，且具有很强的隐蔽性和不确定性，监测方案的制定首先要根据监测目标，收集相关资料，掌握排水管渠拓扑结构、城市内河水系分布和土地利用情况等，分析各要素间关联特点，选择合理的监测区/段，初步制定监测点方案；然后结合现场勘查，调研检查井位置及内部环境、河道水系与排口的相对位置、设备安装器材开展场地的条件等，进一步确定满足监测设备安装要求的监测点；最后在选定的监测点安装液位、流量、水质等监测设备，并对监测设备取得的数据进行分析判别，从而进一步确认监测点选取的合理性，并进行监测指标、监测频率、监测时间，甚至监测点位的调整，最终形成科学合理的监测方案，进行长时间的监测和数据采集。图 7-3 为全过程监测方案制定流程。

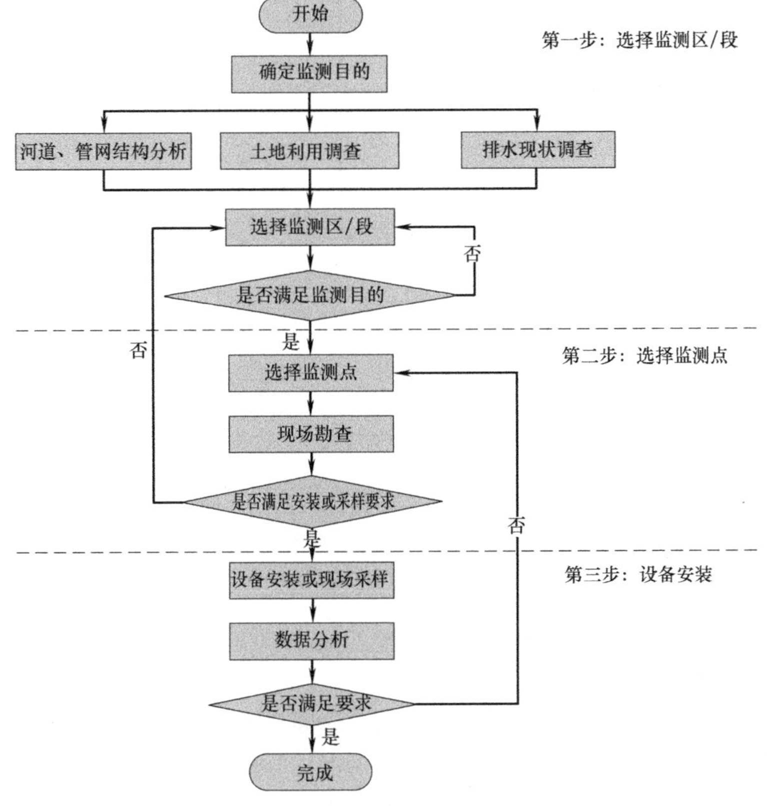

图 7-3　全过程监测方案制定流程

7.4 监测诊断技术流程

通过排水管渠监测方案的制定和实施，排水管渠在线监测数据不断积累，对这些监测数据进行科学系统的分析，挖掘数据内在信息，可有效识别排水管渠现状运行规律和存在问题，形成监测诊断结论。监测分析诊断的核心工作包括监测方案制定与实施、监测数据量化分析、重点区域细化监测、形成监测诊断结论等内容，在监测诊断前一般包含基础资料收集工作，同时，监测诊断的结论可进一步支撑排水管渠的现场检测、修复改造等后续工作。图 7-4 为监测诊断技术流程。

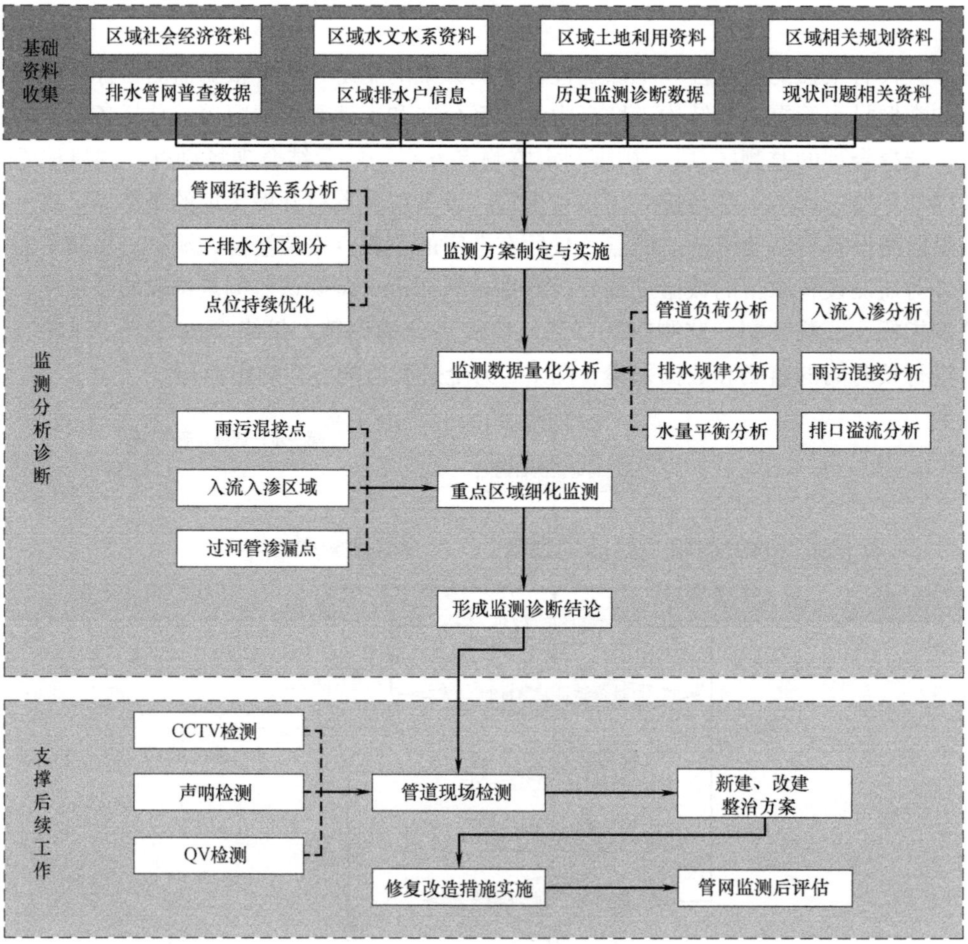

基础资料收集
区域社会经济资料
区域水文水系资料
区域土地利用资料
区域相关规划资料
排水管网普查数据
区域排水户信息
历史监测诊断数据
现状问题相关资料
监测分析诊断
管网拓扑关系分析
子排水分区划分
点位持续优化
监测方案制定与实施
管道负荷分析
入流入渗分析
监测数据量化分析
排水规律分析
雨污混接分析
水量平衡分析
排口溢流分析
雨污混接点
入流入渗区域
过河管渗漏点
重点区域细化监测
形成监测诊断结论
支撑后续工作
CCTV检测
声呐检测
QV检测
管道现场检测
新建、改建整治方案
修复改造措施实施
管网监测后评估

图 7-4　监测诊断技术流程

7.4.1 监测数据量化分析

监测数据的分析思路与方向应紧密结合监测诊断目的，一般包括管道负荷分析、排水规律分析、水量平衡分析、入流入渗分析、雨污混接分析、排口溢流分析等内容。

（1）管道负荷分析。对排水管渠在旱天和雨天条件下的液位数据进行分析，统计不同

边界条件下的充满度、过载倍率等管网运行情况，绘制管网运行风险等级分布图，识别高水位运行和高内涝风险区域。

（2）排水规律分析。对每个监测点位的液位、流速、流量等指标的变化规律进行统计分析。对于旱天监测数据，因旱天管道上游收水情况较为稳定，边界条件单一，排水规律较为固定，可通过平均、聚类等方法，识别点位各项监测数据旱天典型的日变化规律。对于雨天监测数据，可以旱天规律作为基准，分析各项指标与降雨的响应关系。

（3）水量平衡分析。对排水管渠多点监测数据进行联合分析，结合泵站、污水处理厂进水数据对区域进行水量平衡统计分析，并绘制水量平衡拓扑关系图，通过水量平衡分析，识别是否存在下游流量小于上游流量、短距离或穿河前后流量大幅增加、监测结果与泵站或污水处理厂运行数据不一致等上下游不匹配的现象。

（4）入流入渗分析。结合水量和水质数据，针对区域旱天客水入流入渗情况开展分析诊断。一方面，可根据水量平衡分析，对于上下游流量难以匹配的情况，结合实地调研确定可能有客水集中入流的管段；另一方面，利用服务片区人口估算、夜间最小流量假设、水质水量物料守恒等方法，可整体评估各排水分区内的客水入流入渗比例，绘制入流入渗分布图，指导下一步精细化排查工作。

（5）雨污混接分析。对比分析各监测点位雨天和旱天的水量水质数据，一般而言，存在雨污混接的点位其在降雨发生时会出现明显的水量增加和水质下降现象。将场次降雨下的监测过程线与旱天曲线进行比较，可计算雨水混入量。分析降雨量和雨水混入量的关系，评价各点位所在服务片区雨水混入严重程度的指标，并据此雨污混接分布图，指导下一步精细化排查工作。

（6）排口溢流分析。对排水管渠排口的水量水质在线监测数据进行分析，识别排口旱天直排偷排和雨天的溢流排放等排水规律，并可进一步对旱天直排污染负荷、雨季初期雨水负荷、溢流污染负荷总量进行统计，定量分析排水管渠对受纳水体水环境的影响情况。

7.4.2　重点区域细化监测

对于排水管渠整体监测及数据分析诊断过程中发现的问题，具备条件的区域应进一步开展精细化监测，以验证诊断结果、缩小问题区域、锁定问题管道，具体包括但不限于如下情况：

（1）雨污混接点的细化排查。对于雨污混接区域，从下游发现雨污混接现象的节点开始，结合管网勘测资料，以一定的管道长度作为步长，对其上游节点进行逐一的监测排查。当上游管段无雨污混接现象，而本管段存在雨污混接现象时，可基本锁定本管段为雨污混接问题点。

（2）入流入渗区域的细化排查。针对旱天客水入流入渗较为严重的区域，可对其进行更加精细化的网格划分，结合管网拓扑关系分析，在分支节点上布设水量水质监测点位，据此分析各子分区的客水入流入渗情况。通过逐步缩小问题区域，可减少管网地下检测的投入成本。

（3）过河管渗漏点的细化排查。过河管道与河道存在密切交互，往往是外水入侵的高风险管段，而同时，因过河管道通常按大埋深、倒虹吸设计，管内水位高，管道检测难度大。因此在管道检测前应对其开展充分的监测排查诊断工作，减少不必要的人力、物力投入。具体可通过在管道穿河前后布设水量水质监测点位，并同步对河道的水质进行监测，通过水量水质物料守恒分析，判断管道在过河处是否存在渗漏问题。

7.5 监测诊断与管渠检测确诊

监测诊断是排水管渠诊断的基础环节，监测诊断阶段形成的结论可对后续工作提供必要的数据支撑，同时，监测诊断的价值也需要后续工作的开展才能体现，监测诊断的核心在于发现问题，而其本身不能够解决问题。

针对监测诊断过程中发现的排水管渠问题区域和问题管段，根据排水管渠问题严重优先级，对其进行现场摸排检测，选用包括电视检测（CCTV）、声呐检测、管道潜望镜（QV）检测等方法或多种联合检测法，判定排水管道（涵）和检查井的缺陷的类型、位置、数量和状况，提交问题清单及评估报告。

结合监测诊断与管网排查的分析结果，提出对应的新建、改建整治方案，明确各类工程及非工程项目措施，包括管网系统局部点位封堵、调排、修复的方案，重大结构性问题整改方案，管网清掏养护、非开挖修复、管网调度优化、设施规划建设等整改方案，并确定整改方案项目实施计划，资金预算等。通过充分的研究论证和工程设计，实施管网问题修复改造措施。

利用排水管渠在线监测，持续跟踪工程改造后管网关键节点的水量水质情况，动态评估验证各类修复措施的实际效果，给出在线监测后评估报告。同时，在关键节点长期设置固定监测点位，利用实时在线的监测数据进行管网的日常管理，对修复后可能再次出现的管道问题做到及时的预警预报，提高片区排水系统运营管理的科学化、智慧化水平。

第8章　排水管渠检测案例

8.1　排水管渠常规检测技术应用案例

8.1.1　轮式管网检测机器人（CCTV）检测应用案例

项目名称：××市××区××大厦室外排水管道检测工程

1. 检测管段的地理位置

本次检测××站 B 口箱涵排水管道，检测区域概略如图 8-1 所示。

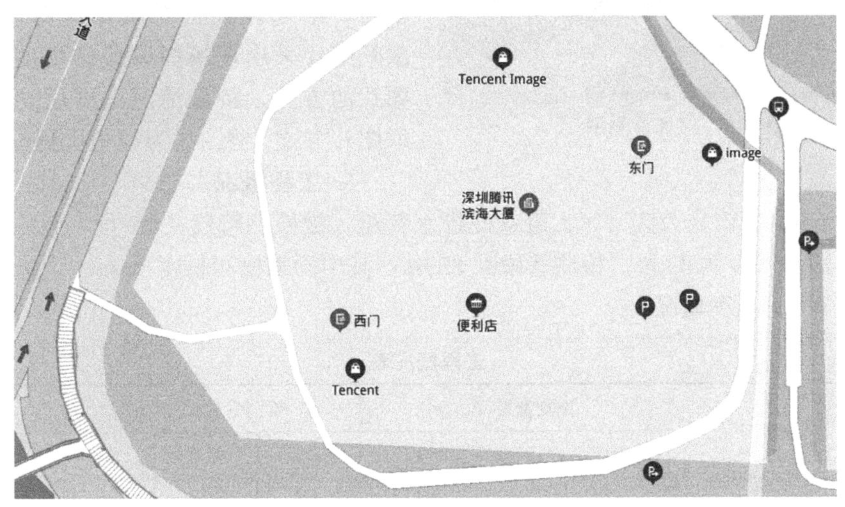

图 8-1　管道地理位置

2. 采用设备

本次检测采用的是轮式管网检测爬行机器人，可以根据管径大小选择不同尺寸轮组进行管道检测，设备携带的高清摄像头能够清晰的拍摄管道内部影像，为检测评估提供准确的数据。图 8-2 为本次检测所采用的设备。

图 8-2　管网机器人

3. 检测依据

（1）《城镇排水管道维护安全技术规程》CJJ 6—2009。

(2)《城镇排水管道检测与评估技术规程》CJJ 181—2012。

(3)《爆炸性气体环境用电气设备　第 1 部分：通用要求》GB 3836.1—2000。

(4)《深圳市市政排水管道电视及声呐检测评估技术规程（试行)》。

(5)《给水排水管道工程施工及验收规范》GB 50268—2008。

图 8-3　现场检测图

4. 工程作业

严格按照审批的检测方案，既定的施工组织计划，遵循检测规范要求对本项目要求检测的管段、要求检查的项目进行逐个认真细致的检测或检查。在外业检测过程中全部边检测边判读，发现窨井或管道存在缺陷时均回头进行全面而细致的检测，放慢检测速度，以最佳角度进行拍摄，现场抓拍最清晰的图片，以尽量查明该缺陷的实际情况，对该缺陷进行初步判读，确定缺陷的类型。必须对缺陷的类型、等级在现场进行初步判读并记录，现场检测完毕后，由复核人员对录像资料进行复核。缺陷图片采用现场抓取最佳角度和最清晰图片的方式，特殊情况下采用观看录像抓取图片方式。图 8-3 为现场检测作业图。

5. 工程概况

本次检测××市××区××大厦室外排水管道。被检测管段共 39 段，其中雨水管段共 19 段，污水管段共 20 段。检测管段共 859m，其中雨水检测长度 480m，污水检测长度 379m。表 8-1 为工程概况表。

工程概况表　　**表 8-1**

序号	路段	检测管渠(段)			检测管渠长度(m)			备注
		雨水	污水	合计	雨水	污水	合计	
1	××大厦	19	20	39	480	379	859	

6. 箱涵检测结果及建议

经现场检测发现存在结构性缺陷共 10 个：其中一级缺陷共 2 个；二级缺陷共 1 个；三级缺陷共 6 个；四级缺陷共 1 个。

检测中发现存在功能性缺陷共 17 个：其中一级缺陷共 4 个；二级缺陷共 0 个；三级缺陷共 13 个；四级缺陷共 0 个。图 8-4 为缺陷分布情况，表 8-2 为结构性缺陷汇总表，表 8-3 为功能性缺陷汇总表。

7. 雨水管道检测结果汇总及修复养护表

经现场检测发现存在结构性缺陷共 6 个：其中一级缺陷共 1 个；二级缺陷共 0 个；三级缺陷共 5 个；四级缺陷共 0 个。

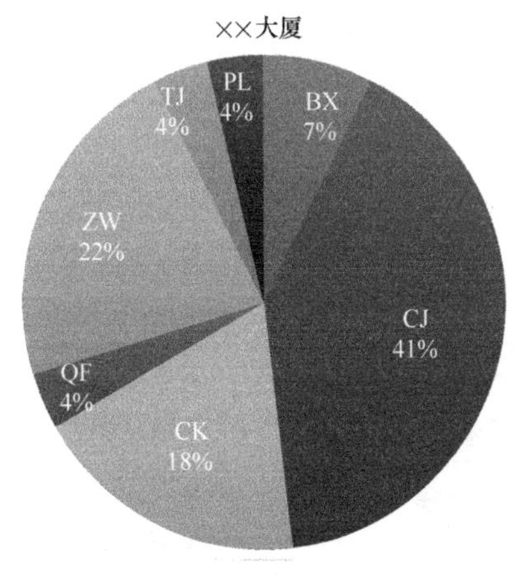

图 8-4　缺陷分布情况

结构性缺陷汇总表　　**表 8-2**

级别 / 统计数 / 缺陷类别	1 级（轻微）（个）	2 级（中等）（个）	3 级（严重）（个）	4 级（重大）（个）
SL（渗漏）				
AJ（支管暗接）				
CR（异物穿入）				
TL（接口材料脱落）				
TJ（脱节）		1		
QF（起伏）			1	
CK（错口）	2		3	
FS（腐蚀）				
BX（变形）			2	
PL（破裂）				1
合计	2	1	6	1

检测功能性缺陷汇总表　　**表 8-3**

级别 / 统计数 / 缺陷类别	1 级（轻微）（个）	2 级（中等）（个）	3 级（严重）（个）	4 级（重大）（个）
CJ（沉积）	3		8	
JG（结垢）				
ZW（障碍物）	1		5	
CQ（残墙、坝根）				
SG（树根）				
FZ（浮渣）				
合计	4		13	

检测中发现存在功能性缺陷共 10 个：其中一级缺陷共 4 个；二级缺陷共 0 个；三级缺陷共 6 个；四级缺陷共 0 个。图 8-5 为缺陷分布情况，表 8-4 为管道检测结果汇总及修复养护表（部分）。

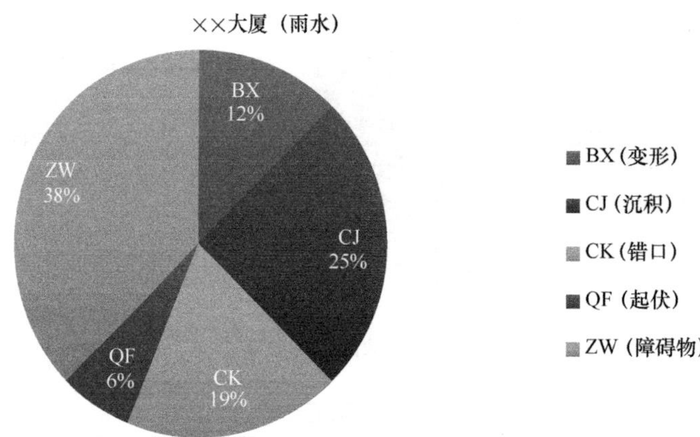

图 8-5 缺陷分布情况

管道检测结果汇总及修复养护表（部分） 表 8-4

序号	路段	管段编号	管径（mm）	管材	井高（m）	检测长度（m）	缺陷类型	缺陷等级	整体描述	建议
1	北塔北侧规划路	Y01-Y02	600	HDPE	4.4	17	ZW	1、3	管道从 Y01 井到 Y02 井方向在约 1.6m 处开始有少量障碍物。管道从 Y01 井到 Y02 井方向在约 3.2m 处开始有障碍物	管道过流受阻比较严重，根据基础数据进行全面的考虑，应尽快处理
2	北塔北侧规划路	Y02-Y01	600	HDPE	4	17	QF/ZW	3	管道从 Y02 井到 Y01 井方向在约 11.82m 处存在起伏。管道从 Y02 井到 Y01 井方向在约 15.68m 处存在障碍物	管段缺陷严重，结构状况受到影响。应尽快修复。管道过流受阻比较严重，根据基础数据进行全面的考虑，应尽快处理
3	北塔北侧规划路	Y02-Y03	600	HDPE	4	30	CK/CJ	1	管道从 Y02 井到 Y03 井方向在约 7.7m 处存在错口。管道从 Y02 井到 Y03 井方向在约 32.9m 处开始存在沉积	有轻微缺陷，结构条件基本完好，不修复。有轻微影响，没有明显需要处理的缺陷
4	贴海天二路	Y07-Y03	600	HDPE	3	58	CK	3	管道从 Y07 井到 Y03 井方向在约 32.9m 处存在错口	管段缺陷严重，结构状况受到影响，尽快修复

续表

序号	路段	管段编号	管径(mm)	管材	井高(m)	检测长度(m)	缺陷类型	缺陷等级	整体描述	建议
5	南塔东侧园区道路	Y07-Y08	600	HDPE	3	8	CJ/CK	1、3	管道从Y07井到Y08井方向在约5.4m开始存在沉积。管道从Y07井到Y08井方向在约21.9m处存在错口	有轻微影响，没有明显需要处理的缺陷。管段缺陷严重，结构状况受到影响，应尽快修复

8. 污水管道检测结果汇总及修复养护表

经现场检测发现存在结构性缺陷共4个，其中一级缺陷共1个、二级缺陷共1个、三级缺陷共1个、四级缺陷共1个。

检测中发现存在功能性缺陷共7个，其中一级缺陷共0个、二级缺陷共0个、三级缺陷共7个、四级缺陷共0个。图8-6为缺陷分布情况，表8-5为管道检测结果汇总及修复养护表（部分）。

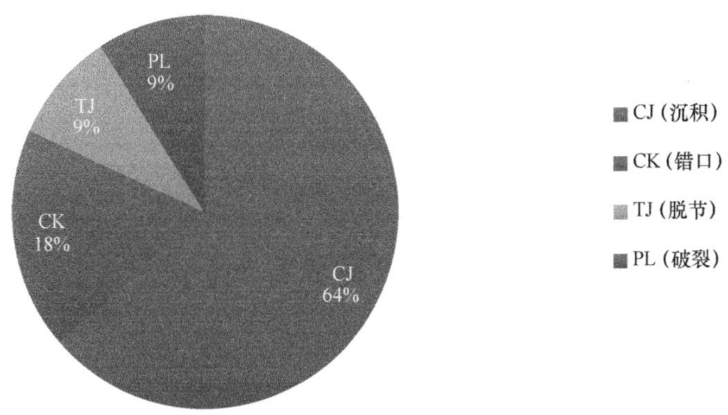

图8-6　缺陷分布情况

管道检测结果汇总及修复养护表（部分）　　　　**表8-5**

序号	路段	管段编号	管径(mm)	管材	井高(m)	检测长度(m)	缺陷类型	缺陷等级	整体描述	建议
1	南塔东侧园区道路	W01-W02	300	HDPE	1.2	13.7	CJ	3	管道从W14井到W13井方向内水较多且有淤泥	管道过流受阻比较严重，根据基础数据进行全面的考虑，应尽快处理
2	南塔东侧园区道路	W02	300	HDPE		15.7			管道井口堵满	管道过流受阻很严重，即将导致运行瘫痪，应立即进行处理

续表

序号	路段	管段编号	管径（mm）	管材	井高（m）	检测长度（m）	缺陷类型	缺陷等级	整体描述	建议
3	南塔东侧园区道路	W04-W03	300	HDPE	3	25	CJ	3	管道从W04井到W03井方向内水较多且有淤泥	管道过流受阻比较严重，根据基础数据进行全面的考虑，应尽快处理
4	南塔东侧园区道路	W05	300	HDPE	3	16.5			管道井口堵满	管道过流受阻很严重，即将导致运行瘫痪，应立即进行处理
5	南塔东侧园区道路	W06	300	HDPE		6			管道井口堵满	管道过流受阻很严重，即将导致运行瘫痪，应立即进行处理

9. 缺陷图片详情（部分）（表8-6）

缺陷详情（部分） **表8-6**

录像文件	1. 北塔北侧规划路Y01-Y02	管段编号	Y01-Y02
井高	4.4	管段类型	雨水管
管段材质	波纹管	管段直径(mm)	600
检测长度(m)	17	检测方向	顺流
检测地点	北塔北侧规划路	检测日期	2018/0728
缺陷名称	ZW	缺陷距离(m)	1.60/3.23
缺陷等级	1/3	缺陷数量(个)	2
描述	管道存在障碍物1、3级		
建议	管道过流受阻比较严重，根据基础数据进行全面的考虑，应尽快处理		
缺陷距离(m)	1.60	 北塔北侧规划路 y01 y02 600mm HDPE双壁波纹管	
缺陷名称	ZW		
等级	1		
时钟表示	0507		
描述	管道从Y01井到Y02井方向在约1.6m处开始有少量障碍物		

续表

缺陷距离(m)	3.23	
缺陷名称	ZW	
等级	3	
时钟表示	0309	
描述	管道从Y01井到Y02井方向在约3.2m处开始有障碍物	

录像文件	2. 北塔北侧规划路 Y02-Y01	管段编号	Y02-Y01
井高	4	管段类型	雨水管
管段材质	波纹管	管段直径(mm)	600
检测长度(m)	17	检测方向	顺流
检测地点	北塔北侧规划路	检测日期	2018/0728
缺陷名称	QF/ZW	缺陷距离(m)	11.82/15.68
缺陷等级	3	缺陷数量(个)	2
描述	管道存在起伏/障碍物3级		
建议	管段缺陷严重,结构状况受到影响,应尽快修复。 管道过流受阻比较严重,根据基础数据进行全面的考虑,应尽快处理		
缺陷距离(m)	11.82		
缺陷名称	QF		
等级	3		
时钟表示	0012		
描述	管道从Y02井到Y01井方向在约11.82m处存在起伏		
缺陷距离(m)	15.68		
缺陷名称	ZW		
等级	3		
时钟表示	0309		
描述	管道从Y02井到Y01井方向在约15.68m处存在障碍物		

8.1.2 潜望镜(QV)检测应用案例

项目名称:××市××市政公司2018年排水管渠内窥检测服务工程(盈丰路)

1. 检测管段的地理位置

本次检测××路排水管道，检测区域概略图如图 8-7 所示。

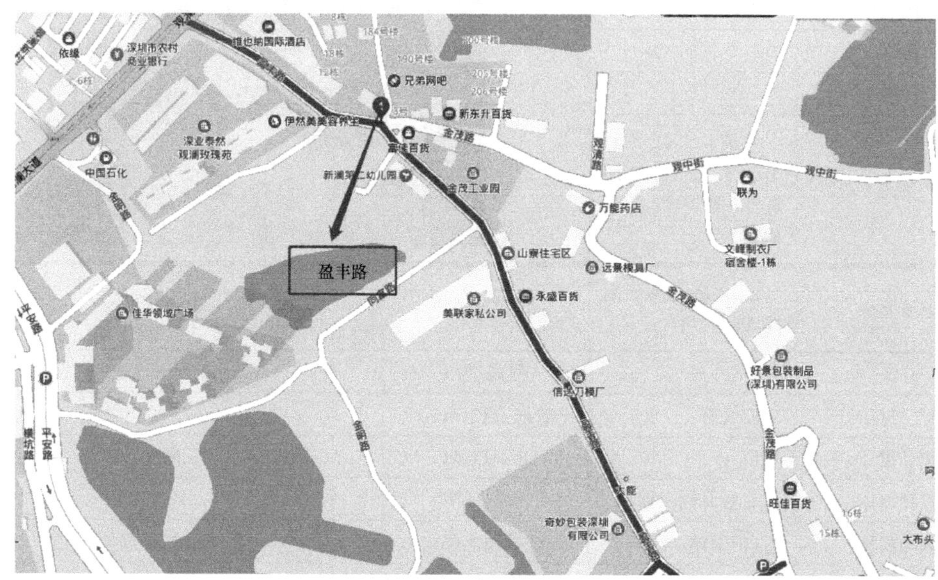

图 8-7　管网地理位置

2. 检测设备

本次检测采用潜望镜（QV），如图 8-8 所示。该潜望镜由潜望镜机体、高强度碳纤维伸缩杆、中继、激光测距仪、智能控制终端组成，采用无线传输技术和高清数字摄像机，并配备激光测距模块，能够准确检测出管道内部图像并定位缺陷的位置信息。

3. 工程作业

外业调查和检测工作完成后，将检测视频资料、管道施工设计图、调查和检测原始记录等移交内业组，内业组分区、分路段按照检测规程对视频进行逐个判读，结合外业的初步判读最终确定缺陷的类型，同时对检测视频进行最清晰缺陷图片的抓取工作。通过比照管径确定缺陷的几何尺寸，并严格按照《深圳市市政排水管道电视及声呐检测评估技术规程（试行）》相关规定确定该缺陷的级别。判读有疑问时将视频放大仔细观察分析，或与其他影像判读员共同讨论分析，或询问现场检测员具体情况。图 8-9 为现场检测作业。

图 8-8　检测设备

图 8-9　现场检测作业

4. 工程概况

通过外业的认真检测和内业耐心细致的判读分析，本次检测龙华新区盈丰路，本次检测的排水管道长度为1833.2m，共涉及61段管道。表8-7为排水管道内部检测结果表。

排水管道内部检测结果表　　表8-7

序号	街道	检测长度缺陷统计	检测长度(m)				结构性缺陷				功能性缺陷				合计
		道路名称	雨水长度	污水长度	合流长度	合计	一级	二级	三级	四级	一级	二级	三级	四级	
1	观湖街道	盈丰路	1128	705.2		1833.2	7	12	2	0	11	4	2	2	40

5. 检测结果及建议

本次检测发现该项目排水管涵内部存在40处管道缺陷，其中一级缺陷18处、二级缺陷16处、三级缺陷4处、四级缺陷2处。

存在21处管道结构性缺陷，其中7处为一级结构性缺陷、12处为二级缺陷、2处为三级缺陷、0处为四级缺陷。

存在19处功能性缺陷，其中11处为一级缺陷、4处为二级缺陷、2处为三级缺陷、2处为四级缺陷。表8-8为排水管道缺陷统计表，表8-9为排水管道检测总体情况统计表。

排水管道缺陷统计表（单位：处）　　表8-8

缺陷名称＼缺陷等级		一级(处)	二级(处)	三级(处)	四级(处)	合计(处)
结构性缺陷(21处)	SL(渗漏)					
	AJ(支管暗接)		1	1		2
	CR(异物穿入)	2	4	1		7
	TL(接口材料脱落)	1				1
	TJ(脱节)	1	1			2
	QF(起伏)					
	CK(错口)	3	5			8
	FS(腐蚀)					
	BX(变形)					
	PL(破裂)		1			1
	小计	7	12	2		21
功能性缺陷(19处)	CJ(沉积)	8	3	1	2	14
	JG(结垢)					
	ZW(障碍物)	3	1	1		5
	CQ(残墙、坝根)					
	SG(树根)					
	FZ(浮渣)					
	小计	11	4	2	2	19
合计		18	16	4	2	40

排水管道检测总体情况统计表　　表 8-9

总长度（m）	检测长度（m）	检测管段（段）	缺陷管段（段）	缺陷管段比例	1 级缺陷（处）	2 级缺陷（处）	3 级缺陷（处）	4 级缺陷（处）
1833.2	1833.2	61	35	57.38%	18	16	4	2
					45%	40%	10%	5%

根据检测结果，按照缺陷类型划分标准，统计如图 8-10 所示。

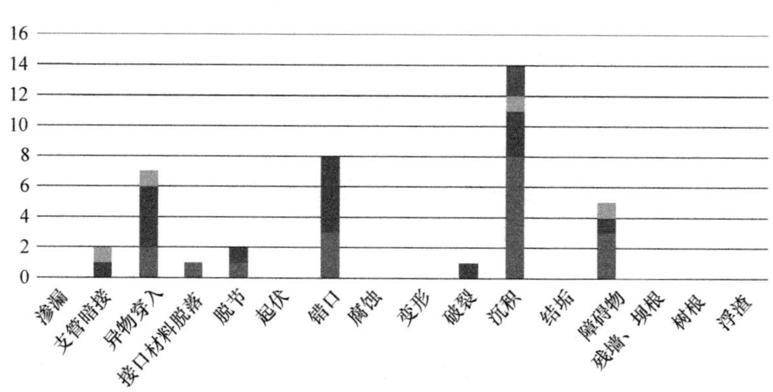

图 8-10　各类型缺陷柱状示意图

根据检测结果，按照有/无缺陷管段缺陷率划分，统计如图 8-11 所示。

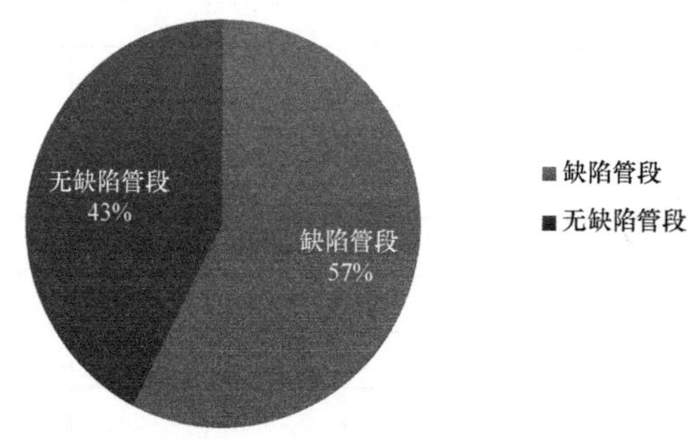

图 8-11　有/无缺陷对应比例

表 8-10 为排水管道检测结果建议表。

排水管道检测结果建议表（部分）　　表 8-10

序号	道路名称	管段名称	管径（mm）	长度（m）	材质	结构性缺陷						功能性缺陷					
						平均值 S	最大值 S_{max}	缺陷等级	缺陷密度	修复指数 RI	综合状况评价	平均值 Y	最大值 Y_{max}	缺陷等级	缺陷密度	养护指数 MI	综合状况评价
1	盈丰路	YFLY2-YFLY1	1000	23.3	混凝土	—	—	—	—	—	—	1.1	1	1	0.0429	0.88	Ⅰ级，没有明显需要处理的缺陷

续表

序号	道路名称	管段名称	管径(mm)	长度(m)	材质	结构性缺陷						功能性缺陷					
						平均值 S	最大值 S_{max}	缺陷等级	缺陷密度	修复指数 RI	综合状况评价	平均值 Y	最大值 Y_{max}	缺陷等级	缺陷密度	养护指数 MI	综合状况评价
2	盈丰路	YFLY3-YFLY2	1000	33.7	混凝土	—	—	—	—	—	管道暂无明显缺陷	—	—	—	—	—	管道功能性状况良好
3	盈丰路	YFLY3-YFLY4	1000	34.4	混凝土	—	—	—	—	—	管道暂无明显缺陷	—	—	—	—	—	管道功能性状况良好

6. 缺陷图片详情（部分）（表 8-11）

缺陷详情（部分）　　表 8-11

录像文件	YFLY2-YFLY1.avi	起始井号	YFLY2	终止井号	YFLY1
敷设年代	—	起点埋深	2.24	终点埋深	—
管段类型	雨水	管段材质	混凝土	管段直径	1000
检测方向	逆流	管段长度	23.3	检测长度	23.3
修复指数	—	养护指数	0.88	检测日期	20180929—20181001
检测地点	盈丰路雨水				
距离(m)	缺陷名称代码	分值	等级	管道内部状况描述	照片序号或说明
0～0.5	ZW	1	1	功能性缺陷，时钟表示 1206 位置，断面损失小于 15%	照片 1
备注					

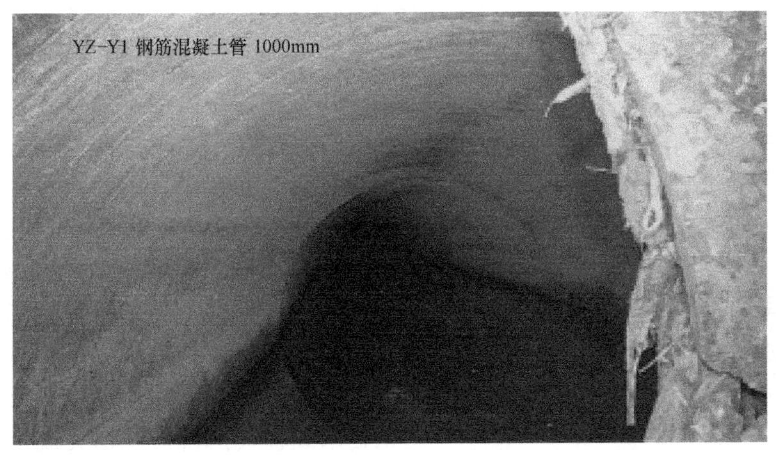

8.1.3 声呐漂浮阀检测与评估案例

项目名称：××市××区前海路与桃园路交汇处排水管道声呐检测。

1. 检测管段的地理位置

本次检测××市××区前海路与桃园路交汇处排水管道，检测区域概略图如图 8-12 所示。

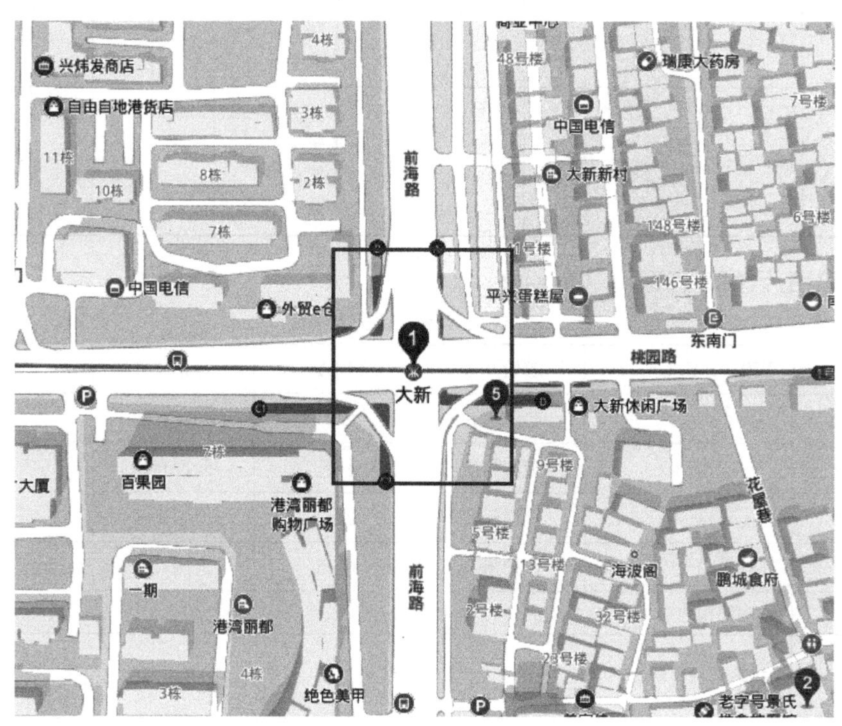

图 8-12　管网地理位置

2. 检测设备

本次检测由于管道内积水较多，无法采用普通视频手段进行检测，此次采用的声呐检测设备如图 8-13 所示，通过高精度声呐传感器能够准确检测出管道内部缺陷的信息。

3. 工程作业

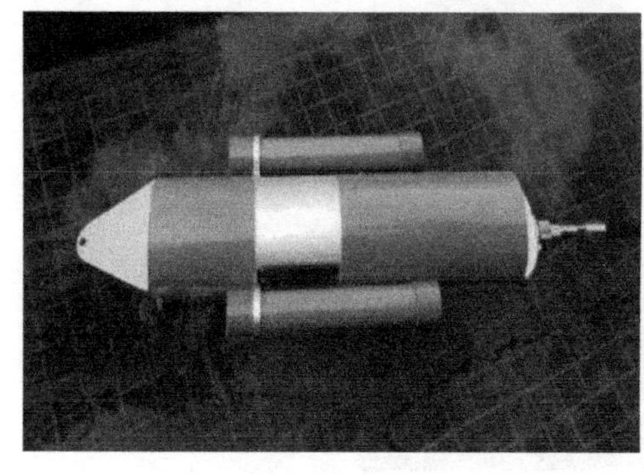

图 8-13　检测设备

外业调查和检测工作完成后，将检测视频资料、管道施工设计图、调查和检测原始记录等移交内业组，内业组分区、分路段按照检测规程对视频进行逐个判读，结合外业的初步判读最终确定缺陷的类型，同时对检测视频进行最清晰缺陷图片的抓取工作。通过比照管径确定缺陷的几何尺寸，并严格按照《深圳市市政排水管道电视及声呐检测评估技术规程（试行）》相关规定确定该缺陷的级别。判读有疑问时将视频放大仔细观察

分析，或与其他影像判读员共同讨论分析，或询问现场检测员具体情况。

4. 检测结果及建议（表 8-12）

管段状况评估表（部分）　　表 8-12

管道参数				结构性缺陷						功能性缺陷					
管段	管径（mm）	长度（m）	材质	平均值 S	最大值 S_{max}	缺陷等级	缺陷密度	修复指数 RI	综合状况评价	平均值 Y	最大值 Y_{max}	缺陷等级	缺陷密度	养护指数 MI	综合状况评价
W9-W10	1500	20	混凝土管	10	10	4	2.5	7.3	缺陷等级[Ⅳ]修复等级[Ⅳ]	0	0	0	0	0	无缺陷
W10-W11	1500	20	混凝土管	0	0	0	0	0	无缺陷	5	5	3	1.25	4.3	缺陷等级[Ⅲ]养护等级[Ⅲ]
W20-W21	1500	30	混凝土管	0	0	0	0	0	无缺陷	10	10	4	8.33	8.3	缺陷等级[Ⅳ]养护等级[Ⅳ]

5. 缺陷图片（部分）（表 8-13）

缺陷图片（部分）　　表 8-13

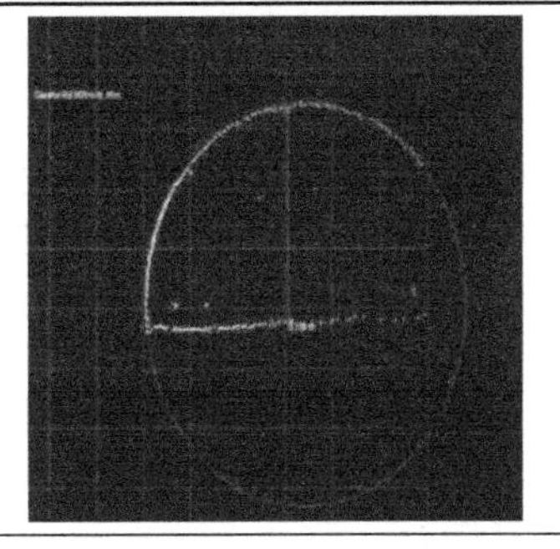	文件名：W20.jpg
	管段：W20-W21
	缺陷距离：2m
	缺陷等级：4
	缺陷名称及位置：沉积\0903
缺陷描述：沉积物厚度大于管径的 50%	

8.2　排水管渠智能检测技术应用案例

8.2.1　全地形管网检测机器人检测与评估案例

1. 项目信息

项目信息统计表　　表 8-14

项目名称	××市××区 2019 年××河箱涵全地形检测工程
检测地点	××市××区××河流域大陂河两岸
检测日期	2019 年 09 月 20 日—2019 年 09 月 26 日
检测和评估标准	《城镇排水管道检测与评估技术规程》CJJ 181—2012

表 8-14 为项目信息统计表，本次检查工作于 2019 年 09 月 20 日—2019 年 09 月 26 日，用全地形机器人对××市××有限公司指定××河流域大陂河两岸的箱涵进行检测。

本次共检测长度 8501.4m，其中雨水 4738.23m，污水 3763.17m；排水口 97 个，其中有水流出的排口 44 个，无水流出的排口 51 个，已封堵 2 个；经现场检测发现存在缺陷共计 73 个，存在结构性缺陷共 55 个，其中一级缺陷共 54 个、二级缺陷共 1 个、三级缺陷共 0 个、四级缺陷共 0 个。存在功能性缺陷共 18 个，其中一级缺陷共 17 个、二级缺陷共 1 个、三级缺陷共 0 个、四级缺陷共 0 个。表 8-15 为检测统计表。

检测统计表 **表 8-15**

序号	检测地点	检测情况统计			排口情况统计				缺陷情况统计	
		雨水(m)	污水(m)	合计(m)	排水口(个)	有水流(个)	无水流(个)	已封堵(个)	1、2 级缺陷(个)	3、4 级缺陷(个)
1	大陂河右岸	2903.99	3665.69	6569.68	72	35	35	2	73	0
2	大陂河左岸	1834.24	97.48	1931.72	25	9	16	0	0	0
合计		4738.23	3763.17	8501.4	97	44	51	2	73	0

2. 检测仪器设备和检测依据

本项目采用管网检测全地形机器人，其由爬行器、线缆车、平板终端组成，如图 8-14 所示。

图 8-14 采用的检测设备

动力检测船采用螺旋式推进结构，极大扩展了适用环境，除适用于水体外，还适用于浅水泥沙滩和沙地。在有水的管道、箱涵、河流等环境下可带载声呐探头，回传管道截面数据。同时，搭载了激光测距装置，配合水下声呐数据，可间接测量淤泥厚度。可适用于市政排水管道、暗河箱涵、河流浅滩等情况。

3. 检测详情及措施建议（表 8-16）

大陂河右岸检测详情（部分） **表 8-16**

编号:09YS0831～09YS0833	检测日期:2019.09.20
检测长度	长度 95.5m
检测成果	09YS0831 到 09YS0833 井 3.83m 处有渗漏 1 级
措施建议	结构条件基本完好,不修复

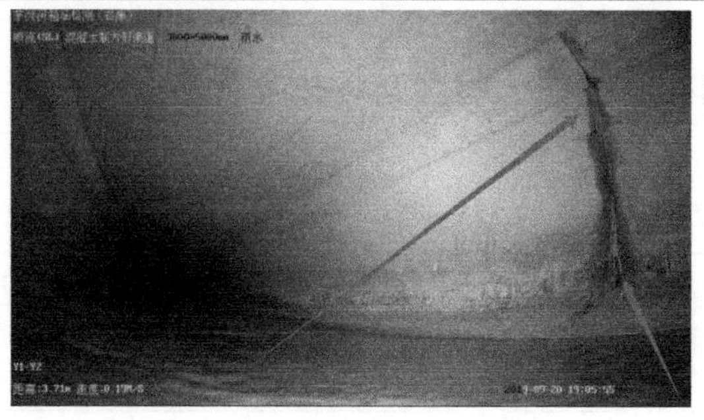

缺陷图

续表

编号:09YS0833～09YS5407	检测日期:2019.09.20
检测长度	长度 90.75m
检测成果	09YS0833 到 09YS5407 井 24.19m 处有排口,无水流
措施建议	建议:无

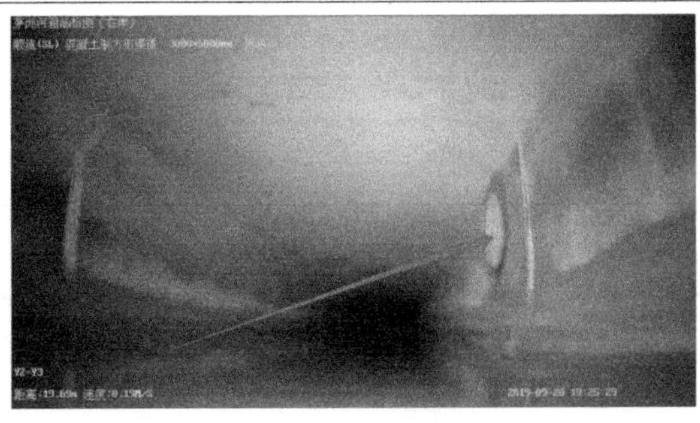

缺陷图

编号:09YS5407～02YS0592	检测日期:2019.09.20
检测长度	长度 93.04m
检测成果	1. 09YS5407 到 02YS0592 井 1.92m 处有排口,有水流。 2. 09YS5407 到 02YS0592 井 18.74m 处有破裂 1 级
措施建议	对排水口继续进行溯源,探查不明水体来源;结构条件基本完好,不修复

缺陷图 1

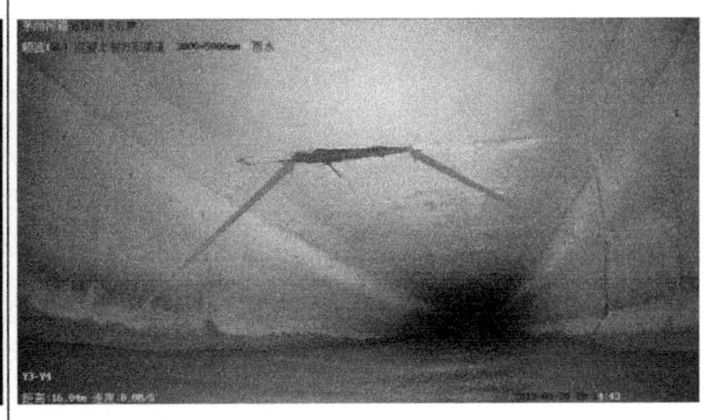

缺陷图 2

4. 箱涵及排水口检测结果

箱涵检测缺陷统计见表 8-17 和表 8-18，图 8-15 为不同缺陷占比情况。

检测结构性缺陷汇总表　　表 8-17

统计数 级别 缺陷类别	1 级(轻微)(个)	2 级(中等)(个)	3 级(严重)(个)	4 级(重大)(个)
SL(渗漏)	47			
AJ(支管暗接)				
CR(异物穿入)	1	1		
TL(接口材料脱落)				

续表

统计数 级别 / 缺陷类别	1级(轻微)(个)	2级(中等)(个)	3级(严重)(个)	4级(重大)(个)
TJ(脱节)				
QF(起伏)				
CK(错口)				
FS(腐蚀)				
BX(变形)				
PL(破裂)	6			
合计	54	1	0	0

检测功能性缺陷汇总表 **表 8-18**

统计数 级别 / 缺陷类别	1级(轻微)(个)	2级(中等)(个)	3级(严重)(个)	4级(重大)(个)
CJ(沉积)	1			
JG(结垢)				
ZW(障碍物)	14	1		
CQ(残墙、坝根)				
SG(树根)	2			
FZ(浮渣)				
合计	17	1	0	0

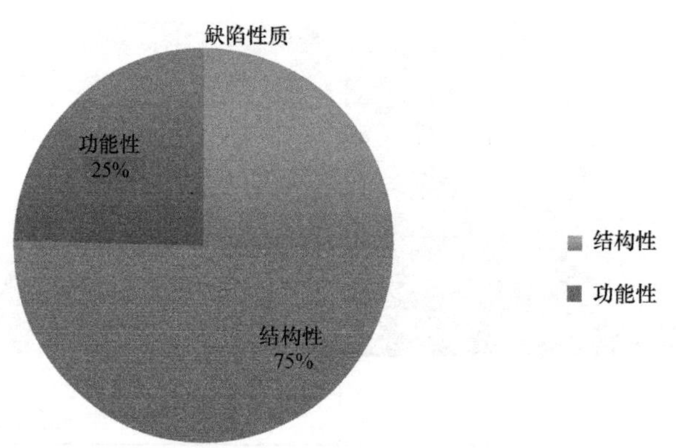

图 8-15 不同种类缺陷占比

箱涵检测结果汇总见表 8-19 和表 8-20。

大陂河右岸雨水箱涵检测结果汇总表(部分) **表 8-19**

序号	检测路段	管道编号	管材	管径(mm)	检测长度(m)	缺陷名称	缺陷等级	建议
1	大陂河右岸	09YS0831～09YS0833	钢筋混凝土	3600×2400	95.50	渗漏	1	结构条件基本完好,不修复
2	大陂河右岸	09YS0833～09YS5407	钢筋混凝土	3600×2400	90.75			
3	大陂河右岸	09YS5407～02YS0592	钢筋混凝土	3600×2400	93.04	破裂	1	结构条件基本完好,不修复
4	大陂河右岸	02YS0592～02YS0587	钢筋混凝土	3600×2400	94.00			

大陵河右岸污水箱涵检测结果汇总表（部分）　　表 8-20

序号	检测路段	管道编号	管材	管径（mm）	检测长度（m）	缺陷名称	缺陷等级	建议
1	大陵河右岸	18WS2651～18WS2640	钢筋混凝土	4000×2500	59.42	渗漏	1	结构条件基本完好，不修复
2	大陵河右岸	18WS2651～18WS2640	钢筋混凝土	4000×2500	59.42	渗漏	1	结构条件基本完好，不修复
3	大陵河右岸	18WS2656～18WS2651	钢筋混凝土	4000×2500	102.32	渗漏	1	结构条件基本完好，不修复
4	大陵河右岸	18WS2660～18WS2656	钢筋混凝土	4000×2500	83.62	渗漏	1	结构条件基本完好，不修复
5	大陵河右岸	18WS2660～18WS2656	钢筋混凝土	4000×2500	83.62	渗漏	1	结构条件基本完好，不修复
6	大陵河右岸	18WS2660～18WS2656	钢筋混凝土	4000×2500	83.62	渗漏	1	结构条件基本完好，不修复

8.2.2　动力声呐检测机器人检测与评估案例

1. 项目信息

表 8-21 为项目信息统计表，本次检查工作于 2020 年 10 月 16 日，用动力声呐检测机器人对××市××河某段满水箱涵进行检测，箱涵材质为钢筋混凝土管，箱涵的尺寸为 3000mm×3000mm。

项目信息统计表　　表 8-21

项目名称	××河满水箱涵检测
检测地点	××河
检测日期	2020 年 10 月 16 日
检测和评估标准	《城镇排水管道检测与评估技术规程》CJJ 181—2012

本次共检测长 25.3m，水深约 1m，出口已被水淹没，经用机器人检测后发现其中 1 段管道存在 4 级沉积缺陷，计算淤积量约为 92.24m^3。图 8-16 为现场图。

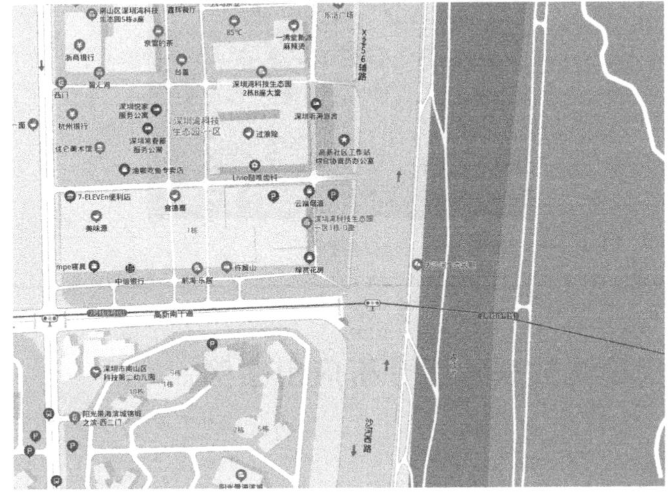

图 8-16　项目现场图

图 8-17　采用的检测设备

2. 检测仪器设备和检测依据

本项目采用动力声呐检测机器人，其由爬行器、线缆车、平板终端组成，如图 8-17 所示。

动力声呐检测机器人采用螺旋式推进结构，极大扩展了适用环境，能够适应满水管网检测作业需求。在有水的管道、箱涵、河流等环境下可带载声呐探头，回传管道截面数据。

3. 检测详情及措施建议

表 8-22 为检测信息统计表。

检测信息统计表　　表 8-22

<table>
<tr><td>管段编号</td><td colspan="2">ZDDR1～ZDDR2</td><td colspan="2">管段直径(mm)</td><td>3000×3000</td><td>管段长度(m)</td><td colspan="2">25</td></tr>
<tr><td>管段类型</td><td colspan="2">雨水管道</td><td colspan="2">截面形状</td><td>矩形</td><td>检测长度(m)</td><td colspan="2">25</td></tr>
<tr><td>管段材质</td><td colspan="2">钢筋混凝土管</td><td colspan="2">建设日期</td><td></td><td>录像文件</td><td colspan="2"></td></tr>
<tr><td>起点埋深(m)</td><td colspan="2">0.00</td><td colspan="2">终点埋深(m)</td><td>0.00</td><td>接口形式</td><td colspan="2">橡胶圈接口</td></tr>
<tr><td>检测人员</td><td colspan="2"></td><td colspan="2">检测日期</td><td>2020-10-16</td><td>检测方法</td><td colspan="2"></td></tr>
<tr><td>检测地点</td><td colspan="5">大沙河</td><td>修复指数</td><td colspan="2">—</td></tr>
<tr><td>权属单位</td><td colspan="5"></td><td>养护指数</td><td colspan="2">8.000</td></tr>
<tr><td>井口编号</td><td colspan="5">ZDDR1</td><td>检测方向</td><td colspan="2">逆流(NL)</td></tr>
<tr><td>距离(m)</td><td>类型</td><td>缺陷名称代码</td><td>分值</td><td>等级</td><td>环向位置</td><td>纵向长度(m)</td><td>照片</td><td>备注</td></tr>
<tr><td>0.00</td><td>功能性缺陷</td><td>(CJ)沉积</td><td>10</td><td>4</td><td>0210</td><td>25.30</td><td>图片 1</td><td>沉积物厚度大于管径的 50%</td></tr>
<tr><td>备注信息</td><td colspan="8"></td></tr>
</table>

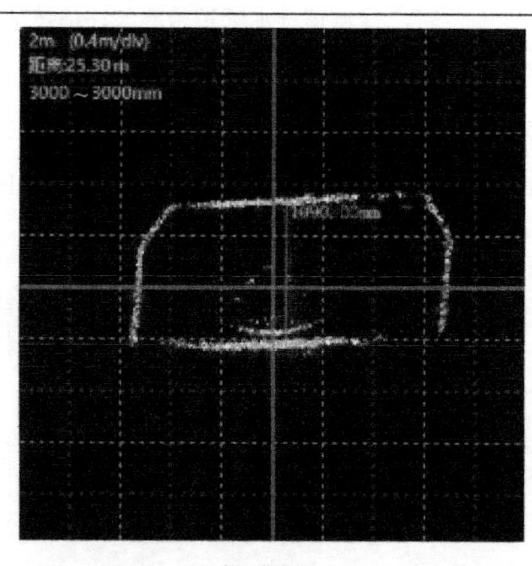

缺陷图 1

8.3　排水管渠检测数据智能分析应用案例

8.3.1　项目信息

项目名称：××区建筑小区排水管线 QV 检测服务项目（2020 年），检测长度合计

5987.2m，共涉及379段管段。管段材质为塑料管、双壁波纹管、钢筋混凝土管、铸铁管、混凝土制方形渠道。

8.3.2 检测依据和检测仪器设备

本项目依据以下标准进行检测作业，通过采用无线潜望镜进行数据采集：

(1)《城镇排水管道维护安全技术规程》CJJ 6—2009。

(2)《城镇排水管道检测与评估技术规程》CJJ 181—2012。

(3)《爆炸性气体环境用电气设备 第1部分：通用要求》GB 3836.1—2000。

(4)《深圳市市政排水管道电视及声呐检测评估技术规程（试行）》。

(5)《给水排水管道工程施工及验收规范》GB 50268—2008。

8.3.3 检测结果

本项目通过采用智能识别判读技术进行检测数据的自动判读，共判读出238处缺陷，其中一级缺陷101处、二级缺陷50处、三级缺陷38处、四级缺陷49处，有效提升了数据判读效率和准确性。表8-23为缺陷统计表。

缺陷统计表　　表8-23

缺陷名称	缺陷等级	一级（处）	二级（处）	三级（处）	四级（处）	合计（处）
结构性缺陷（77处）	SL（渗漏）					
	AJ（支管暗接）			1		1
结构性缺陷（77处）	CR（异物穿入）			1		1
	TL（接口材料脱落）		1			1
	TJ（脱节）			1		1
	QF（起伏）	1				1
	CK（错口）	7	8			15
	FS（腐蚀）	14	3	10		27
	BX（变形）	1	2		1	4
	PL（破裂）		5	11	10	26
	小计	23	19	24	11	77
功能性缺陷（161处）	CJ（沉积）	38	18	8	28	92
	JG（结垢）	34	12	3	3	52
	ZW（障碍物）	4	1	2	7	14
	CQ（残墙、坝根）					
	SG（树根）	2		1		3
	FZ（浮渣）					
	小计	78	31	14	38	161
合计		101	50	38	49	238

部分判读缺陷成果见表8-24和表8-25。

部分缺陷信息统计表（一） **表 8-24**

序号：1

录像文件	1WS1～1WS4. avi	起始井号	1WS1	终止井号	1WS4
敷设年代		起点埋深	—	终点埋深	—
管段类型	污水	管段材质	塑料管	管段直径	150
检测方向	逆流	管段长度	3. 50	检测长度	3. 50
修复指数	—	养护指数	9. 25	检测日期	20201230
检测地点	福园小区				

距离(m)	缺陷名称	分值	等级	管段内部状况描述	照片序号
3. 4～3. 5	(ZW)障碍物	10	4	过水断面损失大于 50%	图 1
备注					

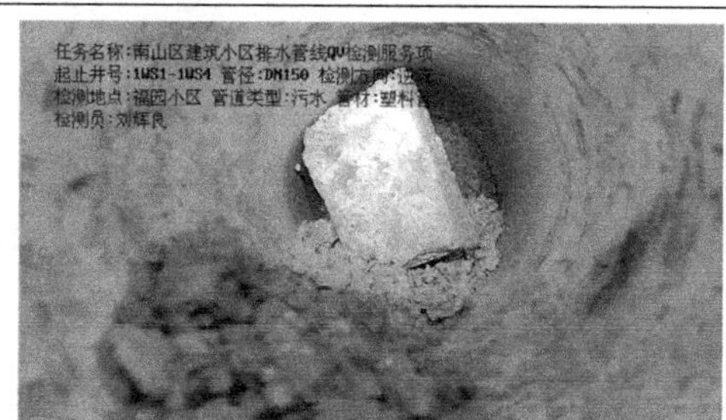

缺陷图 1

部分缺陷信息统计表（二） **表 8-25**

序号：7

录像文件	1WS21～1WS28. avi	起始井号	1WS21	终止井号	1WS28
敷设年代		起点埋深	—	终点埋深	—
管段类型	污水	管段材质	钢筋混凝土管	管段直径	200
检测方向	顺流	管段长度	7. 20	检测长度	7. 20
修复指数	—	养护指数	8. 45	检测日期	20201230
检测地点	福园小区				

距离(m)	缺陷名称	分值	等级	管段内部状况描述	照片序号
0. 0～7. 2	(CJ)沉积	10	4	沉积物厚度大于管径的 50%	图 1
备注					

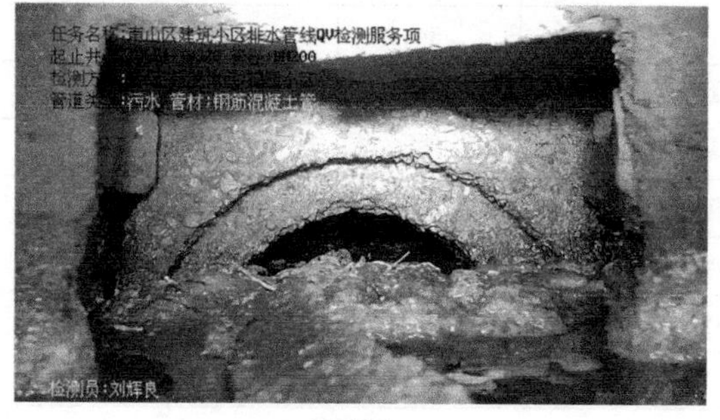

缺陷图 1

8.4　监测诊断案例

某污水泵站上游汇水区管道存在突出问题，具体表现在泵站雨天来水量过大，为旱天来水量的 3～4 倍，存在明显的外来水汇入的情况，同时该区域存在过河管道，可能有河水汇入的情况。该区域污水管网存在严重外来水入流入渗的问题，导致雨天时管网及下游污水泵站运行负荷重，增加设施运营维护成本，危害设施运行安全；强降雨时可能发生污水溢流，污染城市环境和地表水环境质量；同时也给下游污水处理厂带来较大的负荷，降低进水 COD 浓度，影响污水处理效果。而直接对污水泵站上游汇水区所有管道进行人工排查效率太低，采取 CCTV 检测的措施成本太高。借助在线监测的手段，可以对泵站上游汇水区污水管网外来水入流入渗的问题进行定量化诊断，通过多点数据缩小或定位缺陷区域，指导后续 CCTV 检测或人工排查工作，提出管网维护改造建议，大大降低人力和财力成本。

8.4.1　技术路线

本案例的技术路线如图 8-18 所示。首先确定监测服务目标，收集基础资料，初步确

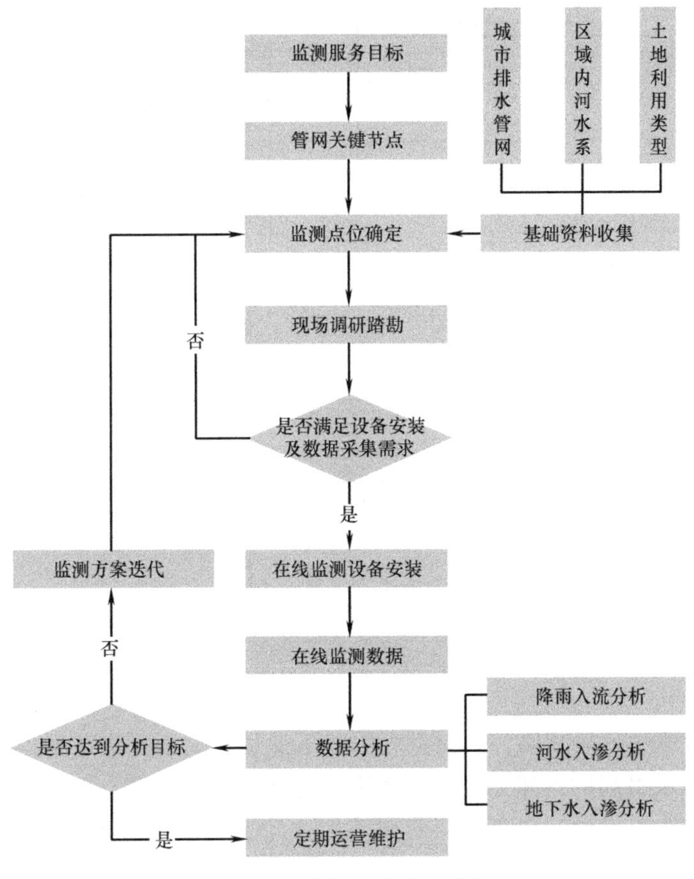

图 8-18　监测诊断技术路线

定监测点位。对初次定点进行现场踏勘核实，选择满足设备安装条件的点位，部署在线流量监测设备。获取污水管网动态监测数据，对管道进行运行负荷、淤积情况、地下水入渗、降雨入流等分析。根据监测数据分析反馈，结合进一步的现场调研，缩小监测范围，迭代监测布点方案，轮换监测设备，从而达到精细化的入流入渗定位和定量诊断分析的目标。图 8-18 为监测诊断技术路线。

8.4.2 监测过程

泵站上游共有 3 个支路汇入，通过前期调研可知，北侧片区外来水汇入最为严重。该区域主要为工业区，总面积约 5.0km^2，管道 578 条，总长度约 18.1km。选择污水泵站北侧片区布置在线流量计进行分阶段短期监测，逐步缩小监测范围，识别管网污水排放规律，诊断管网运行问题。

经过现场勘查确定第一次监测布点方案，在区域内泵站上游干管和重要支管共布设 8 个监测点安装在线流量计，进行为期 1 个月的监测，并在区域内安装 1 台雨量计，同步监测实时降雨量，辅助诊断分析。图 8-19 为第一次布点监测示意图。

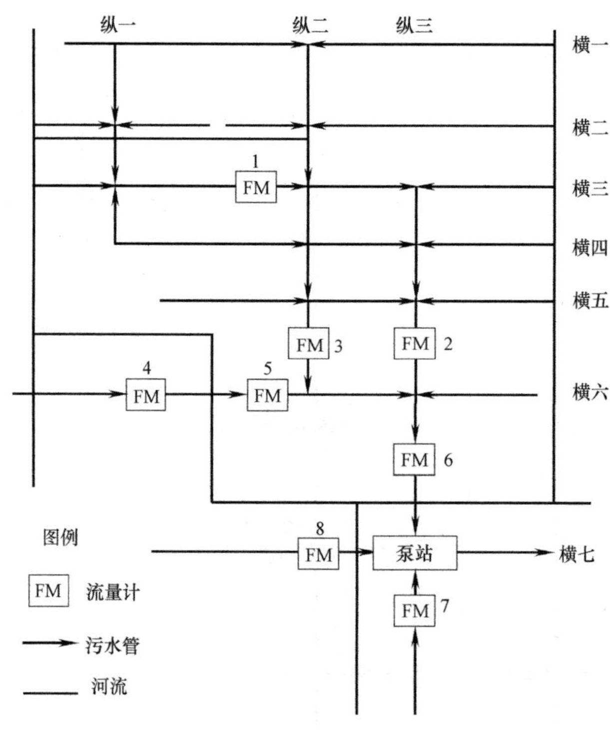

图 8-19　第一次布点监测示意图

根据第一阶段的评估结果，识别降雨影响下流量增加情况显著的点位，表明其上游收水区内存在雨水引起的外来水汇入的情况，相应地缩小研究范围。根据新的研究范围，调整设备位置，进行二次布点，开展为期 1 个月的监测。图 8-20 为第二次布点监测示意图。

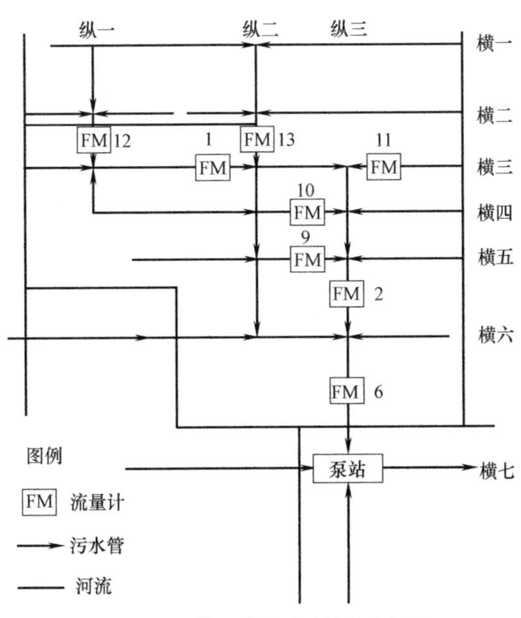

图 8-20 第二次布点监测示意图

8.4.3 监测分析结果

通过根据两个阶段的分步动态监测和数据统计分析，得到有效结论如下：

(1) 试点片区管网受短历时降雨的影响不大，而持续性强降雨对管网则产生了很大的压力。在强降雨条件下，各管道内均不同程度的存在雨水入流现象，尤其以 1 号、2 号、7 号、8 号四个监测点雨水入流情况明显。

(2) 通过流速来分析管道淤积风险发现，所有管段流速远低于不淤流速，影响排水安全及排水通畅。图 8-21 为各监测点流速统计。

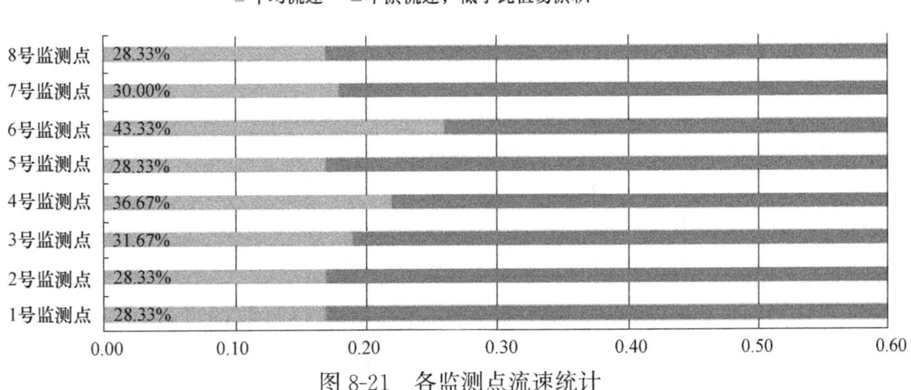

图 8-21 各监测点流速统计

(3) 该区域管道的基础入渗量最为严重，为 232.6m^3/(km·d)，这不仅远大于我国验收标准，也高于美国城市的允许渗入量以及日本 26 个排水区域的实际入渗量统计结果的上限值，说明该管段存在明显的老化或裂损的情况。

(4) 监测期内 10 月 6 日开始，发生了持续长达近 60h 的持续降雨事件，累积降雨量达到了 141.2mm。在此期间，8 个监测点的液位均有明显响应，但只有 1 号、2 号、7 号、8 号等 4 个监测点的流量出现明显的增加，由于流量随雨量响应的速度较快，可判断为降雨引起的入流。四个监测点污水日流量较正常情况下分别增加了 0.16 万 t、0.69 万 t、0.24 万 t 以及 1.11 万 t，且降雨停止后，还有大量雨污水在排除中。图 8-22 为降雨事件下监测点流量变化过程。

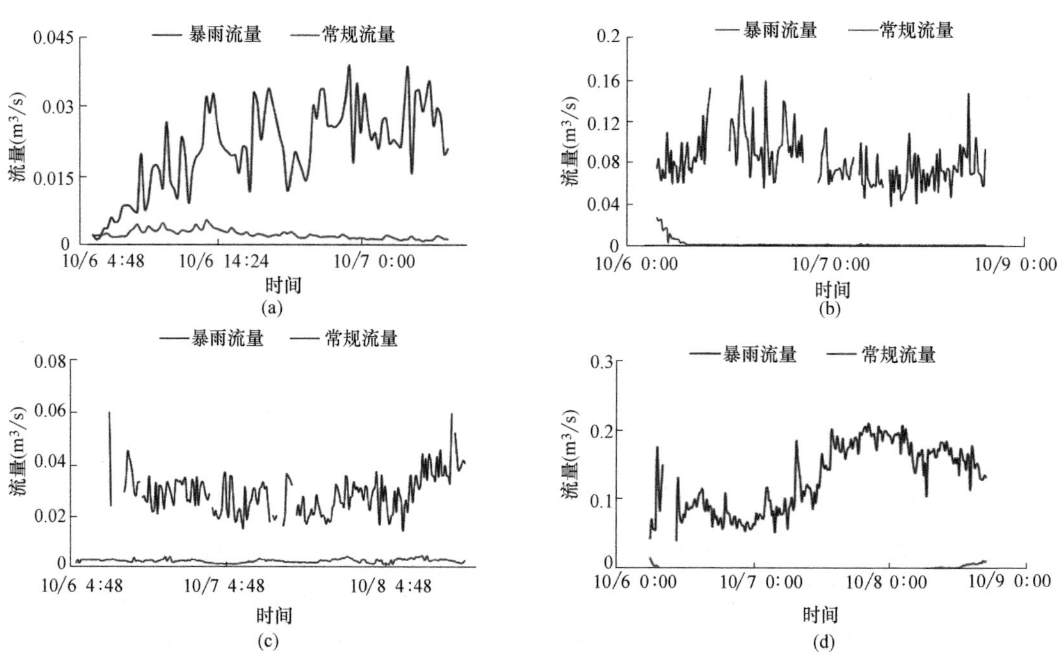

图 8-22　降雨事件下监测点流量变化过程

(a) 1 号监测点；(b) 2 号监测点；(c) 7 号监测点；(d) 8 号监测点

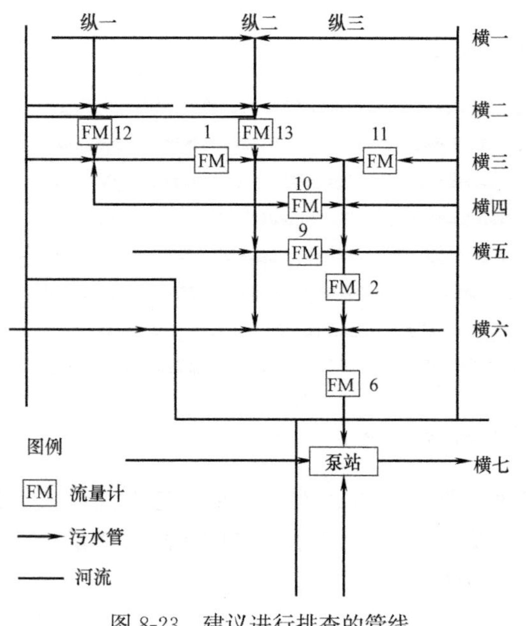

图 8-23　建议进行排查的管线

(5) 污水泵站造成冲击主要是来自持续性降雨。根据拟合计算，每 10mm 降雨，会为泵站带来约 1300t 水的额外负担，进一步印证雨水引起的入流主要发生在 1 号、2 号、7 号、8 号等 4 个监测点上游区域。

(6) 10～13 号监测位点上游管道存在雨水入流现象最为严重，建议对上游管道破损或雨污混接的情况进行检查。图 8-23 为建议进行排查的管线。

(7) 14～16 号监测点附近穿河管处均有不同程度的河水入渗的情况，且 14 号监测点处情况最为严重，同时工作日的入渗情况高于周末。

8.4.4　案例小结

通过动态监测+数据分析结合的方法，定量识别了外来水混入量以及问题管段，针对诊断出的管网问题，提出以下建议：

(1) 对于结论中指出的淤积现象严重的管段，建议加大维护力度，避免因排水不利而在强降雨情况下造成溢流的发生。

(2) 对于地下水入渗严重的管段，管段渗入量偏大的主要原因可能为管龄较长、地下水位很高、管材与接口技术陈旧以及维修养护投入不足。可以采用柔性接口管材，柔性接口的装配式窨井等技术措施，减少排水系统的地下水渗入量。

(3) 对于雨水入流严重的管段，建议结合人工排查（必要时可借助 CCTV 等工具）找到错接位置、河水倒灌、管道损毁验证的点。

(4) 由于管道内环境恶劣对监测设备的准确性造成影响，建议有条件的情况下，每周对设备进行人工清洗作业，以保证监测设备的正常工作，获得有效数据。

根据建议对锁定的问题管网进行 CCTV 检测：

(1) 采用 CCTV 对监测分析诊断出的问题管道进行排查，发现横三路段、横四路段、纵一路段存在管道破损。

(2) 人工排查并修复的管道长度仅占片区管道总长的 22%，减少 65%的外来水。采取动态监测+数据分析结合的方法，对于区域入流入渗量化诊断和问题管段定位具有普适性，且设备动态轮换的服务模式大大节约了成本，可用于其他城市区域外来水汇入问题的监测诊断与分析。

第9章 排水管渠智能检测技术未来展望

9.1 排水管渠全生命周期智能管理

以管网测绘、检测、清理、修复为一个管理周期，基于先进的软硬件系统，融合 AI 算法，将数据采集、分析、管理实现全流程闭环管控，对管网实现全生命周期运维管理。

（1）采集数据：管网测绘、检测设备获取管网最新状态数据，并将数据传送至管网数据分析中心进行数据分析。在前端数据采集过程中，针对不同检测场景、不同数据种类采集需求，通过采用相应的数据采集设备，如针对常规管网环境的潜望镜、轮式爬行检测机器人，则可获取常规管网内部数据；针对复杂场景如高水位、淤泥较多的环境，则可以采用全地形管网检测机器人获取数据；针对高水位及满水管网的检测需求，则可采用动力声呐检测机器人在水下作业，采集数据；针对管网外部周边的空洞检测，则可通过管中雷达检测机器人获取管网周边的雷达图像数据。针对多场景、多数据类型采集的需求，通过专业的检测设备进行数据获取。

（2）分析数据：通过前端数据采集设备获取的各种数据传送至数据分析中心，管网数据分析中心（管网工程管理软件、管网数据 AI 分析软件）基于人工智能分析技术对数据进行智能分析，自动将分析结果传送至管网数字管理平台进行数据展示及管理。人工智能技术的应用能够极大提升管网海量检测数据快速分析判读的需求，通过分布式服务架构设计，能够对项目进行更加高效管控，多人同时协作，提升内业工作效率。

（3）管理数据：管网数字管理平台基于数据分析结果，对数据进行数字化管理，基于 GIS 系统，通过可视化展示方式，对多类型数据，如 GIS 数据、管网普查数据、监测数据等进行智能管理，实现数据可视化展示，并结合水利模型分析技术，通过专家诊断系统提出清理、修复计划，并通过通信网络自动下达清理及修复作业任务至外业人员。

（4）清理及修复：针对系统制定的清理及修复任务，针对不同场景实际需求，通过采用多种专业设备，进行管网的清理以及修复，如采用微型盾构机工作原理的清淤机器人能够快速对管道内部进行清淤处理，采用紫外光固化技术，对管网缺陷进行整管修复。对清理及修复后的管道，通过检测设备进行二次检测，以验证清理及修复成果是否满足要求。

通过以上几个环节，实现管网全生命周期智能管理，从管网普查、管网资产数据管理、管网清理及修复实现闭环管控，保障管网作为基础设施应发挥的作用。图 9-1 为排水管渠全生命周期管理关系图。

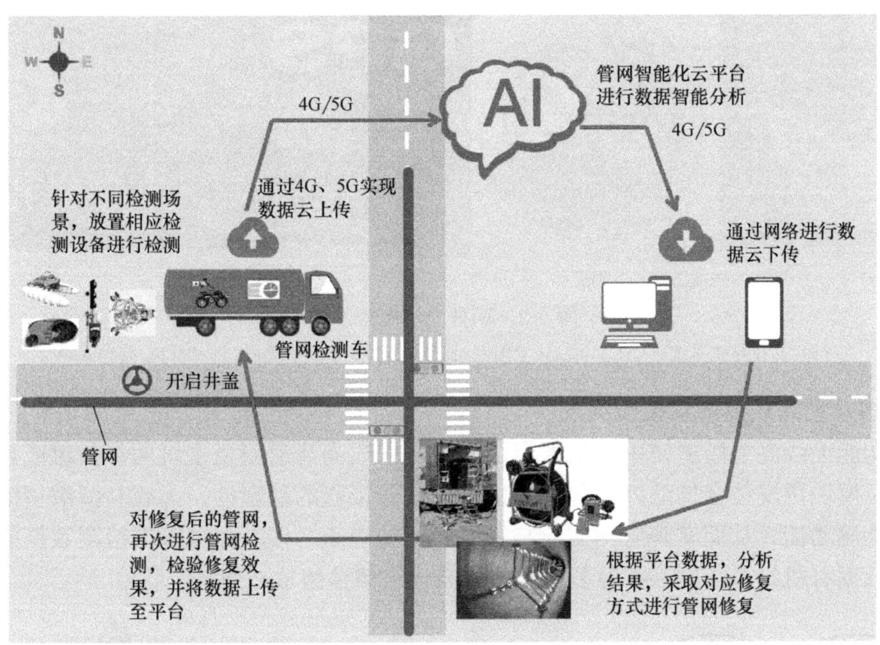

图 9-1　排水管渠全生命周期管理关系图

9.2　未来管网智能检测技术

9.2.1　测绘检测一体式潜望镜检测技术

1. 多功能无线高清潜望镜技术原理

多功能无线高清潜望镜结合高精度定位技术、视频检测技术于一体，实现了管道测绘与检测于一体，通过该设备能够在检测管道内部情况的同时，准确定位管道的相关地理位置信息。

随着地下管网电子普查项目的不断开展，迫切需要对已有的地下管道以及新建的管道进行精准定位测绘，形成完整的地下管网分布电子信息图。这对于设备精准定位功能的要求越来越高，而目前对于地下管网定位主要采用专业的定位测绘设备（如 RTK、全站仪等），不仅价格昂贵，而且使用不方便。与此同时，目前管网的测绘工作与管网检测工作是独立分开的，造成管网测绘数据不能保证及时更新，但是随着城市建设、地质变化等因素影响，管网测绘数据可能存在误差，造成管网测绘数据与管网检测数据无法匹配。目前迫切需要一种具有管网测绘与管网检测于一体的便携式多功能设备。

多功能无线高清潜望镜通过采用高精度定位模块，可以接受多种卫星定位系统，包括GPS、北斗 COMPASS 卫星定位信号。图 9-2 为四种卫星定位系统。

该定位模块可以满足不同区域、不同环境、不同天气条件下对于精准定位的需求，并通过无线通信网络将定位数据以及视频检测数据实时上传至远端管网云平台，从而能够在进行管道高清视频检测的同时，准确定位测绘出管道地理位置信息，将测绘与检测有机结合，满足高效率检测、测绘需求。图 9-3 为多卫星定位示意图。

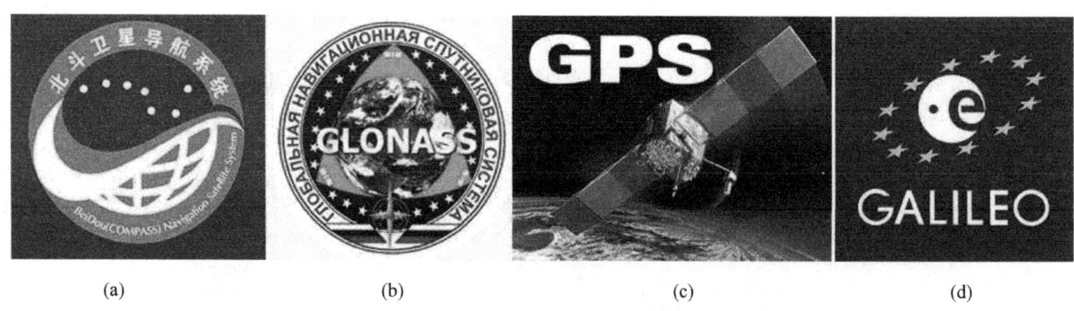

(a) (b) (c) (d)

图 9-2　四种卫星定位系统

(a) 北斗导航系统；(b) Glonass 导航系统；(c) GPS 定位系统；(d) Galileo 定位系统

2. 多功能无线高清潜望镜组成

多功能无线高清潜望镜由高精度定位模块、无线高清潜望镜主机两部分组成，其中高精度定位模块可安装在伸缩杆顶部，保证卫星信号接收的稳定性。无线高清潜望镜主机具有视频检测功能，从而实现管网测绘与管网检测功能于一体，保障管网检测数据能够与管网测绘数据有机结合。图 9-4 为多功能无线高清潜望镜组成示意图。

图 9-3　多卫星定位示意图

图 9-4　多功能无线高清潜望镜组成示意图

高精度定位模块通过内置高精度定位芯片，可同时接收多个卫星信号，并采用特定开发的定位解算算法，实现高精度定位功能。模块具有体积小、重量轻、抗干扰能力强、操作方便的特点，并可通过无线信号，将定位数据实时展现在控制终端上，以及通过无线网络将数据传输至管网云平台。

9.2.2　多功能管道机器人技术

1. 多功能管道机器人技术原理

多功能管道机器人通过结合现有的管道爬行机器人的功能、惯性导航测绘技术，实现地下管网检测、测绘的目标。

表 9-1 是目前对于地下管网三维走向测绘的几种主要测绘方法。

不同的管线探测方法　　**表 9-1**

序号	探测方法	管线类型	测量方式	测量深度	测量精度	数据处理方式
1	电磁感应法	金属管线	在管线上方的地面进行等间距采样，测量管线的磁场	<5m	与探测深度成反比	地面探测管线的磁场强度，然后进行计算

续表

序号	探测方法	管线类型	测量方式	测量深度	测量精度	数据处理方式
2	地质雷达法	金属、非金属管线	在管线上方的地面进行等间距采样，测量管线反射的雷达波	5～10m	与探测深度成反比	需人工对雷达图像进行判读、记录、计算和坐标转换
3	人工地震法	金属、非金属管线	在管线上方的地面测量人工敲击管线形成的地震波	5～10m	与探测深度成反比	需人工对地震波信号进行处理、记录、分析
4	高密度电法	金属管线	在管线上方安置直流电极，探测土壤、管线产生的电场变化	<5m	与探测深度成反比	需要人工记录电场变化，并进行记录、分析
5	磁梯度法	金属管线	在管线一侧钻孔，将磁力梯度仪的探头放到孔中，在地面测量磁力变化	5～10m	与探测深度成反比	需人工记录磁场数据，并进行分析计算
6	惯性测量法	金属、非金属管线	将惯性测量单元放置在地下管线中，沿管线运行	不限	与探测深度、地质环境无关	自动处理数据，标绘三维坐标

惯性导航测绘技术是将军用技术转移民用的典范，通过采用高精度惯性测量单元（IMU）采集的惯性数据，与设备的里程轮模块采集的信息进行数据融合，通过惯性导航解算算法，解算出设备行走路线的准确位置，从而实现对管道三维走向的精准定位。惯性导航模块在管道内可以在不依赖于 GPS 等定位信号的基础上，通过设备自身独立的惯性测量单元实现对地下管网的精准三维坐标解算。

2. 多功能管道机器人组成

目前的管道检测机器人主要是通过其携带的高清摄像装置拍摄管道内部图像，从而分析判断管道存在的各种缺陷以及问题，而随着管道检测需求的不断增多，单纯通过视频对管道进行检测已经不能满足智慧管网的检测需求，机器人不仅需要能够采集管道图像信息，同时需要精准测绘出管道的三维走向信息。图 9-5 为搭载惯性测绘的多功能管道机器人。

图 9-5　搭载惯性测绘的多功能管道机器人

多功能管道机器人由惯性测绘模块以及管道检测机器人车体两部分组成，其中惯性测

绘模块内置高精度惯性测量单元以及数据采集系统，同时车体配备里程轮数据采集装置，将里程轮采集的数据与惯性测量单元采集的惯性数据进行数据融合。图 9-6 为惯性测绘模块结构示意图。

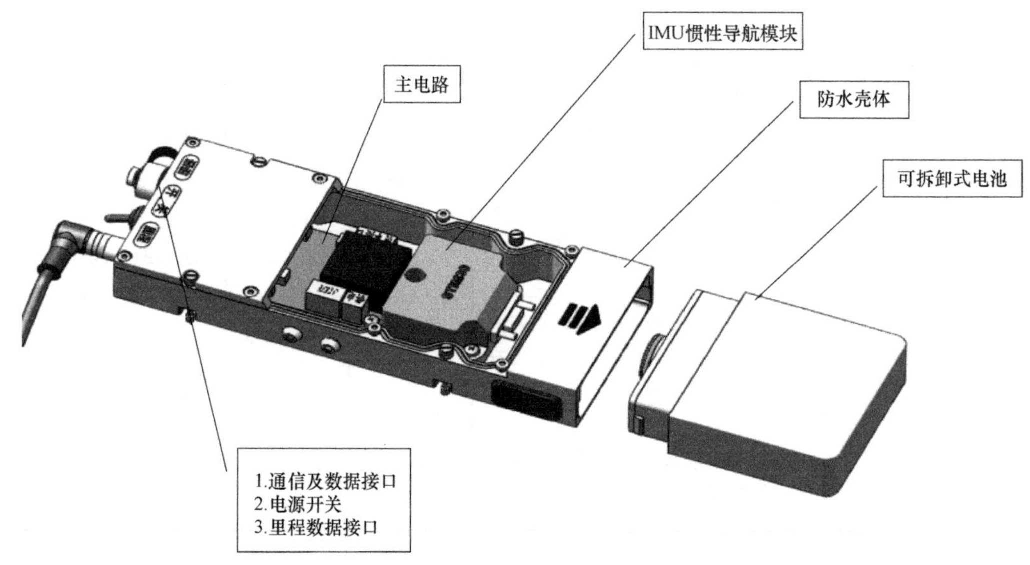

图 9-6 惯性测绘模块结构示意图

惯性测绘模块由数据采集单元以及可拆卸式电池两部分组成，其中数据采集单元部分包含惯性测量单元模块、里程轮通信模块、主电路模块。惯性测量单元模块负责采集高精度惯性测绘数据，里程轮通信模块负责将机器人里程轮采集的数据传输到主电路模块，主电路模块负责对惯性测绘数据以及里程轮数据进行时间同步并融合存储。可拆卸电池模块内部为锂电池，单个电池可满足长时间测绘使用需求。

9.2.3 仿生机器人管网检测技术

随着机器人技术，尤其是仿生机器人技术的快速发展，类似波士顿动力的四足机器人 Spot、BigDog、双足人形机器人 Atla，以及双轮搬运机器人 Handle 等都取得了重要进展，相关机器人已经开始应用于部分场景。未来在管网检测领域中，可以将仿生机器人应用于排水管渠检测，以解决部分场景下普通机器人无法有效检测的缺点。图 9-7 为波士顿动力机器人。

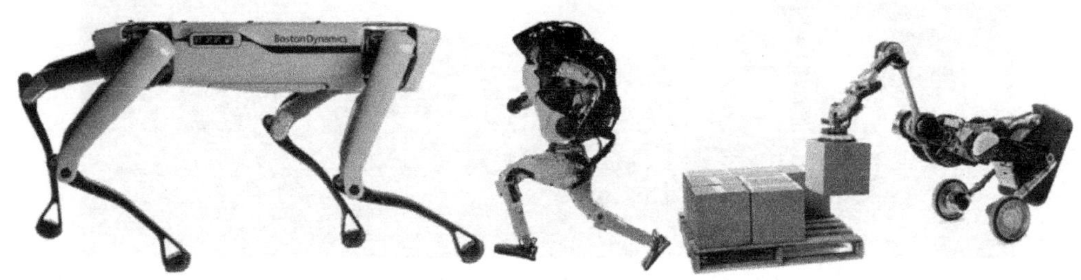

图 9-7 波士顿动力机器人

附　　录

附录 A　管网检测作业流程

排水管道检测与评估，是发现缺陷、确定维修方案、制定管道养护维修计划的前提和必要条件。管道检测能够及时发现管道损坏，通过检测成果分析原因，应按照一定周期进行。本章将系统性的介绍检测与评估的相关内容及流程。

由于运行工况的复杂性，排水设施使用过程中会存在不同程度的缺陷，常见的有破裂、渗漏、脱节、错位、侵蚀、积泥堵塞甚至变形塌陷等现象，直接影响排水管渠系统的正常运行，甚至威胁到城市安全运行和人民生命财产安全。排水设施管理需要掌握每条管道的运行状况，城镇排水设施总量大、设施分布广，设施的检测需要建立一定的周期，以达到相对动态的掌握设施状况的目的。因排水设施大多处于城市道路或沿河道岸线铺设，在城市中具有公共属性，其运行与城市基本建设、环境治理等社会行为相互影响，因此对其检测往往不仅限于掌握运行状况，还需要根据众多内外部因素明确检测目的。排水设施检测即利用目测或专业管道检测设备对排水管道及其附属设施进行全面、直观、科学的检查、评估，为后续养护疏通及维修改造等提供科学的参考依据。

不同的检测任务，检测过程中的重点不同，检测的流程也不尽相同，如新建管线检测时，需先进行闭水试验，检测管线是否存在渗漏；设施堵冒热线检测需首先确认堵冒部位，再针对其上下游检查井进行检查，尽快锁定需处置部位等。一般性排水设施检测均可按照附图 A 所示流程进行。

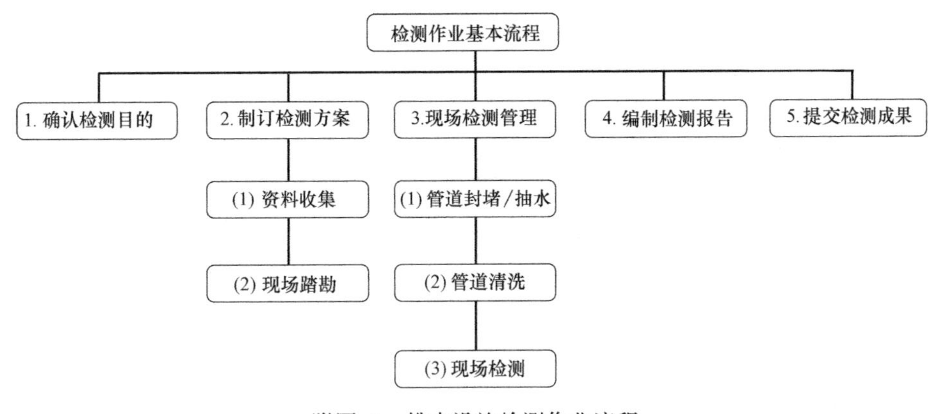

附图 A　排水设施检测作业流程

1. 确认检测目的

排水设施检测之前，确定检测目的是首要环节。通常在检测工作确定之前这部分工作已经完成。例如，委托检测项目合同中应明确委托内容、目的及委托双方权责等。

2. 制订检测方案

制定检测方案需要尽可能收集详尽资料并进行现场踏勘，以便结合检测任务为检测方案的制定提供参考依据。针对管道不同状况，方案的细节制定也不尽相同。

（1）资料收集

排水设施检测前需要尽可能地收集被检测设施运行现况、所属区域检测相关地方标准等资料信息，以便更好地完成检测任务。

（2）现场踏勘

① 查看检测区的地物、地貌、交通和管道分布情况。

② 开井目视检查管道的水位、积泥等情况。

③ 核对所有搜集资料中的管位、管径、材质等情况。

检测方案应至少包含以下部分：

（1）施工组织设计。

（2）安全施工方案。

（3）现场检测管理。

3. 现场检测管理

管道检测应包括如下内容：检测作业时，出发去现场前应对仪器设备进行细致的自检；现场检测作业时应按要求设立安全标志；管道实地检测与判读；检测完成后应及时清理现场。

4. 编制检测报告

根据录像回放、现场记录，以及规范要求编写管道检测报告书，报告书应突出重点、文理通顺、表达清楚、结论明确。

附录 B 排水管渠作业安全规程

管网检测外业作业时，由于作业环境的特殊性，需要制定详细周全的安全作业规程以保障作业人员的安全，本节将从外业作业时涉及的有限空间作业、占道作业、井盖开启安全流程等方面进行详细的介绍，以帮助外业作业人员学习更加规范的作业规程，提升作业安全性。

1. 有限空间作业安全管理规定

附表 B-1 为参考的相关规范标准。

参考相关规范标准 **附表 B-1**

序号	规范标准
1	《道路作业交通安全标志》GA182—1998
2	《有限空间作业安全技术规范》DB11/T 852—2019
3	《排水设施巡查、维护作业安全管理规定》
4	《职业健康安全管理体系 要求及使用指南》GB/T 45001—2020
5	《占道作业交通安全设施设置技术要求》DB11/854—2012
6	《城镇排水管道维护安全技术规程》CJJ 6—2009

1）有限空间是指封闭或部分封闭，进出口较为狭窄有限，未被设计为固定工作场所，自然通风不良，易造成有毒有害、易燃易爆物质积聚或氧含量不足的空间。

2）有限空间作业是指作业人员进入有限空间实施的检查、施工、维修、清掏、验收等各种作业活动。

3）有限空间主要有：检查井、闸井、排水管道、泵站集水池、格栅间、暗沟、化粪池、车载槽罐、地下工程等。

4）生产职能部门负责其业务管辖范围有限空间作业安全管理工作，安全部负责有限空间特种作业安全监督及相应人员的培训、考核、职业病体检等工作。

5）有限空间作业的人员必须接受有限空间特种作业安全技术培训，掌握作业程序、人工急救和防护用具、照明、通信设备的使用方法，经考核合格，取得《有限空间特种作业人员操作证》后，方可参与作业。

6）实施有限空间作业前，作业班组必须履行危险作业审批程序，并报安全部门备案后，方可进行作业。作业部门内部执行《有限空间作业审批表》（附表 B-2）实施作业。

7）实施加砌检查井或管道封堵、拆堵、连接施工等作业前，作业负责人必须有专项作业方案，报相应业务主管部门审核、主管领导审定通过后方可实施。

8）实施有限空间作业前，必须由负责该项作业的管理人员根据工作任务对作业人员进行书面交底，告知作业内容、安全注意事项及采取的安全措施，并由管理人员和作业人员签字确认。

9）实施有限空间作业时，现场人员应在进入点附近设置有限空间作业告知牌，由专人负责作业现场维护工作，防止未经许可人员进入作业现场。

10）有限空间作业相关人员的安全职责

（1）现场负责人安全职责

接受有限空间特种作业安全技术培训、考核，持证上岗；应完全掌握作业内容，了解整个作业过程中存在的危险、有害因素；确认作业环境、作业程序、防护措施、作业人员符合要求后，授权批准作业；及时掌握作业过程中可能发生的条件变化，当作业条件不符合安全要求时，立即终止作业；发生紧急情况时，及时向上级领导报告并组织现场人员实施救援工作。

（2）作业人员安全职责

接受有限空间特种作业安全技术培训；遵守有限空间作业安全操作规程，正确使用有限空间作业安全设备与个人防护用品；作业时与监护人员进行有效的操作作业、报警、撤离等信息沟通；服从现场负责人安全管理。

（3）监护人员安全职责

接受有限空间特种作业安全技术培训、考核，持证上岗；全过程掌握作业人员作业期间的情况，保证在有限空间外持续监护，与作业人员进行有效的操作作业、报警、撤离等信息沟通；在紧急情况时向作业人员发出撤离警告，必要时呼叫应急救援服务，并在有限空间外实施紧急救援工作；防止未经许可人员进入作业现场。

（4）气体检测人员安全职责

接受有限空间特种作业安全技术培训、考核，持证上岗；掌握有限空间有毒有害气体基本知识及气体检测仪的使用方法；实施作业前对有毒有害气体进行检测并全程监测，如实记录有毒有害气体数据，并与监护者进行有效的沟通。

① 物资采购部门采购的有限空间作业安全防护设备、器材，必须符合国家有关安全标准，并保存相应的合格证书。同时应对有限空间作业使用的设备、设施、安全防护器材按有关规定组织定期检验和检测，并建档管理。

② 管道检查、维护等利用新技术、新设备，作业宜采用检测机器人、冲洗车、联合疏通车等机具、设备，以改善劳动条件，严禁作业人员私自下井作业。

③ 每次组织开展有限空间作业时，作业人数不得少于 4 人，其中至少 2 人专门负责监护工作，1 人负责有毒有害气体检测工作。严禁 1 人独自进行有限空间作业。

④ 进入有限空间作业前，应至少通风 30min，若气体检测仪报警，作业人员可采用风机强制通风，作业过程中同时持续机械通风措施，机械通风应按管道内平均风速不小于 0.8m/s 选择通风设备。严禁用纯氧进行通风换气。

⑤ 实施有限空间作业前，现场人员必须严格执行“先通风、再检测、后作业”的原则，检测的时间不得早于作业开始前 30min，未经检测，严禁作业人员进入有限空间。作业过程中的气体监测宜优先选择连续监测方式，若采用间断性检测，间隔不应超过 2h，如监测分析结果有明显变化，则应加大监测频率。作业中断超过 30min 应重新进行监测分析。检测有限空间的空气含氧量应为 18%～21%，在富氧环境下不得大于 23.5%。当作业人员工作面发生变化时，视为进入新的有限空间，应重新检测有毒有害气体含量。

⑥ 对于污水管道和合流管道，作业人员下井时，必须穿戴正压式空气呼吸器，严禁使用过滤式防毒面具；对于缺氧或所含有毒有害气体浓度超过允许值的雨水管道，作业人员应穿戴供压缩空气的正压式防护装具下井。

⑦ 若为下井作业，对作业人员进入管内进行检查、维护作业的管道，其管径不得小于 0.8m，水流流速不得大于 0.5m/s，水深不得大于 0.5m，充满度不得大于 50%，否则，作业人员应采取封堵、导流等措施降低作业面水位。

(5) 下井作业安全注意事项

① 下井作业前，作业人员应对作业设备、工具进行安全检查，发现有安全问题应立即更换，严禁使用不合格设备、工具。

② 气体检测仪必须有用有备。下井前进行气体检测时，应先搅动作业井内泥水，使气体充分释放出来，以测定井内气体实际浓度。

③ 下井作业前，作业人员必须穿戴好安全帽、手套、防护服、防护鞋等劳动防护用品。

④ 下井作业人员禁止携带手机等非防爆类电子产品及打火机等火源，必须携带防爆照明、通信设备。可燃气超标时，严禁使用非防爆相机拍照。作业现场严禁吸烟，未经许可严禁动用明火。

⑤ 当检查井踏步腐蚀严重、损坏时，应使用三角架下井。下井作业期间，作业人员必须系好安全带、安全绳（或三角架缆绳），安全绳（三角架缆绳）的另一端在井上固定，监护人员做好监护工作，工作期间严禁擅离职守。

⑥ 当作业人员进入管道内作业时，井室内应设置专人呼应和监护。作业人员进入管道内部时携带防爆通信设备，随时与监护人员保持沟通，若信号中断必须立即返回地面。

⑦ 佩戴正压式空气呼吸器下井作业时，呼吸器必须有用有备，无备用呼吸器严禁下井作业。作业人员须随时掌握呼吸器气压值，判断作业时间和行进距离，保证预留足够的空气返回；作业人员听到空气呼吸器的报警音后，必须立即撤离。

⑧ 上下传递作业工具和提升杂物时，应用绳索系牢，严禁抛扔，同时下方作业人员应躲避，防止坠物伤人。

⑨ 井内水泵运行时严禁人员下井，防止触电。

⑩ 作业人员每次进入井下连续作业时间不得超过 1h。

⑪ 当发现潜在危险因素时，现场负责人必须立即停止作业，让作业人员迅速撤离现场。

⑫ 发生事故时，严格执行相关应急预案，严禁盲目施救，导致事故扩大。

⑬ 作业现场应配备必备的应急装备、器具，以便在非常情况下抢救作业人员。

（6）下列人员不得从事有限空间作业：

年龄在 18 岁以下和 55 岁以上者；在经期、孕期、哺乳期的女性；患有深度近视、癫痫、高血压、过敏性气管炎、哮喘、心脏病等严重慢性病者；有外伤疮口尚未愈合者。

附表 B-2 为有限空间作业审批表范例。

有限空间作业审批表范例 **附表 B-2**

有限空间作业审批表			
			编号：
申请单位			
作业内容			
作业起止时间		作业地点	
有限空间种类及类型			
主要危险有害要素			
作业人员			
填报人员		监护人员	
现场负责人意见			
作业区域安全意见	签字：		年 月 日
主管领导意见	签字：		年 月 日
作业开工时间	年 月 日 时 分		
序号	主要安全措施	确认安全措施符合要求(签名)	
		作业者	作业监护人员
1	作业人员作业安全教育		
2	连续测定的仪器和人员		

续表

序号	主要安全措施	确认安全措施符合要求(签名)		
3	测定用仪器准确可靠性			
4	呼吸器、梯子、绳缆等抢救器具			
5	通风排气情况			
6	氧气浓度、有害气体检测结果			
7	照明设施			
8	个人防护用品及防毒用具			
9	通风设备			
10	其他补充措施			
作业负责人意见(签名)				
确认人和结束时间	签字：　　　　　年　　月　　日　　时　　分			
气体检测数据	检测人员			
时间	硫化氢(ppm)	氧含量	一氧化碳	可燃性气体

2. 占道作业安全管理规定

1）占道作业是指需要占用城市公用道路开展排水管渠设施工程抢险施工、养护维修、设施检测等作业活动。

2）占道作业分类

（1）全天作业

作业区的位置和布置自始至终均不发生变化的占道作业，如建设项目施工、工程抢险施工等。

（2）限时作业

作业区的位置不变但其布置仅在限定时间内呈现的占道作业，如排水设施更新改造项目施工等。

（3）移动作业

作业区的位置和布置随作业的进行发生间歇性或连续性移动的占道作业，如排水设施巡查、雨水口清掏、排水设施电视检查、冲洗、疏通、清掏等。

3）根据《安全责任制》“管生产必须同时管安全”的原则，业务部门负责排水设施养护、巡查、抢险施工占道作业的安全管理工作，安全部门负责各类占道作业的安全技术培训及安全监督工作，作业部门负责其责任范围内占道作业的具体安全管理及落实工作。

4）作业人员服装颜色应当符合国家相关标准要求，具备反光或部分反光性能；安全服反光部分最小宽度不应小于5cm。

5）用于维护占道作业现场安全的保护车辆，应当喷涂符合国家相关标准的反光油漆，或粘贴规定颜色的工程级以上的反光膜并保持表面清洁；车辆顶部必须配置黄色爆闪警示灯，车辆护栏上应配置闪光箭头板，以上灯具占道作业时必须开启，保证各个方向至少100m以外清晰可见。

6）占道作业交通安全设施的种类及设置要求应符合现行行业标准《道路作业交通安全标志》GA182—1998。

7）在道路上执行排水设施相关作业并可能影响道路交通安全、畅通的占用道路行为，由作业部门根据公安交通管理部门要求编制占道审批材料，报相应业务管理部门，由业务管理部门审核后报公安交通管理部门审批，审批通过后返回作业部门，由作业部门报道路所属区交通支队备案。

8）从事占道作业的人员必须接受应急管理部门组织的安全技术培训，掌握作业程序、人工急救和交通安全防护设施、警示灯具的操作方法。

9）占道作业人员每年进行不少于4学时的占道作业安全教育和专业技术培训，并建立安全培训档案。

10）每次组织开展占道作业，作业人数应不少于3人，其中至少1人负责现场交通疏导工作。

11）实施占道作业前，必须由负责该项作业的技术管理人员根据占道作业方案对作业人员进行书面交底，告知作业内容、安全注意事项及采取的安全措施，并由技术管理人员、班组长和作业人员签字确认。

12）占道作业相关人员的安全职责

（1）现场负责人安全职责

应完全掌握作业内容，了解整个作业过程中存在的危险、有害因素；确认作业环境、作业程序、防护设施、作业人员符合要求后，授权批准作业；及时掌握作业过程中可能发生的条件变化，当作业条件不符合安全要求时，立即终止作业；发生突发事件时，及时向上级领导报告并组织现场人员实施救援工作。

（2）交通安全设施设置人员安全职责

接受占道作业安全技术培训；正确使用占道作业安全设施与个人防护用品；负责作业现场交通安全设施的摆放、回收工作；应与现场负责人进行有效的操作作业、报警、撤离等信息沟通；服从现场负责人安全管理。

（3）现场交通疏导员安全职责

接受占道作业安全技术培训；正确使用占道作业安全设施与个人防护用品；负责作业区域各种交通安全设施的维护、看管工作；负责占道作业区域影响范围内社会车辆、行人的疏导，防止未经许可车辆、人员进入作业现场；遇突发事件时应保护自身安全，并及时向作业区域内其他人员发出撤离警告，必要时呼叫应急救援服务。

13）作业人员开展占道作业前，应穿好工作服、劳保鞋，戴好安全帽，穿好反光背心或具备反光性能的服饰。

14）封闭道路时应对道路交通情况进行风险评估，选择风险较低时方可封路，禁止强行封闭道路。

15）在摆放各类交通安全设施时，应顺行道路进行码放，一般道路，防护栏距维护作业区域应大于 5m，且两侧应设置路锥，路锥之间用连接链或警示带连接，间距不应大于 5m。在快速路上，宜采用机械维护作业方法；作业时，除应按一般道路要求防护栏外，还应在作业现场迎车方向不小于 100m 处设置安全警示标志。在回收各类交通安全设施时，应逆行道路进行回收。

16）在摆放、移动、回收各类交通安全设施过程中，交通安全设施设置人员必须精力集中，关注周围交通环境，迅速完成任务，禁止使用脚踢、投掷或其他可能导致事故的不安全行为。锥形交通标应放置整齐，间距合理，防止车辆绕过锥形交通标进入作业区域。

17）使用保护车辆封闭机动车道作业区域时，保护车辆应开启故障灯、爆闪警示灯和闪光箭头板警示后方车辆避开所占车道，由交通设施设置人员随保护车辆顺行道路逐一放置锥形交通标、各类标识标牌、警示灯具等设施。保护车辆应缓慢减速行驶，禁止急刹车。

18）封闭道路后，现场交通疏导员应位于上游过渡区对后方来车进行有效疏导。

19）人员撤离时，必须检查好现场，做到有序撤离，防止遗漏设备、设施。

20）其他安全注意事项

（1）开展设施运行养护占道作业，作业时间应避开交通流量高峰期。

（2）作业前应对用以作业的交通安全设施进行安全检查，保证处于良好的工作状态。

（3）作业人员横穿车行道时，应直行通过，注意避让来往车辆。

（4）相关作业车辆停放时应当停放在作业区域内，或占道作业方案明确的其他允许停放车辆的场所，不得违规停放车辆。

（5）遇雪天机动车道上冻、6 级以上大风天气等特殊环境中开展排水设施养护、工程抢险等占道作业，必须制定专项占道作业方案报业务管理部门审批。附表 B-3 为安全交底单范例。

安全交底单范例 **附表 B-3**

安全交底单		编号	
作业部室		作业班组	
作业内容			
作业地点		作业日期	
交底内容：			
地上作业			
1. 作业人员应穿戴齐全劳保用品(工作服、反光背心、劳保鞋)；检查井井盖开启后，现场要有人看管，检查井周围设警示标志；夜间应加设闪烁警示灯			
2. 在道路作业时，须按照《道路作业安全管理规定》要求执行			
3. 现场作业时，指派专人维护现场秩序			
4. 工作人员在工作现场严禁打闹、吸烟，严禁做与工作无关的事			

续表

5. 现场开启检查井井盖须遵照《检查井井盖开启流程及注意事项》中的相关规定
6. 现场作业过程中,现场负责人应提醒并监督作业人员严格遵守各项现场作业安全规定,避免出现因误操作引起的人员伤亡
7. 非机动车应在非机动车道内行驶,严禁驶入机动车道。骑车至路口,应主动让机动车先行。遇红灯时,应停在停止线或人行横道线以内。严禁推行或绕行闯越红灯。骑车转变时,要伸手示意,同时要选择前后暂无来往车辆时转弯,切不可在机动车驶近时急转猛拐,争道抢行,也不要转小弯。骑车不准互相追逐、赛车、扶身并行。不准一手扶把,一手打电话骑车

其他注意事项	
备注	
交底人:	被交底人:

说明:
1. 本表由交底人填写;2. 交底人须是技术管理人员或班长、现场负责人;3. 交底内容须经专职安全员或现场安全员认可;4. 针对每次作业任务的特殊性,交底人须在专用条框中详细说明安全注意事项。5. 所有签名均须本人签字,不得代签,接受交底人较多时签名可签安全交底单背面。6. 此表由班组负责保存,不得涂改且存档时间至少两年

附录C　检测影像资料版头格式和基本内容

当对每一管段摄影前,检测录像资料开始时,应编写并录制检测影像资料版头对被检测管段进行文字标注,检测影像资料版头格式和基本内容可参考附图C编制。当软件为中文显示时,可不录入代码。

> 任务名称/编号(RWMC/XX):
> 检测地点(JCDD):
> 检测日期(JCRQ):　　年　月　日
> 起始井编号-结束井编号:(X号井-Y号井)
> 检测方向(JCFX):顺流(SL),逆流(NL)
> 管道类型(GDLX):雨水(Y),污水(Y),雨污河流(H)
> 管材(GC):
> 管径(GJ/mm):
> 检测单位:
> 检测员:

附图C　版头可录入内容

附录 D　现场记录表

1. 排水管道检测现场记录应按附表 D-1 填写

排水管道检测现场记录表　　　　**附表 D-1**

任务名称：						第　页共　页	
录像文件		管段编号		→		检测方法	
敷设年代		起点埋深				终点埋深	
管段类型		管段材质				管段直径	
检测方向		管段长度				检测长度	
检测地点						检测日期	

距离(m)	缺陷名称或代码	等级	位置	照片序号	备注
其他					

检测员：　　　　监督人员：　　　　校核员：　　　　年　月　日

2. 检查井检查记录应按附表 D-2 填写

检查井检查记录表　　**附表 D-2**

任务名称：								第　页 共　页
检测单位名称：					检查井编号			
埋设年代		性质		井材质		井盖形状		井盖材质	
检查内容								

	外部检查		内部检查	
1	井盖埋没		链条或锁具	
2	井盖丢失		爬梯松动、锈蚀或缺损	
3	井盖破损		井壁泥垢	
4	井框破损		井壁裂缝	
5	盖框间隙		井框渗漏	
6	盖框高差		抹面脱落	
7	盖框突出或凹陷		管口孔洞	
8	跳动和声响		流槽破损	
9	周边路面破损、沉降		井底积泥、杂物	
10	井盖标示错误		水流不畅	
11	是否为重型井盖(道路上)		浮渣	
12	其他		其他	
备注				

检测员：　　记录员：　　校核员：　　检查日期：　　年　　月　　日

3. 雨水口检查记录应按附表 D-3 填写

雨水口检查记录表　　**附表 D-3**

任务名称：									第　页 共　页
检测单位名称					雨水口编号				
埋设年代		性质		雨水篦形式		雨水篦材质		下游井编号	
检查内容									

	外部检查		内部检查	
1	雨水篦丢失		铰或链条损坏	
2	雨水篦破损		裂缝或渗漏	
3	雨水口框破损		抹面剥落	
4	盖框间隙		积泥或杂物	
5	盖框高差		水流受阻	
6	孔眼堵塞		私接连管	
7	雨水口框突出		井体倾斜	
8	异臭		连管异常	
9	路面沉降或积水		防坠网	
10	其他		其他	
备注				

检测员：　　记录员：　　校核员：　　检查日期：　　年　　月　　日

附录 E　排水管道沉积状况纵断面图格式

附表 E 为排水管道沉积状况纵断面图格式范例。

排水管道沉积状况纵断面图填写表　　附表 E

管段编号		管段直径		检测地点	
检测方向：→　管径：					
起始井（编号）		（绘图区）		起始井（编号）	
积深（mm）				平均积深（mm）	
占管径百分比（%）				平均百分比（%）	
间距（m）					
总长（m）					
检测单位：		检测员：	绘图员：	日期：　年　月　日	

附录 F　检测成果表

1. 排水管道缺陷统计应按附表 F-1 填写

排水管道缺陷统计表（结构性缺陷/功能性缺陷）　　附表 F-1

序号	管段编号	管径	材质	检测长度(m)	缺陷距离(m)	缺陷名称及位置	缺陷等级

2. 管段状况评估应按附表 F-2 填写

管段状况评估表

附表 F-2

任务名称：

第　页共　页

管段	管径(mm)	长度(m)	材质	深埋(m)		结构性缺陷						功能性缺陷					
				起点	终点	平均值 S	最大值 S_{max}	缺陷等级	缺陷密度	修复指数 RI	综合状况评价	平均值 Y	最大值 Y_{max}	缺陷等级	缺陷密度	养护指数 MI	综合状况评价

检测单位：

3. 检查井检查情况汇总按附表 F-3 填写

检查井检查情况汇总表

附表 F-3

任务名称：

第　页共　页

序号	检查井类型	材质	单位	数量	其中非道路下数量	完好数量	井盖井座缺失数量	井内有杂物数量	井内有缺损数量	盖框突出或凹陷数量	井室周围填土有沉降数量	备注
1	雨水口											
2	检查井											
3	连接暗井											
4	溢流井											
5	跌水井											
6	水封井											
7	冲洗井											
8	沉泥井											
9	闸门井											
10	潮门井											
11	倒虹管											
12	其他											

检测单位：

4. 排水管检测成果应按附表 F-4 填写

排水管检测成果表 附表 F-4

序号：

录像文件		起始井号		终止井号	
敷设年代		起点深埋		终点深埋	
管段类型		管段材质		管段直径	
检测方向		管段长度		检测长度	
修复指数		养护指数			
检测地点				检测日期	
距离(m)	缺陷名称代码	分值	等级	管道内部状况描述	照片序号或说明
备注					

照片 1：	照片 2：

检测单位：

附录 G　排水暗渠综合安全评估

1. 排水暗渠功能性安全评估

（1）排水暗渠功能性安全评估从子单元开始，按子单元、单元的顺序逐级评估。

（2）子单元过流能力指标化安全评估应符合附表 G-1 规定。

子单元过流能力指标化安全评估规定 **附表 G-1**

功能性缺陷危害程度分级	安全等级
满足下列条件之一： (1)暗渠底部淤积的危害程度分级为Ⅰ级。 (2)残墙、坍塌、异物侵入或其他淤堵的危害程度分级为Ⅰ级。 (3)底板高程纵断面的危害程度分级为Ⅰ级。 (4)上述三类缺陷的危害程度分级有两项及以上同时为Ⅱ级	Ⅰ
满足下列条件之一： (1)暗渠底部淤积的危害程度分级为Ⅱ级。 (2)残墙、坍塌、异物侵入或其他淤堵的危害程度分级为Ⅱ级。 (3)底板高程纵断面的危害程度分级为Ⅱ级。 (4)上述三类缺陷的危害程度分级同时为Ⅲ级	Ⅱ
满足下列第(1)～(3)条中的一项或两项条件，或者满足第(4)项条件： (1)暗渠底部淤积的危害程度分级为Ⅲ级。 (2)残墙、坍塌、异物侵入或其他淤堵的危害程度分级为Ⅲ级。 (3)底板高程纵断面的危害程度分级为Ⅲ级。 (4)上述三类缺陷和糙率的危害程度分级同时为Ⅳ级	Ⅲ
满足下列全部条件： (1)暗渠底部淤积的危害程度分级为Ⅳ级或Ⅴ级。 (2)残墙、坍塌、异物侵入或其他淤堵的危害程度分级为Ⅳ级或Ⅴ级。 (3)底板高程纵断面的危害程度分级为Ⅳ级或Ⅴ级。 (4)糙率危害程度分级为Ⅳ级或Ⅴ级	Ⅳ

(3) 子单元防洪和过流能力复核计算安全评估分级符合附表 G-2 规定。

子单元过流能力复核计算安全评估规定 **附表 G-2**

子单元过流能力复核计算成果	安全等级
不满足防洪标准及设计要求，实际过流能力小于设计过流能力 75%	Ⅰ
不满足防洪标准及设计要求，实际过流能力在设计过流能力 85%～75%	Ⅱ
不满足防洪标准及设计要求，实际过流能力大于等于设计过流能力 85%	Ⅲ
满足防洪标准及设计要求，或者实际过流能力大于等于设计过流能力 95%	Ⅳ

(4) 单元过流能力安全评估应符合附表 G-3 规定。

单元过流能力安全评估规定 **附表 G-3**

子单元过流能力安全评估成果	安全等级
满足下列之一： (1)子单元的过流能力安全等级包含Ⅰ级。 (2)子单元的过流能力安全等级为Ⅱ级的比例大于 80%	Ⅰ
满足下列之一： (1)子单元的过流能力安全等级包含Ⅱ级且不大于 80%。 (2)子单元的过流能力安全等级为Ⅲ级的比例大于 80%	Ⅱ
子单元的过流能力安全等级包含Ⅲ级且不大于 80%	Ⅲ
子单元的过流能力安全等级均为Ⅳ级	Ⅳ

2. 排水暗渠结构性安全评估

1）总体原则

（1）排水暗渠结构性安全评估之前，对缺陷或问题应注明具体位置并对产生的原因进行初步分析。

（2）排水暗渠指标化安全评估时，从安全等级Ⅰ级往Ⅳ级对照，以就高不就低的原则确定安全等级。

（3）首先对排水暗渠结构性缺陷危害程度进行等级评定，然后按子单元、单元顺序逐级评估。

（4）排水暗渠子单元安全评估采用指标化定性评估与复核计算的综合评估方法，评估基本原则要求如下：

① 结构安全与耐久性指标化定性评估时，子单元安全等级应不低于暗渠缺陷危害程度最高等级，另外应结合暗渠缺陷、隐患危害程度等级分布情况综合确定子单元安全等级。

② 指标化定性评估结果为Ⅳ级和Ⅲ级的排水暗渠，不再需要进行复核计算；指标化定性评估结果为Ⅱ级的排水暗渠，应对一个或若干个有代表性的子单元进行复核计算；指标化定性评估结果为Ⅰ级的排水暗渠，应对全部子单元进行复核计算。排水暗渠安全复核计算时，应充分考虑外部荷载、环境类别等现实条件对过流能力、结构安全、耐久性的影响，先将安全检测指标（现状指标）参数化并输入模型中，后依据现行标准和设计规范计算过流能力、结构安全及耐久性、周边土体稳定性等，并依据计算结果进行安全等级评估。

③ 指标化定性评估与复核计算的安全等级不一致时，以复核计算结果为准。

2）结构性缺陷危害程度等级评定

（1）墙基掏空危害程度等级见附表G-4。

墙基掏空危害程度等级标准 **附表G-4**

定性、定量安全检测指标	危害程度分级
完好	Ⅴ
墙基存在轻微冲刷现象，但无掏空现象	Ⅳ
墙基有局部冲刷掏空现象，部分外露，但未露出基底，墙基掏空面积<10%。掏空未引起墙体变形、水土流失、墙体垮塌	Ⅲ
浅基被冲空，露出底面，冲刷深度大于设计值，墙基掏空面积为10%～20%。掏空引起墙体变形以及水土流失	Ⅱ
冲刷深度大于设计值，地基失效，承载力降低，墙基掏空面积>20%。掏空引起土体空洞、墙体严重变形以及水土严重流失	Ⅰ

（2）墙体变形垮塌危害程度等级见附表G-5。

墙体变形垮塌危害程度等级标准 **附表G-5**

定性、定量安全检测指标	危害程度分级
完好	Ⅴ
砌体局部出现破损、剥落等现象，破损、剥落累计面积<构件面积的3%，垮塌长度<0.5m	Ⅳ

续表

定性、定量安全检测指标	危害程度分级
砌体较大范围出现破损、剥落、局部变形等现象，破损、剥落、局部变形累计面积为构件面积的3%～10%，0.5m≤垮塌长度<1m	Ⅲ
砌体大范围出现破损、剥落、松动、变形等现象，破损、剥落、松动、局部变形累计面积>构件面积的10%，1≤垮塌长度<3m	Ⅱ
砌体大范围出现严重的松动、变形或垮塌等现象，松动、变形或垮塌累计面积>构件面积的20%，垮塌长度≥3m	Ⅰ

(3) 混凝土结构裂缝危害程度等级见附表G-6。

混凝土结构裂缝危害程度等级标准 **附表G-6**

定性、定量安全检测指标	危害程度分级
完好，无裂缝	Ⅴ
满足下列条件之一： (1)网状裂缝或龟裂：局部出现网状裂缝或龟裂，累计面积≤构件面积的20%，单处面积≤1.0m^2，缝宽≤0.40mm，缝深≤30mm。 (2)钢筋混凝土主梁出现少量细微裂缝，缝长≤主梁截面尺寸的1/3，缝宽≤0.40mm。 (3)侧墙或顶板出现少量细微裂缝，缝长≤顶板宽或侧墙高的1/3，缝宽≤0.40mm，缝深≤30mm。 (4)侧墙或顶板出现少量的竖向和横向裂缝，缝长<顶板宽或侧墙高的1/2，缝宽≤1.00mm，缝深≤50mm或结构厚度的1/2	Ⅳ
满足下列条件之一： (1)出现大面积网状裂缝或龟裂，累计面积>构件面积的20%，单处面积>1.0m^2，缝宽>0.40mm，缝深>30mm。 (2)钢筋混凝土主梁出现横向裂缝，或顺主筋方向出现纵向裂缝，或出现斜裂缝、水平裂缝、竖向裂缝等，缝长为主梁截面尺寸的1/3～1/2，缝宽0.40～1.00mm。 (3)侧墙或顶板出现纵向裂缝、斜裂缝、水平裂缝等，缝长为顶板宽度或侧墙高的1/3～1/2，缝宽0.40～1.00mm，缝深≤50mm或结构厚度的1/2。 (4)侧墙或顶板出现较多横向或竖向裂缝，缝长>顶板宽或侧墙高的1/2，缝宽>1.00mm，缝深>结构厚度的1/2	Ⅲ
满足下列条件之一： (1)钢筋混凝土主梁控制裁面出现较多横向裂缝，或顺主筋方向出现严重纵向裂缝并伴有钢筋锈蚀等，或出现斜裂缝、水平裂缝、竖向裂缝等，缝宽>1.00mm，缝长>主梁截面尺寸的1/2，缝间距<30cm。 (2)侧墙或顶板出现大量的纵向裂缝，或出现严重斜裂缝、水平裂缝等，缝宽>1.00mm，缝长>顶板宽或侧墙高的1/2，缝深>结构厚度的1/2，缝间距<30cm	Ⅱ
侧墙、顶板或主梁控制截面出现大量结构性裂缝，裂缝大多贯通，缝宽严重超限(缝宽>1.50mm)，侧墙、顶板或主梁出现变形，缝间距<20cm	Ⅰ

(4) 砌体结构裂缝危害程度等级见附表G-7。

砌体结构裂缝危害程度等级标准 **附表G-7**

定性、定量安全检测指标	危害程度分级
完好，无裂缝	Ⅴ

续表

定性、定量安全检测指标	危害程度分级
满足下列条件之一： (1)网状裂缝：局部网状开裂，累计面积≤构件面积的 20%，单处面积≤1.0m^2。 (2)由基础向上发展的裂缝，缝宽<1.0mm，缝长≤截面尺寸 1/5。 (3)水平裂缝，缝宽<1.0mm，缝长≤构件长度的 1/8 且不大于 5.0m。 (4)竖向裂缝，缝宽<1.0mm，缝长≤截面尺寸 1/3	Ⅳ
满足下列条件之一： (1)网状裂缝：局部网状开裂，累计面积>构件面积的 20%，单处面积>1.0m^2。 (2)由基础向上发展的裂缝，缝宽 1.0～2.0mm，缝长为截面尺寸 1/5～1/3，间距≥50cm。 (3)水平裂缝，缝宽 1.0～2.0mm，缝长为构件长度的 1/8～1/2 且不大于 10m。 (4)竖向裂缝，缝宽 1.0～2.0mm，缝长为截面尺寸 1/3～1/2，间距≥50cm	Ⅲ
满足下列条件之一： (1)由基础向上发展的裂缝，缝宽>2.0mm，缝长>截面尺寸 1/3，间距<50cm。 (2)水平裂缝，缝宽>2.0mm，缝长>构件长度 1/2 或大于 10m。 (3)竖向裂缝，缝宽>2.0mm，缝长>截面尺寸 1/2，间距<50cm	Ⅱ
出现结构性裂缝或剪切裂缝，砌体变形失稳，缝宽>3.0mm，缝长>截面尺寸的 2/3 或构件长度 2/3	Ⅰ

(5) 结构变形危害程度等级见附表 G-8。

结构变形危害程度等级标准 **附表 G-8**

定性、定量安全检测指标	危害程度分级
完好	Ⅴ
结构出现轻微位移、下沉、倾斜、滑动等，发展缓慢或趋向稳定，变形或沉降<6cm(或设计允许范围的 50%以内)	Ⅳ
结构出现轻微位移、下沉、倾斜、滑动等，发展较快或不稳定，变形或沉降为 6～12cm(或设计允许范围的 50%～100%)	Ⅲ
结构出现位移、下沉、倾斜、滑动等，变形大于规范值，发展缓慢或趋向稳定，变形或沉降为>12cm(或超出设计允许的 1.5 倍范围内)	Ⅱ
结构不稳定，出现严重位移、下沉、倾斜、滑动现象，发展较快或不稳定，结构变形过大、梁板断裂，变形或沉降>18cm(或超出设计允许 1.5 倍以上)	Ⅰ

(6) 底板鼓状隆起危害程度等级见附表 G-9。

底板鼓状隆起危害程度等级标准 **附表 G-9**

定性、定量安全检测指标	危害程度分级
完好	Ⅴ
底板出现轻微鼓状隆起，发展缓慢或趋向稳定，隆起量<6cm(或设计允许范围的 50%以内)	Ⅳ
底板出现轻微鼓状隆起，发展缓慢或趋向稳定，混凝土底板局部开裂，隆起量为 6～12cm(或设计允许范围的 50%～100%)	Ⅲ
底板出现明显鼓状隆起，混凝土底板较大面积开裂，隆起量>12cm(或超出设计允许的 1.5 倍范围内)	Ⅱ
底板出现严重鼓状隆起，混凝土底板大面积、严重开裂，变形或沉降>18cm(或超出设计允许 1.5 倍以上)	Ⅰ

（7）渗漏及渗漏稳定危害程度等级见附表 G-10。

渗漏及渗漏稳定危害程度等级标准 **附表 G-10**

定性、定量安全检测指标	危害程度分级
完好，涵体无渗漏	Ⅴ
涵体存在轻微渗漏或泌钙，但无泥沙流失	Ⅳ
涵体存在轻微～较大渗漏，可见少量泥沙流失，背水侧存在脱空或小范围的土体松散区现象	Ⅲ
涵体存在较大渗漏，可见较多泥沙流失，背水侧存在空洞或大范围的土体松散区现象，存在较明显异常变形现象	Ⅱ
涵体存在严重渗漏，可见大量泥沙流失，出现规模较大的空洞，结构出现严重的变形、位移等现象，存在明显异常变形现象	Ⅰ

（8）周边土体空洞隐患危害程度等级见附表 G-11。

周边土体空洞隐患危害程度等级标准 **附表 G-11**

定性、定量安全检测指标	危害程度分级
完好	Ⅴ
涵背面出现脱空，脱空面积＜1m^2；或背水侧存在较大范围的土体松散区现象，土体松散区高度＜1m，水平投影面积＜3m^2	Ⅳ
涵背面出现空洞，空洞高度＜1m，水平投影面积＜3m^2；或背水侧存在较大范围的土体松散区现象，土体松散区高度为 1～3m，水平投影面积为 3～10m^2	Ⅲ
涵背面出现规模较大的空洞，空洞高度为 1～3m，水平投影面积为 3～10m^2；或背水侧存在大范围的土体松散区现象，土体松散区高度＞3m，水平投影面积＞10m^2。结构出现存在较明显异常变形现象	Ⅱ
涵背面出现规模很大的空洞，空洞高度＞3m，水平投影面积＞10m^2。结构出现严重的变形、位移等现象	Ⅰ

（9）混凝土强度危害程度等级见附表 G-12。

混凝土强度危害程度等级标准 **附表 G-12**

定性、定量安全检测指标	危害程度分级
混凝土强度处于良好状态，混凝土推定强度≥设计强度，平均强度≥（设计强度＋5.0MPa），最小值≥25.0MPa	Ⅴ
混凝土强度处于较好状态，混凝土推定强度为设计强度的[0.95～1.00）倍，平均强度≥设计强度，最小值≥22.5MPa	Ⅳ
混凝土强度处于较差状态，承重构件出现缺损现象，混凝土推定强度为设计强度[0.85～0.95）倍，平均强度≥设计强度的 0.95 倍，最小值≥20.0MPa	Ⅲ
混凝土强度处于很差状态，承重构件出现较严重缺损或变形现象，混凝土推定强度为设计强度[0.70～0.85）倍，平均强度≥设计强度的 0.85 倍，最小值≥17.5MPa	Ⅱ
混凝土强度处于非常差状态，承重构件有严重的变形、位移、失稳等现象，显著影响结构承载力。混凝土推定强度＜设计强度的 0.70 倍，平均强度＜设计强度的 0.85 倍，最小值＜15.0MPa	Ⅰ

（10）钢筋锈蚀危害程度等级见附表 G-13。

钢筋锈蚀危害程度等级标准　　附表 G-13

定性、定量安全检测指标	危害程度分级
完好。承重构件钢筋锈蚀电位水平为－200～0mV，或电阻率＞20000Ω·cm	Ⅴ
承重构件钢筋有轻微锈蚀现象。承重构件钢筋锈蚀电位水平为－300～－200mV，或电阻率为 15000～20000Ω·cm	Ⅳ
承重构件钢筋发生锈蚀，混凝土表面有沿钢筋的裂缝或混凝土表面有锈蚀。承重构件钢筋锈蚀电位水平为－400～－300mV，或电阻率为 10000～15000Ω·cm，钢筋截面损失率小于 5%	Ⅲ
承重构件钢筋锈蚀引起混凝土剥落，钢筋裸露，表面膨胀性锈层显著。承重构件钢筋锈蚀电位水平为－500～－400mV，或电阻率为 5000～10000Ω·cm，钢筋截面损失率为 5%～10%	Ⅱ
承重构件大量钢筋锈蚀引起混凝土剥落，部分钢筋屈服或锈断，混凝土表面严重开裂，影响结构安全。承重构件钢筋锈蚀电位水平小于－500mV，或电阻率小于 5000Ω·cm，钢筋截面损失率大于 10%	Ⅰ

（11）剥蚀、掉角、脱落及冲蚀危害程度等级见附表 G-14。

剥蚀、掉角、脱落及冲蚀危害程度等级标准　　附表 G-14

定性、定量安全检测指标	危害程度分级
混凝土表观完好，无剥蚀、掉角、脱落及冲蚀	Ⅴ
局部混凝土剥蚀、掉角、脱落及冲蚀，累计面积≤构件面积的 5%，或单处面积≤0.5m^2，局部粗集料外露，结构钢筋未出露	Ⅳ
较大范围的混凝土剥蚀、掉角、脱落及冲蚀，累计面积为构件面积的 5%～10%，或单处面积为 0.5～1.0m^2，局部粗集料脱落，形成不连续的磨损面，结构钢筋未完全出露	Ⅲ
大范围混凝土剥蚀、掉角、脱落及冲蚀，累计面积＞构件面积的 10%，或单处面积＞1.0m^2，局部粗集料脱落，形成连续的磨损面，结构钢筋完整出露或冲毁断裂	Ⅱ

（12）蜂窝、麻面、孔洞、空洞及混凝土密实性危害程度等级见附表 G-15。

蜂窝、麻面、孔洞、空洞及混凝土密实性危害程度等级标准　　附表 G-15

定性、定量安全检测指标	危害程度分级
满足下列全部条件： (1)混凝土表观完好，无蜂窝、麻面、孔洞、空洞。 (2)混凝土密实性专项检测：未发现密集发育的蜂窝、麻面、小孔洞等不密实现象，或混凝土空洞发育	Ⅴ
满足下列条件之一： (1)较大面积的蜂窝、麻面，累计面积≤构件面积的 50%(累计长度≤暗渠断面长度的 50%)。 (2)局部混凝土孔洞、空洞，累计面积≤构件面积的 10%(累计长度≤暗渠断面长度的 10%)，或单处面积≤0.5m^2，或最大深度≤20mm。 (3)混凝土密实性专项检测：仅发现中度及以下级别的蜂窝、麻面、小孔洞等不密实区现象；或上述第(2)条	Ⅳ
满足下列条件之一： (1)大面积的蜂窝、麻面，累计面积＞构件面积的 50%(累计长度＞暗渠断面长度的 50%)。 (2)较大范围的混凝土孔洞、空洞，累计面积为构件面积的 10%～20%(累计长度为暗渠断面长度的 10%～20%)，或单处面积≤1.0m^2，或最大深度为 20～40mm。 (3)混凝土密实性专项检测：发现严重及以上级别的混凝土蜂窝、密集小孔洞等不密实现象，累计面积≤构件面积的 20%(累计长度≤暗渠断面长度的 20%)；或上述第(2)条	Ⅲ

续表

定性、定量安全检测指标	危害程度分级
满足下列条件之一： (1)大范围的混凝土孔洞、空洞，累计面积>构件面积的20%(累计长度>暗渠断面长度的20%)，或单处面积>1.0m²，或最大深度>40mm。 (2)混凝土密实性专项检测：发现严重及以上级别的混凝土蜂窝、小孔洞等不密实现象，累计面积>构件面积的20%(累计长度>暗渠断面长度的20%)；或上述第(1)条	Ⅱ

(13) 混凝土碳化危害程度等级见附表G-16。

混凝土碳化危害程度等级标准 **附表G-16**

定性、定量安全检测指标	危害程度分级
碳化深度均小于实测混凝土保护层厚度的0.5倍且小于15mm	Ⅴ
承重构件有少量碳化现象，且碳化深度为实测混凝土保护层厚度的[0.5，1.0]倍且小于30mm	Ⅳ
承重构件的主要受力部位部分位置出现碳化现象，局部碳化深度为实测混凝土保护层厚度的[1.0，1.5]倍或大于30mm，混凝土表面少量胶凝料松散粉化	Ⅲ
承重构件的主要受力部位全部测点碳化且碳化深度大于实测混凝土保护层厚度的1.5倍或大于50mm，混凝土表面胶凝料大量松散粉化	Ⅱ

(14) 砂浆强度危害程度等级见附表G-17。

砂浆强度危害程度等级标准 **附表G-17**

定性、定量安全检测指标	危害程度分级
砂浆强度处于良好状态，砂浆推定强度≥设计强度，平均强度≥设计强度的1.1倍，最小值≥10.0MPa	Ⅴ
砂浆强度处于较好状态，砂浆推定强度为设计强度的[0.90～1.00)倍，平均强度≥设计强度，最小值≥8.5MPa	Ⅳ
砂浆强度处于较差状态，砂浆出现缺损流失现象，砂浆推定强度为设计强度[0.75～0.90)倍，平均强度≥设计强度的0.85倍，最小值≥7.5MPa	Ⅲ
砂浆强度处于很差状态，砂浆出现严重缺损流失现象，砌体出现严重的变形、位移等现象，显著影响结构承载力。砂浆推定强度<设计强度的0.75倍，平均强度<设计强度的0.85倍，最小值<7.5MPa	Ⅱ

(15) 砂浆饱满度或松散区危害程度等级见附表G-18。

砂浆饱满度或松散区危害程度等级标准 **附表G-18**

定性、定量安全检测指标	危害程度分级
完好，砂浆饱满，无松散区	Ⅴ
砂浆局部不饱满，或零散松散区分布，累计面积<构件面积的5%	Ⅳ
砂浆较大范围不饱满，或较大范围松散区分布，累计面积为构件面积的5%～10%	Ⅲ
砂浆大范围不饱满，或大范围松散区分布，砌体出现严重的变形、位移等现象，显著影响结构承载力，累计面积>构件面积的10%	Ⅱ

(16) 结构体型危害程度等级见附表G-19。

结构体型危害程度等级标准 **附表G-19**

定性、定量安全检测指标	危害程度分级
完好，与设计相符或优于设计值	Ⅴ

续表

定性、定量安全检测指标	危害程度分级
基本符合设计要求，断面形态与设计形态基本无偏差，混凝土结构主要受力部位的厚度较设计值偏小不超过5cm，砌体结构主要受力部位的厚度较设计值偏小不超过10%	Ⅳ
明显偏离设计要求，断面形态与设计形态偏小超过10cm，混凝土结构主要受力部位的厚度较设计值偏小5cm～设计值的30%，砌体结构主要受力部位的厚度较设计值偏小10%～30%。结构存在较明显异常变形现象	Ⅲ
明显偏离设计要求，断面形态与设计形态偏小超过20cm，混凝土结构主要受力部位的厚度较设计值偏小超过设计值的30%，砌体结构主要受力部位的厚度较设计值偏小超过30%。结构出现严重的变形、位移等现象，顶部地面变形明显超过规范允许值	Ⅱ

（17）灰缝脱落危害程度等级见附表G-20。

灰缝脱落危害程度等级标准　　附表G-20

定性、定量安全检测指标	危害程度分级
完好	Ⅴ
砌体间砂浆局部脱落，脱落累计长度<构件截面长度的10%	Ⅳ
砌体间砂浆较大范围脱落，脱落累计长度>构件截面长度的10%	Ⅲ

（18）植物根须穿入箱涵危害程度等级见附表G-21。

植物根须穿入箱涵危害程度等级标准　　附表G-21

定性、定量安全检测指标	危害程度分级
箱涵内表观完好，无植物根须穿入	Ⅴ
箱涵内表面有少量植物根须穿入，根茎细小，混凝土结构或砌体结构未见异样变形	Ⅳ
箱涵内表面有大量植物根须穿入，根茎较大，混凝土结构或砌体结构有明显异样变形	Ⅲ

（19）钢筋保护层厚度和分布危害程度等级见附表G-22。

钢筋保护层厚度和分布危害程度等级标准　　附表G-22

定性、定量安全检测指标	危害程度分级
承重构件混凝土保护层厚度符合设计要求(≥0.75倍设计值)；钢筋分布符合设计要求	Ⅴ
承重构件混凝土保护层厚度为设计要求的[0.50,0.75)倍，对钢筋耐久性有轻度影响；钢筋分布基本符合设计要求	Ⅳ
承重构件混凝土保护层厚度为设计厚度要求的[0,0.50)倍且小于15mm，对钢筋耐久性有很大影响，钢筋失去碱性保护，发生较严重锈蚀；或钢筋分布大面积严重偏离设计要求	Ⅲ

（20）氯离子含量危害程度等级见附表G-23。

氯离子含量危害程度等级标准　　附表G-23

定性、定量安全检测指标	危害程度分级
完好，混凝土中氯离子含量<0.20%	Ⅴ
混凝土中氯离子含量为0.2%～1.0%，外源性氯离子侵入深度<实测钢筋保护厚度	Ⅳ
混凝土中氯离子含量>1.0%，外源性氯离子侵入深度≥实测钢筋保护厚度	Ⅲ

（21）环境类别危害程度等级见附表 G-24。

环境类别危害程度等级标准　　附表 G-24

定性、定量安全检测指标	危害程度分级
与设计预测的环境相符或好于设计预测环境	Ⅴ
与设计预测的环境基本相符，现状环境较设计预测偏差但不超过Ⅴ级	Ⅳ
与设计预测的环境严重不符，现状环境较设计预测偏差超过Ⅳ级或以上	Ⅲ

3）子单元结构安全指标化定性评估

（1）排水暗渠子单元结构安全指标化评估时，宜分别对顶板或盖板、左右边墙或中隔墙、底板、基础等独立结构（部件）的安全进行评估，然后综合耐久性评估和周边土体空洞隐患评估结果进行子单元整体安全评估。

（2）排水暗渠子单元整体指标化安全评估见附表 G-25。

排水暗渠子单元整体指标化安全评估规定　　附表 G-25

暗渠独立结构（部件）及耐久性、周边土体空洞隐患安全评估结果	安全等级
满足下列条件之一： （1）独立结构（部件）的安全等级包含Ⅰ级，或独立结构（部件）安全等级为Ⅱ级的数量≥3，或独立结构（部件）安全等级为Ⅱ级的数量≥2（其中一项为顶板或盖板）。 （2）承重构件[独立结构（部件）]材料严重劣化，钢筋截面损失率>10%，结构严重损坏，预测剩余使用年限为零。 （3）周边土体空洞隐患的评估等级为Ⅰ级	Ⅰ
满足下列条件之一： （1）独立结构（部件）的安全等级包含Ⅱ级，或独立结构（部件）的安全等级为Ⅲ级的数量≥4。 （2）材料明显劣化，钢筋截面损失率为 10%～5%，结构明显损伤，预测剩余使用年限≥5年，或者非承重构件[独立结构（部件）]材料严重劣化，钢筋截面损失率>10%，结构严重损坏，预测剩余使用年限为零。 （3）周边土体空洞隐患的评估等级为Ⅱ级	Ⅱ
满足下列条件之一： （1）独立结构（部件）的安全等级为Ⅲ级的数量≤3，且无Ⅱ级和Ⅰ级。 （2）材料局部劣化，结构轻微损伤但未影响承载能力，耐久性满足设计使用年限要求且预测剩余使用年限不小于 5 年；或者材料完好无劣化，耐久性满足设计使用年限要求且预测剩余使用年限≥10 年。 （3）周边土体空洞隐患的评估等级为Ⅲ级	Ⅲ
满足下列全部条件： （1）独立结构（部件）的安全等级全部为Ⅳ级或Ⅴ级。 （2）材料完好无劣化，耐久性满足设计使用年限要求且预测剩余使用年限≥10 年。 （3）周边土体空洞隐患的评估等级为Ⅳ级或Ⅴ级	Ⅳ

4）子单元结构安全指标复核计算

（1）暗渠结构安全评估应根据排水暗渠现状，复核暗渠结构承载能力、变形、抗滑稳定、强度和刚度等分项安全和暗渠整体稳定安全是否满足有关标准的要求。

（2）结构安全复核计算应选取典型断面进行。

（3）暗渠结构安全复核计算依据如下：

《水利水电工程等级划分及洪水标准》SL252—2017

《水工混凝土结构设计规范》SL 191—2008

《混凝土结构设计规范》GB 50010—2010

《室外排水设计规范》GB 50014—2021

《城市防洪工程设计规范》GB/T 50805—2012

《堤防工程设计规范》GB 50286—2013

《水工建筑物荷载设计规范》SL744—2016

《水工建筑物抗震设计规范》SL203—1997

《公路桥涵设计通用规范》JTG D60—2015

《城市地下病害体综合探测与风险评估技术标准》JGJ/T437—2018

《水利水电工程地质勘察规范》GB50487—2008

《给水排水工程构筑物结构设计规范》GB50069—2002

《水工挡土墙设计规范》SL379—2007

（4）暗渠子单元复核计算安全评估分级符合附表 G-26 要求。

暗渠子单元复核计算安全评估规定　　附表 G-26

暗渠子单元复核计算成果	安全等级
结构安全不满足有关规范要求，有较多危及结构安全的隐患，安全系数<0.90	Ⅰ
结构安全基本不满足有关规范要求，存在危及结构安全的隐患，安全系数为[0.90,0.95)	Ⅱ
结构安全基本满足有关规范要求，局部有危及结构安全的隐患，安全系数为[0.95,1.00)	Ⅲ
结构安全满足有关规范要求，无危及结构安全的隐患，安全系数≥1.00	Ⅳ

5）单元安全评估

排水暗渠结构单元安全评估应符合附表 G-27 规定。

暗渠结构单元安全评估规定　　附表 G-27

排水暗渠子单元安全评估成果	安全等级
满足下列之一： (1)子单元的暗渠结构安全等级包括Ⅰ级。 (2)子单元的暗渠结构安全等级为Ⅱ级的比例大于 80%	Ⅰ
满足下列之一： (1)子单元的暗渠结构安全等级包含Ⅱ级且比例不大于 80%。 (2)子单元的暗渠结构安全等级为Ⅲ级且比例大于 80%	Ⅱ
子单元的暗渠结构安全等级为Ⅲ级且比例不大于 80%	Ⅲ
子单元的暗渠结构安全等级均为Ⅳ级	Ⅳ

3. 排水暗渠运维设施安全评估

（1）排水暗渠运维设施安全评估只进行指标化定性评估，不进行复核计算，安全评估从子单元开始，按子单元、单元的顺序逐级评估。

（2）检查井子单元的指标化安全评估规定见附表 G-28。

检查井子单元安全评估规定 **附表 G-28**

检查井子单元安全检测指标	安全等级
满足下列条件之一： (1)无井盖。 (2)井盖与井座严重开裂、沉降凹陷、松动失稳，井盖缺角面积大于 $400cm^2$。 (3)井壁有大量裂缝、鼓包或掉块，明显变形、倒塌	Ⅰ
满足下列条件之一： (1)有井盖埋没现象；或者井盖与井座齐全但有较多裂缝，有较明显沉降凹陷、松动、跳动，井盖缺角面积 $25 \sim 400cm^2$。 (2)井壁有较多裂缝、渗水等现象，井壁有较明显鼓包、变形，异物穿入占孔径超过20%。 (3)无安全防护设施；或者安全防护设施显著老化，或者存在显著质量缺陷，基本失去防护作用。 (4)人工爬梯缺失；或者存在明显微松动现象，钢筋锈蚀后的截面损失率>10%	Ⅱ
满足下列条件之一： (1)井盖与井座齐全、基本稳固，有少量裂缝，井盖缺角面积不大于 $25cm^2$。 (2)井壁有少量裂缝、渗水等现象，井壁有轻微鼓包、变形，异物穿入占孔径未超过20%。 (3)安全防护设施齐全，但有轻微～较明显的老化现象或者有影响正常使用的质量缺陷。 (4)人工爬梯基本完整，存在轻微松动现象，钢筋锈蚀后的截面损失率>5%～10%	Ⅲ
满足下列全部条件： (1)井盖与井座齐全，稳固，无裂缝、缺角等缺陷。 (2)井壁完好，无裂缝、渗水、鼓包、变形等现象，无异物穿入。 (3)安全防护设施齐全，无影响正常使用的质量缺陷。 (4)人工爬梯完整，无松动现象，钢筋锈蚀后的截面损失率<5%	Ⅳ

(3) 检查井位置与间距子单元的安全评估依据为《室外排水设计规范》GB 50014—2021、《城市防洪工程设计规范》GB/T 50805—2012，安全等级最高评估级别为Ⅱ级，指标化安全评估规定见附表 G-29。

检查井位置与间距子单元安全评估规定 **附表 G-29**

检查井位置与间距子单元安全检测指标	安全等级
直线段检查井平均间距不大于120m，最大间距大于150m，暗渠走向变化处无检查井	Ⅱ
直线段检查井平均间距100～120m，最大间距不大于150m，暗渠走向变化处有检查井	Ⅲ
直线段检查井平均间距不大于100m，最大间距不大于120m，暗渠走向变化处有检查井	Ⅳ

(4) 出水口子单元的指标化安全评估规定见附表 G-30。

出水口子单元安全评估规定 **附表 G-30**

出水口安全检测指标	安全等级
基础冲刷深度大于设计值，地基失效，护墙结构大范围严重的松动、变形、坍塌，异物严重堵塞出水口，严重影响防洪安全和周边建筑物安全	Ⅰ
基础有局部冲刷掏空现象，浅基被冲空并露出底面，护墙结构松动、变形，局部坍塌，异物明显堵塞出水口，影响防洪安全和周边建筑物安全	Ⅱ
基础存在轻微冲刷现象但无掏空，护墙结构基本完好，基本无堵塞异物	Ⅲ
无冲刷现象，护墙结构完好，无堵塞现象	Ⅳ

(5) 排水暗渠运维设施单元安全评估应符合附表 G-31 规定。

运行维护设施单元安全评估规定 **附表 G-31**

运行维护设施子单元安全评估成果	安全等级
满足下列之一： (1)子单元的安全评估等级包含Ⅰ级。 (2)子单元的安全等级为Ⅱ级的比例大于80%	Ⅰ
满足下列之一： (1)子单元的安全评估等级包含Ⅱ级且比例不大于80%。 (2)子单元的安全等级为Ⅲ级的比例大于80%	Ⅱ
满足下列条件之一： (1)子单元的安全等级包含Ⅲ级且比例不大于80%。 (2)位置与间距、河道界桩、河道界桩位置与间距、河道隐患标志等子单元的安全等级包含Ⅱ级	Ⅲ
满足下列全部条件： (1)子单元、检查井位置与间距子单元的安全等级均为Ⅳ级。 (2)河道界桩、河道界桩位置与间距、河道隐患标志的安全等级为Ⅲ～Ⅳ级	Ⅳ

参 考 文 献

［1］ 王文亮，李俊奇，王二松等．海绵城市建设要点简析［J］．建设科技，2015，(1)：19-21.

［2］ 车伍，李俊奇，刘红等．现代城市雨水利用技术体系［J］．北京水务，2003，(3)：16-18.

［3］ 唐建国，张悦．德国排水管道设施近况介绍及我国排水管道建设管理应遵循的原则［J］．给水排水，2015，(5)：82-92.

［4］ 唐建国．城镇排水管网建设和管理对策［A］．2009水业高级技术论坛论文集［C］．2009.

［5］ 潘国庆，车伍，李海燕等．雨水管道沉积物对径流初期冲刷的影响［J］．环境科学学报，2009，29(4)：771-776.

［6］ 王淇，边静，李俊奇．雨水口设计中的几个重要问题及改进建议［J］．中国给水排水，2014，(2)：27-30.

［7］ 官永伟，宋瑞宁，戚海军等．雨水断接对城市雨洪控制的效果研究［J］．给水排水，2014，40(1)：135-138.

［8］ 车武，李俊奇．21世纪中国城镇雨水利用与雨水污染控制［A］．中国土木工程学会水工业分会第四届理事会第一次会议论文集［C］．2002.

［9］ 冀琨．我国城市排水系统的问题及对策分析［J］．现代商业，2015，(12).

［10］ 董楠．基于GIS的城市排水管网系统模拟研究［D］．天津：天津大学，2009.

［11］ 彭欢．城市排水GIS系统研究［D］．北京：北京林业大学，2014.

［12］ 王萌，史明昌．城市排水GIS系统拓扑模型的建立［J］．测绘通报，2017，(8)：138-143.

［13］ 赵冬泉，陈吉宁，佟庆远等．基于GIS构建SWMM城市排水管网模型［J］．中国给水排水，2008，24(7)：88-91.

［14］ 赵新华，李琼．城市排水管网信息GIS管理系统设计［J］．中国给水排水，2002，18(9)：55-57.

［15］ 赵冬泉，陈吉宁，佟庆远等．基于GIS的城市排水管网模型拓扑规则检查和处理［J］．给水排水，2008，34(5)：106-109.

［16］ 基于GIS的数字排水综合信息平台研究［D］．昆明：云南大学，2010.

［17］ 陈勇民，陈治安．基于GIS的城市排水管网规划及管理系统的开发研究［J］．湖南大学学报（自科版），2002，(s1)：127-131.

［18］ 张力，耿为民，刘遂庆．地理信息系统在排水系统管理中的应用［J］．城市道桥与防洪，2002，(1)：66-69.

［19］ 殷涛．地理信息系统（GIS）在城市排水管网中的实现与应用［D］．武汉：武汉理工大学，2006.

［20］ 陶德明．基于ArcGIS的城市排水管网GIS设计［J］．地理空间信息，2011，(4)：120-121.

［21］ 黄成君，胡佳宁，钱爽．城市排水管网地理信息系统开发探讨［J］．测绘与空间地理信息，2013，36(7)：117-120.

［22］ 王淑莹，马勇，王晓莲等．GIS在城市给水排水管网信息管理系统中的应用［J］．哈尔滨工业大学学报，2005，37(1)：123-126.

［23］ 谢莹莹．城市排水管网系统模拟方法和应用［D］．上海：同济大学，2007.

［24］ 刘旭辉，张金松，王荣和等．城市排水管网物联网技术研究与应用［J］．中国给水排水，2015，(3)：86-89.

［25］ 尚晓丽，韩文玲．城市排水管网信息系统［J］．天津市政工程，2007.

［26］ 赵冬泉，王浩正，陈吉宁等．监测技术在排水管网运行管理中的应用及分析［J］．中国给水排

水，2012，28（8）：11-14.

[27] 郑伟. 城市污水管网有毒物质溯源监控技术研究［D］. 重庆：重庆大学，2011.

[28] 杨海东，肖宜，王卓民等. 突发性水污染事件溯源方法［J］. 水科学进展，2014，25（1）：122-129.

[29] 刘文，陈卫平，彭驰. 城市雨洪管理低影响开发技术研究与利用进展［J］. 应用生态学报，2015，26（6）：1901-1912.

[30] 吴海瑾，翟国方. 我国城市雨洪管理及资源化利用研究［J］. 现代城市研究，2012，（1）：23-28.

[31] 张储祺. 计算机人工智能技术的应用与发展［J］. 电子世界，2017，23（2）：41-41.

[32] 姚立嵘. 人工智能技术发展［J］. 中国战略新兴产业，2018，（16）：3-3.

[33] 陈旭阳. 深度学习图像识别模型的优化及应用［D］. 重庆：重庆大学，2017.

[34] 程欣. 基于深度学习的图像目标定位识别研究［D］. 成都：电子科技大学，2016.

[35] 李玫洁，温昕，蒋娜. 基于深度学习的图像识别研究［J］. 科技广场，2017，（10）：178-180.

[36] 李卫. 深度学习在图像识别中的研究及应用［D］. 武汉：武汉理工大学，2014.

[37] 王恒欢. 基于深度学习的图像识别算法研究［D］. 北京：北京邮电大学，2015.

[38] 衣世东. 基于深度学习的图像识别算法研究［J］. 网络安全技术与应用，2018，（1）：39-41.

[39] 傅瑞罡. 基于深度学习的图像目标识别研究［D］. 北京：国防科学技术大学，2014.

[40] 佟帅，徐晓刚，易成涛等. 基于视觉的三维重建技术综述［J］. 计算机应用研究，2011，28（7）：2411-2417.

[41] 陈晓明，蒋乐天，应忍冬. 基于 Kinect 深度信息的实时三维重建和滤波算法研究［J］. 计算机应用研究，2013，30（4）：1216-1218.

[42] 王俊，朱利. 基于图像匹配—点云融合的建筑物立面三维重建［J］. 计算机学报，2012，35（10）：2072-2079.

[43] 胡笳，杨若瑜，曹阳等. 基于图形理解的建筑结构三维重建技术［J］. 软件学报，2002，13（9）：1873-1880.

[44] 刘辉，王伯雄，任怀艺等. 基于三维重建数据的双向点云去噪方法研究［J］. 电子测量与仪器学报，2013，27（1）：1-7.

[45] 王付新，黄毓瑜 孟偲等. 三维重建中特征点提取算法的研究与实现［J］. 图学学报，2007，28（3）：91-96.

[46] 朱庆生，罗大江，葛亮等. 基于多幅图像的三维重建［J］. 计算机工程与设计，2010，31（10）：2351-2353.

[47] 秦永元. 惯性导航［M］. 北京：科学出版社，2006.

[48] 李瑞强. 管道内检测器惯性导航定位方法的研究［D］. 沈阳：沈阳工业大学，2012.

[49] 许红，李著信，苏毅，张镇，李媛媛. 管道内检测机器人定位技术研究现状与展望［J］. 机床与液压，2013，41（9）：172-175.

[50] 牛小骥，旷俭，陈起金. 采用 MEMS 管道的小口径管道内检测定位方案可行性研究［J］. 传感技术学报，2016，29（1）：40-44.

[51] 杨洋. 基于捷联惯导的管道地理坐标内检测关键技术的研究［D］. 沈阳：沈阳工业大学，2013.

[52] 周徐昌，沈建森. 惯性导航技术的发展及其应用［J］. 兵工自动化，2006，25（9）：55-56.

[53] 张炎华，王立端. 惯性导航技术的新进展及发展趋势［J］. 中国造船，2008，49（b10）：134-144.

[54] 李荣冰，刘建业，曾庆化等. 基于 MEMS 技术的微型惯性导航系统的发展现状［J］. 中国惯性技术学报，2004，12（6）：88-94.

[55] 张荣辉，贾宏光，陈涛等. 基于四元数法的捷联式惯性导航系统的姿态解算［J］. 光学精密工程

2008，16（10）：1963-1970.

[56] 杨鑫. 基于云平台的大数据信息安全机制研究［J］. 情报科学，2017，V35（1）：112-116.

[57] 周勇. 排水管道的内窥检测技术［J］. 中国市政工程，2007，(1)：91-93.

[58] 王艺，李冠男，杨乐. 排水管道检测技术［J］. 河南科技，2010，(14)：49-50.

[59] 孙军荣，何胜祥，刘敏. CCTV检测技术在排水管网项目中的应用［A］. 地理信息与物联网论坛暨江苏省测绘学会2010年学术年会论文集［C］. 2010.

[60] 晏先辉. 市政排水管网检测新技术及其应用［J］. 科技创新导报，2011，(9)：20-21.

[61] 林楷然. CCTV技术在地下排水管网安全治理中的应用［J］. 居业，2017，(3)：113-113.

[62] 毛健. 城市排水管网检测与维护分析［J］. 建材与装饰，2017，(9).

[63] 孙乐乐，景江峰. 管道潜望镜检测技术在排水管道检测中的应用［J］. 山西建筑，2019，45（02）：113-115.

[64] 杨昊. CCTV检测技术在排水管网项目中的运用分析［J］. 安徽建筑，2018，24（6）：124-125.

[65] 陈锐. 城镇排水管网检测维护技术［J］. 中国市政工程，2015，(1)：37-40.

[66] 方门福，潘文俊，韩葵. 排水管网健康状况检测及评估技术方法［J］. 城市勘测，2018，167（S1）：90-94.

[67] 姜继琛，罗建中. 管道潜望镜检测技术及其在城市地下管网检测中的应用［J］. 广东化工，2017，44（12）：145-147.

[68] 李学文. 浅谈公共排水管道电视检测技术［J］. 广东建材，2012，28（7）：35-37.

[69] 郝红舟，刘昭. 城市排水管网健康评估技术与应用［J］. 测绘通报，2013，(s2)：147-153.

[70] 周建华. 城市给排水管道检测新技术的运用［J］. 科学中国人，2015，(12).

[71] 陈馨. 排水管道检测和非开挖修复［J］. 神州，2017，(11)：226-226.

[72] 李田，郑瑞东，朱军. 排水管道检测技术的发展现状［J］. 中国给水排水，2006，22（12）：11-13.

[73] 朱民强，王如春. 排水管网维护中的高新技术应用［J］. 城市道桥与防洪，2007，(5)：51-56.

[74] 王和平，安关峰，谢广永.《城镇排水管道检测与评估技术规程》CJJ 181-2012解读［J］. 给水排水，2014，40（2）：124-127.

[75] 安关峰.《城镇排水管道检测与评估技术规程》CJJ 181-2012实施指南［M］. 北京：中国建筑工业出版社，2013.

[76] CJJ 68-2016. 城镇排水管渠与泵站运行，维护及安全技术规程［S］.

[77] CJJ 181-2012. 城镇排水管道检测与评估技术规程［S］.

[78] 李敬文. 市政排水工程管网设计与施工质量控制研究［J］. 建材发展导向，2019，017（005）：395.

[79] 张旭. 市政排水管网检测新技术及其应用［J］. 建筑工程技术与设计，2017，(14)：2789-2789.

[80] 蔡文娜. 基于激光雷达的三维重建研究［D］. 天津：天津理工大学，2018.

[81] 谭铁牛. 人工智能的历史. 现状和未来［J］. 网信军民融合，2019，(2).